绿色建筑新技术
——中海集团论文集

中国海外集团有限公司　编著

中国建筑工业出版社

图书在版编目（CIP）数据

绿色建筑新技术：中海集团论文集/中国海外集团
有限公司编著. —北京：中国建筑工业出版社，2021.1
ISBN 978-7-112-25845-1

Ⅰ.①绿…　Ⅱ.①中…　Ⅲ.①生态建筑-建筑工程-
文集　Ⅳ.①TU-023

中国版本图书馆CIP数据核字(2021)第024839号

　　本书是对中国海外集团有限公司长期从事绿色建筑技术研究及管理实践经验
的系统总结。全书共三篇，即绿色建筑设计分析与应用；绿色建筑技术研究与实
践；特别行政区绿色建筑评价体系与应用。主要内容包括：绿色建筑设计概述；
海绵城市设计；住宅项目设计；绿色建筑技术应用概述；水泥搅拌及混凝土回收
技术；装配式建筑技术；低碳节能技术；BIM技术等。
　　本书供建设工程施工、管理人员、节能绿色环保人员使用。

　　　　责任编辑：郭　栋
　　　　责任校对：芦欣甜

绿色建筑新技术——中海集团论文集
中国海外集团有限公司　编著
*
中国建筑工业出版社出版、发行（北京海淀三里河路9号）
各地新华书店、建筑书店经销
北京科地亚盟排版公司制版
北京建筑工业印刷厂印刷
*
开本：787毫米×1092毫米　1/16　印张：21½　字数：504千字
2021年4月第一版　　2021年4月第一次印刷
定价：**87.00**元
ISBN 978-7-112-25845-1
(36654)

编写委员会

编　著：中国海外集团有限公司

主　编：颜建国

副主编：何　军　罗　亮　姜绍杰

编　委：李　剑　刘　恋　张照川

　　　　王志涛　王　抒　林　灏

　　　　郑博文　陈　竹

前　言

随着人们对于绿色环保与可持续发展认识的不断加深，环保意识的不断觉醒促进了民众对建筑深层次的需求，绿色建筑的概念则在此潮流下于 20 世纪 60 年代诞生。伴随着建筑行业的不断发展，绿色建筑的概念亦不断更新和演变。目前，获得公认的绿色建筑概念是指：在本身及其使用过程的全生命周期中，如选址、设计、建造、营运、维护、翻新、拆除等各阶段皆达成环境友善与资源有效运用的一种建筑，是试图在人造建筑与自然环境之间取得的一个平衡点。

目前，我国绿色建筑产业现代化进程随着人们对自然和谐、绿色发展、自然情怀等健康生活的追求而不断快速发展。国家住建部在 2017 年发布的《建筑业发展"十三五"规划》中，明确指出到 2020 年，城镇绿色建筑占新建建筑比重达到 50%，新开工全装修成品住宅面积达到 30%，绿色建材应用比例达到 40%，装配式建筑面积占新建建筑面积比例达到 15%。在政府、社会及行业的需求下，绿色建筑已站在时代的风口上。

中国海外集团有限公司（以下简称中海集团）于 1979 年在我国香港地区成立，隶属于中国建筑集团有限公司（世界 500 强排名第 21 位）。中海集团以勇往直前的奋斗者和创业者姿态，参与港澳地区日新月异的城市建设和经济社会发展进程，分享中国改革开放波澜壮阔的市场机遇，悉心构建了集投资、建造、运营和服务于一体的全产业链业务模式，致力打造与当代城市共生共赢共荣的价值体系。

中海集团矢志成为世界一流的投资建设运营服务商，长期以来高度重视绿色建筑领域的研究和发展，并依托自身完善的投资、建造、运营和服务全产业链平台，在绿色建筑设计、绿色施工技术、绿色建筑评价体系应用等方面，积累了丰富的实践经验。

本绿色建筑新技术论文集正是中海集团多年来，在绿色建筑领域取得技术创新成果的全面总结和应用。收录的专业学术论文针对绿色建筑的设计要点、施工技术、评价体系、研究思路及方法等进行了广泛深入的讨论，并形成了相应结论，对绿色建筑技术的应用和推广有良好的参考与借鉴意义。

本绿色建筑新技术论文集中论文作者及编者虽然对稿件进行了认真、细致的推敲和校阅，但也难免有错误和不当之处，恳请给予我们支持和关注的各位专家、学者、读者批评和指正。

目　　录

第二篇　绿色建筑技术研究与实践

第一节　绿色建筑技术应用概述

第二节　水泥搅拌及混凝土回收技术

第三节　装配式建筑技术

第四节　低碳节能技术

第五节　BIM技术

第三篇 特别行政区绿色建筑评价体系与应用

第一篇
绿色建筑设计分析与应用

第一节　绿色建筑设计概述

绿色建筑设计方法简析

刘　梁　孙万超

摘　要：随着我国社会经济的快速发展，一些发展所带来的问题逐渐突显出来。其中，环保节能问题已成为当下大众关注的焦点。对于建筑设计来说，绿色建筑设计成为发展的一大主流。本文从绿色建筑设计内容与原则入手，研究了影响绿色建筑设计的主要因素，并且探讨了绿色建筑设计思路在建筑设计中的发展与应用，以供参考。

关键词：绿色建筑；建筑设计；节能；生活环境

ANALYSIS OF GREEN BUILDING DESIGN METHODS

Liu Liang　Sun Wan Chao

Abstract：With the rapid development of China's society and economy，some problems brought about by development have gradually become apparent. Among them，environmental protection and energy conservation have become the focus of public attention. For architectural design，green building design has become a major mainstream of development. This article starts with the contents and principles of green building design，studies the main factors affecting green building design，and discusses the development and application of green building design ideas in building design for reference.

Key words：Green Building；Architectural Design；Energy Saving；Living Environment

1　引言

随着社会经济的发展，现代建筑已经深受广大用户喜爱。由于建筑本身属于一项耗能工作，其必然会对周围环境带来不可避免的污染。因此在建筑设计之初，引入绿色设计的方法不仅可以改善生活环境与居住水平，而且可以大大减小资源负荷。

2　绿色建筑设计的概述

绿色建筑是在建筑使用周期内，最大程度地节省资源、降低污染、保护环境，从而为人们提供实用、健康、高效的空间，以及和自然和谐相处的建筑物。绿色建筑追求的是自然与人的和谐发展，让建筑科技与工程、仿生、自然相结合，通过构建有助发展的绿色建筑，确保生态平稳，用人工的方式弥补自然美的不足，最后设计出美与自然统一的生态自然建筑。

2.1 绿色建筑设计内容

首先，周期理念。从设计规划到拆除的整个建设周期内，通过对不同建筑物不同阶段展现的特征进行对应的设计。在保障设计质量的条件下，确保建筑环保、高效、绿色、健康。虽然在建筑设计初期增加投入会加重初始成本，实际上，随着建筑物投入使用也能从环保与节省的角度回收成本。

其次，节省能源。节省能源作为绿色建筑设计的关键，通过节省建材、水资源、节约土地来达到控制污染和保护环境的要求。因此，在绿色建筑设计中，必须以降低污染、节约能源作为重心，结合建筑功能优化设计，在降低能耗的条件下，促进绿色环保建设目标的实施。

再次，功能目标。绿色建筑设计的根本目的在于保护环境与节省资源，所以在施工中，不能以危害消费者健康、环境污染、改变自然环境为代价，应着重渲染绿色建筑设计功能，达到提高审美享受、节省能源的要求，这样才能让建筑物有更好的系统价值与功能。

最后，自然目标。在绿色建筑设计中，以自然保护为背景，不能单纯为了提高建筑功能而消耗更多的能源。在提高传统建筑设计的背景下，更好地满足绿色建筑生态要求，这样才能达到自然与人的协调发展与统一。

2.2 绿色建筑设计原则

首先，以人为本。人作为社会发展的主心骨，建筑设计更多的是为人类提供更好的生活空间。因此，在现实生活中必须发挥以人为本的工作准则，结合人类发展需求，拒绝使用对人体有害的材料。所以，在建筑设计中要寻求和环境的平衡，只有成为统一的整体，才能确保自然与人工的和谐共生。

其次，舒适、健康。将绿色理念渗透到建筑设计中，必须结合建筑物的科学性与适用性，这样才能为人类创设舒适、健康的工作与生活空间。设计中要考虑建筑物朝向，在间距恰当的情况下充分利用太阳能。除此之外，根据室内湿度与温度，尽量减少开窗次数，避免室内温度太低。

再次，环境保护，节约能源。建筑施工对周边水资源、地形、植物有着很大的影响，所以施工前必须对周边环境进行调查，减少对周边环境的影响，尤其是废水、废气污染。建筑业作为高耗能行业，如果能源利用不充分，很可能造成资源浪费。所以，在应用绿色理念时，要将能源节约应用到每个环节。在设计中选用耗能较小的方案，通过提高材料应用率，确保新技术应用；通过温室效应、余热回收等技术，得到可持续利用的能源。

最后，高效、经济。在建筑设计与施工中，要选用对此次建设有利的材料，结合实际情况，而不是盲目利用，在建设中要本着消费科学、适当、灵活的原则，从根本上改善建筑设计效能。

3 对绿色建筑设计构成影响的因素

3.1 自然

环保、低碳作为绿色建筑设计的重点，通过生物能、风能、太阳能等无污染、可循环应用的能源，提高居民生活的舒适度与生活质量，所以一定要在节能、选址、造型、结构与能耗上综合考虑。绿色建筑历来是可持续发展的群体，所以必然依托自然空间，让环境与建筑形成有效循环。为了让绿色建筑恰当地应用到建筑设计中，除了要有较好的技术支撑，在建筑建材、设计、材料、选材加工和废弃物处理上都需要技术支撑，同时选择的技术必须与自然环境相协调。

3.2 社会

建筑工程最大的特征是污染高、消耗高，光污染、热辐射、地面风流、火灾危害与空间压迫都成了不能回避的问题。虽然在建设中存在很多弊端，但是在土地利用、资源节约上都存在很多优势。从景观来看，有益于丰富城市景观，凸显城市轮廓。对居住在高层建筑的人来说，良好的通风、视野、日照势在必行。随着环保意识的增强，绿色建筑已经成为发展的必然。绿色建筑设计也会受到当地社会发展的影响，对于发展落后的地区，即使将绿色建筑设计理念应用到建筑中，由于缺乏经验也很难实施。

3.3 人文

从设计目标来看，绿色建筑是为建筑、人、自然提供安稳、健康的生态空间，所以在建筑设计中必须结合人文思想。绿色建筑设计中，必须整合本地的人文风俗、历史发展与地域文化，优化设计，促进建筑节能设计的发展。

4 绿色建筑设计在建筑设计中的应用

在某高层建筑设计中，它包含了餐馆、天文台、游乐园、演艺中心、饭店等，为确保建筑构造的环保、绿色功能，在设计中设计师融入了绿色设计理念。自该建筑投入使用后，多数能源来自可再生能源，同时还使用了废水回用、冷热电三联供、水地源、绿化屋顶、海绵城市等理念，这在很大程度上减小了对环境的不利影响；同时，在使用中依然以可持续、稳定发展的趋势呈现。长春公司目前多个项目已完成绿色建筑设计，并顺利申报获得认证。

4.1 结构体系

和普通建筑物相比，高层建筑楼层较高，对设计师的要求与设计难度都较大，特别是地震对建筑构造的影响，始终是高层建筑设计的重点。大跨度展览空间、运动场馆等对结构体系提出了更高的要求。传统混凝土建筑对自然资源的浪费和环境污染已经不符合当前社会的发展需要。通过钢材、木材这类生态建筑材料，绿色、环保、具有可重复利用性的特点，不仅可以满足结构体系对建筑整体重量的减轻，也实现了建筑风格的多变、灵活、丰富。通过工厂加工的装配式体系，不仅减少了工地现场的湿作业，减少了现场施工误差，提高施工质量；更是将建筑产业推向了工业化、精细化、标准化。在降低资源浪费、减少环境污染、保护环境方面，做出巨大的贡献。长春公司目前多个项目已完成装配式建筑设计。其中，龙玺、盛世城项目装配率达到30%，尚学府项目装配率达到50%。

4.2 顶部设计

通过种植屋面、浅色屋面等措施，降低太阳辐射得热，降低城市热岛效应，提高了建筑屋面空间的利用度。通过屋顶天窗、光导管等技术，提高内区空间或地下空间的自然采光度，不仅降低了能源的消耗，增加了这部分空间的舒适度。长春公司寰宇天下·锦城组团在地下车库设计过程中，如图1所示，考虑利用集中采光井解决地下室通风、潮湿问题，目前已投入使用，效果明显。

越来越大的建筑密度，导致屋面、地下室顶板的面积越来越大。原有的屋面及地面硬质铺装的雨水直接排入市政管网。当暴雨来临的时候，大大增加了城市洪涝灾害的发生概

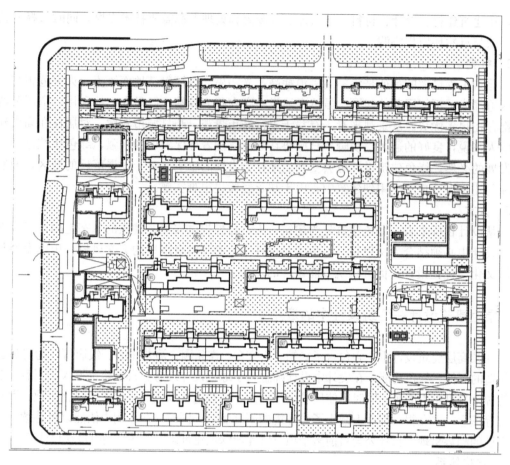

图1 集中采光井分布图

率。通过海绵城市概念，通过种植屋面、蓄水屋面、雨水收集等措施，将建筑顶部的雨水收集、过滤、储存、利用，更降低了雨水对市政管网的压力。长春公司目前在建项目均已引入海绵城市设计。以龙玺项目为例（图2），在景观设计过程中，引入雨水花园、透水铺装、下沉绿地等技术。

4.3 空间组织

建筑作为衡量某座城市建设水平的标志，同时也是时代发展的符号，所以在建筑设计中必须注重空间与建模设计。在满足居民审美与基本功能要求的环境下，注重外形构造和用户需求。将绿色理念应用到建筑设计中，降低玻璃幕墙的利用，最大限度地减少光污染；并且降低风带与风口数量，确保建筑协调力度，让空间更有节奏与美感。通过多变的地下空间利用，有效组织交通，节约土地资源，例如下沉庭院或局部采光天井等。长春公司目前在建项目中，底跃产品根据项目定位的不同需求，通过下沉庭院、采光井等措施对地下空间进行改善。

4.4 建筑节能

建筑节能应该充分利用调节功能，在满足冬暖夏凉需求的同时，结合自然风向，对其进行科学、合理的间距规划，减少对夏风的阻挡；同时，避免冬季风直接吹刮建筑物。在形成对流的情况下，确保自然通风，达到减排节能的要求。在保温技术中，结合气候因素，配备恰当的保温技术，最大限度地达到节省能源的目的。

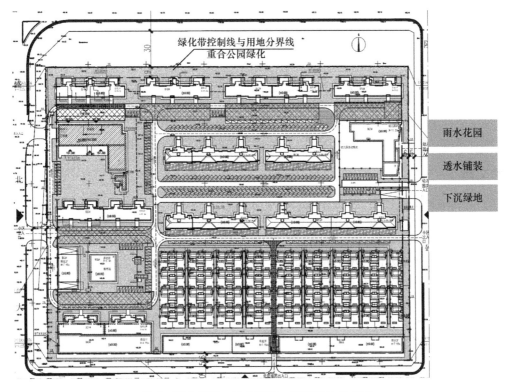

图2 雨水花园、透水铺装、下沉绿地分布图

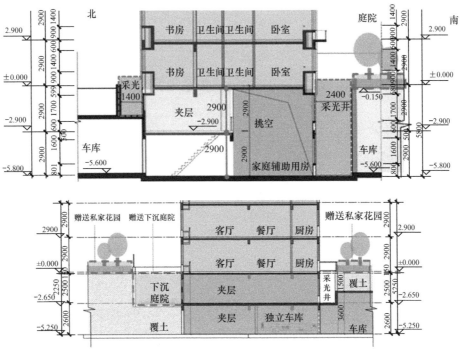

图3 地下空间分析图

5　结语

　　随着生活环境的恶化与精神文明的发展，绿色建筑已经得到推广与应用。面对生活质量逐渐提高，大众对生存环境也提出了很多要求，室内环境越来越受到关注。为了让绿色建筑理念更好地推广，除了要深入生态技术研究，还必须从环境、需求、节能等多个领域进行综合考虑，做好建筑布局和选址，这样才能更好地实现绿色建筑设计。

参考文献

[1]　童伟. 绿色建筑设计理念在工业建筑设计中的体现 [J]. 建材技术与应用，2012 (3)：29-31.

[2]　于春普. 关于推动绿色建筑设计的思考 [J]. 建筑学报，2003 (10)：50-52.

[3]　张志勇，姜涌. 绿色建筑设计工具研究 [J]. 建筑学报，2007 (3)：78-80.

[4]　吴向阳. 绿色建筑设计的两种方式 [J]. 建筑学报，2007 (9)：11-14.

[5]　刘抚英，厉天数，赵军. 绿色建筑设计的原则与目标 [J]. 建筑技术，2013 (3)：212-215.

[6]　程肖琼. 绿色建筑设计与绿色节能建筑的关系 [J]. 四川建材，2009 (4)：99-100，103.

[7]　许吉航，刘潇，肖大威. 绿色建筑设计是适宜性技术与艺术结合的创新 [J]. 南方建筑，2010 (1)：57-59.

[8]　姜长征，周庆华. 在现实条件下如何体现绿色建筑设计原则 [J]. 安徽建筑，2002 (1)：13-14.

绿色建筑设计理论与技术实践
——以上海中海建国里住宅项目为例

戴　超　姜　江　周　森　艾　坤

摘　要：自 21 世纪初始，保护环境与节约资源的理念渐渐深入人心，我国绿色建筑取得了快速的发展，并且达到了可认证的标准。上海作为超一线城市，各项政策都走在国内的前端，本文以上海中海建国里住宅项目所采用的绿色建筑技术措施为例对绿色建筑设计进行分析介绍。

关键词：绿色建筑；技术措施；资源节约

DESIGN THEORY AND PRACTICES OF GREEN BUILDING-CASE STUDY OF SHANGHAI ZHONGHAI JIANGUOLI RESIDENTIAL PROJECT ANALYSIS OF GREEN BUILDING DESIGN METHODS

Dai Chao　Jiang Jiang　Zhou Miao　Ai Kun

Abstract：Since 2012，the concept of environmental protection and resource conservation has come into sight. China's green building has achieved rapid development and reached the certifiable standard. As the super-tier city，Shanghai is always in the leading position in terms of the policy development. Taking the green building technology measures and energy consumption analysis of Shanghai Zhonghai Jianguoli residential project as an example，this paper provides an analysis on the green building design of residential project.

Key words：Green Building；Key Measures；Resources Saving

1　前言

绿色建筑讲究"以人为本，强调性能，提高质量"的技术路线，以"高水平、高定位、高质量"为原则。建造绿色建筑是一件非常不容易的事情。中国绿色建筑评价有着严格的标准，为了达到可认证的标准，设计师需要对设计方案不断地论证优化，对建筑本身的结构、暖通、给水排水、电气等系统统筹设计深化。近年来，绿色建筑在节能、成本、舒适度等方面的优势也逐渐体现出现实的社会价值和意义。

中海建国里项目位于上海市中心地段老卢湾建国路肇周路，作为二星级绿色高层住宅建筑，采用了多种节能环保技术。在节地方面，将机动车位及非机动车位设置于地下，做到了充分合理地利用地上及地下空间，绿地率达到35%，人均公共绿地面积为1.46m²；在节能方面，外围护结构采用了加厚的保温材料，在公共场所使用高效光源、节能灯具，使得项目的节能效率在国标基础上提高显著；在水资源的节约方面，设置了一套雨水回用处理系统，小区的绿化灌溉、道路冲洗等的用水均来自于处理后的雨水；在节材方面，建筑结构材料均采用商品砂浆和预拌混凝土，使用的高强度钢筋的比例也高达99%。各专业设计细节均深入项目的方方面面，以期达到人员居住舒适、节能高效、环境优美，真正体现绿色建筑的现实意义。

2 工程概况

项目位于上海市黄浦区肇周路以东、肇周路以南、建国里一期以西、建国新路以北（图1）。申报绿色建筑二星级认证主要为6栋住宅楼及其配套建筑，分别为1~6号楼，共804户。项目总用地面积68263.00m²，总建筑面积190164.71m²，其中地上建筑面积134257.42m²，地下建筑面积55907.29m²，绿地率35%，机动车停车位1651辆，非机动车停车位1022辆。

由于绿色建筑设计的综合性和复杂性，以及建筑师受到知识和技术的制约，因此在设计团队的构成上由包括建筑、环境、能源、结构、经济等多专业的人士组成。设计团队应当遵循符合绿色建筑设计目标和特点的整体化设计过程，在项目的前期阶段就采用相应的整体设计过程。在项目前期设计时，业主方与设计单位及专业绿建顾问团队积极沟通，设计中将绿色建筑设计结合于整个项目之中。

图1 建国里项目鸟瞰效果图

3 绿色建筑特征

3.1 节地与室外环境

（1）无障碍设计

住宅的无障碍设计是文明社会对高层住宅的基本要求，关爱残疾人群体也是文明社会的需要。目前中国老龄化社会的现状也加大了建筑设计方面对无障碍设计的重视。设计中遵循《老年人照料设施建筑设计标准》JGJ 450—2018 的同时，也要更人性化地去考虑设计的细节。在高层住宅建筑中，室内空间的适老性设计，交通空间的便利性设计化及室外环境的无障碍化部分体现着对无障碍设计的原则和要求。中海建国里室外建筑入口为无障碍入口，人行通道直接连接到市政道路，设置无障碍设施并与城市道路的无障碍设施相连接。室外场地平整，所有人行道路均连接在一起，并与场地出入口及建筑无出入口均有无障碍措施相连。小区内部场地平坦，道路标高基本一致，通行方便，居住区道路、绿地、公共走道、公共服务设施均按照无障碍设计，场地坡度不大于 3%。

（2）地下空间利用

合理开发利用地下空间不仅是绿色建筑设计的重要措施，地下空间的利用也已经成为增强城市功能、改善居住环境、缓解地面交通压力、有效节省土地资源的重要手段。中海建国里地下建筑总面积 55907.29m²，主要功能为汽车库、送排风机房、配电房、水泵房、非机动车库等，空间布局合理，达到有效利用地下空间的目的。

（3）热岛强度

场地内各种形式的绿化对调节空气温度和改善空气湿度均有显著效果。如图 2 所示，合理地配置场地绿化，不仅满足视觉方面的要求，同时具有遮阳、蒸腾、过滤、组织通风以及降低噪声污染等重要作用。项目通过大面积设置绿化，降低热岛强度，改善人行体验。

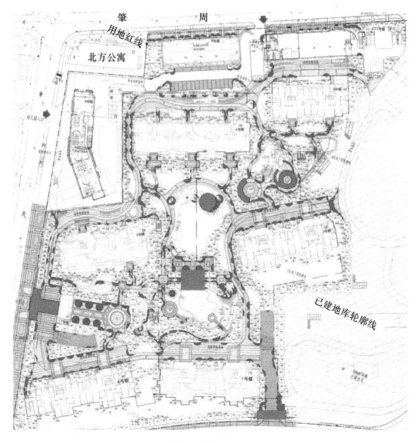

图 2　建国里场地遮阴分析图

3.2　节能与能源利用

（1）建筑与围护结构

据有关研究分析，围护结构的热损失中外墙传热的热损失约占 60%～70%；门窗的传热热损失约占 20%～30%；屋面的传热热损失约占 10%。合理选择外窗、门窗及屋面的材料可以大幅降低建筑能耗，提高能源利用效率，促进节能减排[1]。考虑到外墙在外围护结构中所占的比例最大，而夏热冬冷地区夏季太阳辐射尤为强烈，合理选择保温隔热材料，处理好结合处的"热桥"是控制墙体热损失的两个设计要点[2]。屋顶相对外墙所占负荷比例较小，但是若保温隔热性能较差，会严重影响顶层房间的热环境，大大增加空调系统负荷。中海建国里在保温材料的选择上选择 35mm 岩棉板，有效降低了热损失，如图 3 所示。建国里二期项目 1～6 号楼，设计建筑全年空调负荷较参照建筑全年空调负荷的降低幅度最低为 16.85%、最高为 25.48%，被动式节能效果十分显著。

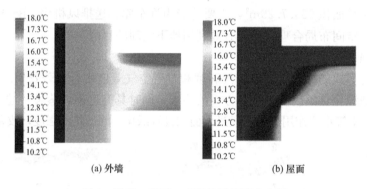

(a) 外墙　　　　　　　　　　(b) 屋面

图 3　卧室、客厅、书房热桥温度分布图

（2）供暖通风与空调

空调系统能耗对于建筑能耗的贡献巨大。本项目设计安装高效节能多联机空调系统，设备 IPLV 达到 6.0，较国标提升不低于 50%。建国里二期项目 1 号、2 号、3 号、4 号、5 号、6 号设计建筑供暖、通风与空调系统能耗较参照建筑的降低幅度，分别为 33.33%、33.33%、33.42%、33.10%、33.33%、33.43%。

（3）照明与电器

中海建国里项目照明设计遵照《建筑照明设计标准》GB 50034—2013 所对应的照度标准、照明均匀度、统一眩光值、光色、照明功率密度值、能效指标等相关值的综合要求。住户内照明采用就地控制方式；公共地下室采取分区照明控制。设备机房、门厅、走廊、电梯厅照明采用就地开关控制方式。

3.3　节水与水资源利用

（1）给水排水系统设置

中海建国里项目水源使用市政自来水，供水压力为 0.16MPa。从肇周路市政道路（两路）市政给水管上分别引入 1 路 DN300 给水管进入本地块供给生活及消防。本项目室内排水系统使用污、废分流制，屋面及室外雨水排至市政雨水管网，由室外场地雨水口及屋面雨水立管汇集至室外雨水井，经场地内雨水管网汇集分散排至市政雨水管网，空调冷凝水、阳台雨水间接排至室外排水沟或 13 号排水沟头。本项目室外排水系统采用雨、污分流制。屋面及室外雨水排至市政雨水管网，由室外场地雨水口及屋面雨水立管汇集至室外雨水井，经场地内雨水管网汇集分散排至市政雨水管网，空调冷凝水、阳台雨水间接排至室外排水沟或 13 号排水沟头。屋面雨水采用重力流排放系统，不同高度屋面雨水独立排放。屋面雨水按重现期为 50 年设计。汽车坡道出入口重现期按 50 年设计。合理的节水与水资源利用是绿色建筑设计一个重要内容。

（2）用水计量

居民住宅实行一户一表制，水表设置在水表井内。本项目设计了三级水表用来计量给水用水量。在市政上水管处，安装了地块总表 DN300；同时，安装了生活泵房水表作为 2 级水表；3 级水表 DN25 位于供水末端，计量各住户的生活用水。无未计量的支路。

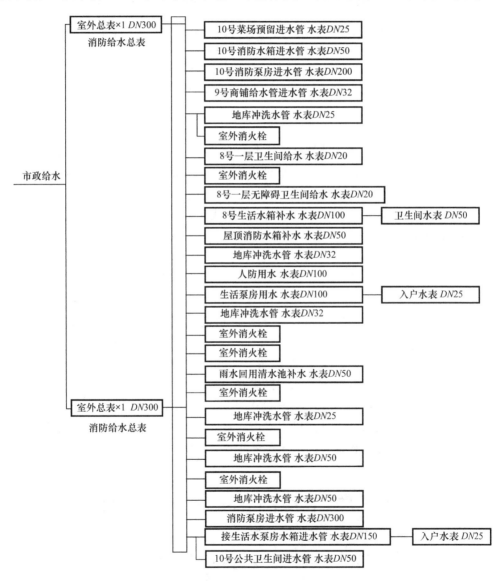

图 4　建国里各级水表示意图

（3）非传统水源利用

在水资源日益匮乏的当下，雨水回用对于节约水资源是相当有益的。本项目结合场地的地形地貌，合理汇集并利用雨水进行绿化灌溉、道路洒水以及景观水体补水，如图5所示。本项目非传统水源利用量约为6381.65m³，项目年用水量约为582990.09m³，非传统水源利用率为1.09%。在设计状态条件下，室外绿化灌溉及道路冲洗均100%使用的回用雨水，有良好的生态效益及经济效益。

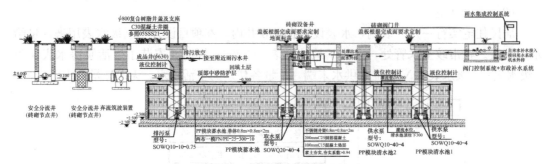

图5　建国里雨水收集工艺流程图

3.4　节材与材料资源利用

（1）节材设计

本项目可再循环材料重量占建筑材料总重量的6.40%，大量选用高强度钢筋，高强度钢筋比例占到总受力钢筋比例的99%。此外，项目所有混凝土及砂浆均选用预拌材料。

（2）材料选用

本项目选用材料中未使用国家和当地明令限制或禁止使用的建材及制品。

3.5　室内环境质量

（1）室内声环境

外墙构造：水泥砂浆（5mm）＋岩棉板（35mm）＋水泥砂浆（20mm）＋钢筋混凝土（200mm）＋水泥砂浆（20mm）

分户墙构造：水泥砂浆（20.0mm）＋蒸压加气混凝土砌块B06（200.0mm）＋水泥砂浆（20.0mm）

楼板构造：木板（10.0mm）＋水泥砂浆（30mm）＋挤塑聚苯乙烯泡沫塑料（XPS）（20mm）＋钢筋混凝土（120.0mm）＋水泥砂浆（20.0mm）

外窗构造：金属隔热型材（5Low-E＋12Ar＋5）

本项目室内噪声主要来源为空调机组噪声，室外噪声主要为交通噪声，如图6所示，通过合理设计建筑围护结构构造及选用低噪声机组，有效控制了室内噪声。

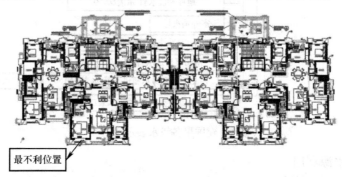

图6　建国里噪声测试房间位置

（2）室内光环境与视野

本项目各楼栋与相邻建筑的直接间距超过 18m，室内视野情况良好。本项目地面及墙面均采用水泥砂浆抹面，主要功能空间通过采用浅色饰面等有效的措施控制眩光，如图 7 所示，眩光值满足《建筑采光设计标准》GB 50033—2013 要求，不舒适眩光指数（DGI）最大值为 14.3，小于标准值 27 的要求。

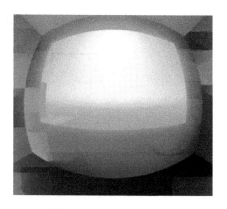

图 7　建国里眩光示意图

（3）室内湿热环境

当前人们对建筑的关注不只是节能环保，而更注重健康和舒适。自然通风能在很短的时间内使室内污染物浓度降低，稀释污染物浓度，也是改善室内空气质量最方便有效的途径之一。住宅室内空气品质设计以住户健康为前提，在保证舒适度的同时降低建筑能耗。本项目住宅南向均设置南面阳台且多层的南向窗户安装塑钢中置百叶遮阳窗。项目厨房排油烟风管均经油烟净化器处理，达到油烟净化标准后高空排放。卫生间均设置可开启外窗，主要靠自然通风的形式进行通风换气。

本项目地下夹层和地下一层为非机动车库，设置机械排烟系统。补风量不小于排烟量的 50%，均利用自行车坡道自然补风。本项目地下车库设计了一套一氧化碳监控系统，通过传感器监测地库一氧化碳浓度，当浓度超过 $30mg/m^3$ 时即自动联动风机进行排风。一氧化碳传感器的布放按照防烟分区均匀放置。

4　成本增量分析

通过对本项目各种绿色建筑技术进行统计，项目基准为项目采用传统技术，从而得到绿色建筑增量成本。根据相关统计，项目总增量约为 640 万元，折合 35 元/m^2。

5　小结

本项目绿色建筑设计方案所采取的技术措施经过了充分论证，采取了主动式的节能技术，减少了成本昂贵的绿建措施，充分节约了成本，将绿色建筑设计方案与建筑设计有效地结合在一起，体现了绿色建筑的宗旨。近年来，中海地产持续秉持为业主营造绿色居住环境与健康生活的准则，以探索未来人居生活模式为目标，充分结合新时代科技智能化产业发展，不断创新与实践绿色建筑理念，持续加大绿色地产传播，也取得了丰硕成果。在未来，中海地产将致力于将结合自身专业优势与设计资源，持续提高每个项目绿色标准，创造绿色健康的人居生活环境，引领行业绿色建筑实践。

参考文献

[1] 张泽平，李珠，董彦莉. 建筑保温节能墙体的发展现状与展望. 工程力学，2007，24（z2），121-128.
[2] 钱伯章，朱建芳. 建筑节能保温材料技术进展. 建筑节能，2009，37（2），56-60.

浅谈绿色建筑设计要点
——以珠海市星筑苑项目为例

许柏银　刘增军

摘　要：建筑业是我国的支柱产业，也是能源消耗和环境污染较大的产业。随着社会的不断进步，人们更加注重能源与环境的协调发展。绿色建筑作为一种崭新的设计思维和模式，它提供给使用者有益健康的建筑环境，并最大限度地保护环境，减少资源消耗。本文首先分析了绿色建筑的概念及原则，并以珠海市星筑苑项目为例对绿色建筑设计的要点进行探讨。

关键词：绿色建筑；原则；设计要点

A BRIEF DISCUSSION ABOUT THE MAIN POINTS OF GREEN BUILDING DESIGN
——Taking Zhuhai Xingzhuyuan Project as an Example

Xu Bo Yin　Liu Zeng Jun

Abstract： The construction industry is China's pillar industry，and it is also an industry with large energy consumption and environmental pollution. With the continuous progress of society，people pay more attention to the coordinated development of energy and environment. As a brand-new design thinking and mode，green building provides users with a healthy built environment，and protects the environment to the maximum extent and reduces resource consumption. This paper first analyzes the concepts and principles of green buildings，and then discusses the main points of green building design with the Zhuhai Xingzhuyuan project as an example.

Key words： Green Building；Principle；Design Points

1　绿色建筑设计概念

要想将建筑设计准确无误地落实到国民的生活当中，对绿色建筑设计理念有一个清晰的认识是必要的。只有清晰绿色建筑设计概念，才能使绿色建筑设计朝着正确的方向出发。绿色建筑并非是指带有立体绿化、屋顶花园等的建筑，而是指以人、建筑物、自然环境协调发展为目标，在建筑的全寿命周期内，能最大限度地节约各项资源并起到保护环境、减少污染作用的建筑。当前，中国的绿色建筑已经进入一个高速发展时期，绿色建筑将从建筑开发的一个提升性需求逐步变成基础性需求。绿色建筑的规划布局是适合于我国和各个国家长久发展的必由之路。但是就当前而言，我国的绿色建筑还是处在起步的阶段，没有成文的规定与科技的保障。要想使某些技术得到发展，健全完善的系统是必要的前提。因此，建设详细的评估系统及法律体系都是必要的前提。

当前，绿色建筑设计理念的应用并不完善，要将其充分应用到建筑工程中去，与之相结合，保证建筑设计更加具有绿色环保性、科学合理性、资源节约性，还需创新发展更加合理、绿色的实际理念。绿色建筑对高科技需求不高，所谓绿色建筑设计的核心理念就在于环保、能源节约及环境保护，最重要的是建立在自然生态的持续性基础上，所以说绿色建筑设计的概念就是保护环境节约能源。目前，城市建筑发展越来越高科技化；但是，凡事都是呈双面性的，在现代技术证实了建筑技术和经济发展程度的同时，人工元素大量地充斥在建筑设计中，也表现出来城市建筑与自然的偏离。因此，在绿色建筑设计中如何达到绿色目标、建筑形式、功能、自然的统一，并使技术选择经济性最优，是设计的重要工作内容。

2 绿色建筑设计的原则

绿色建筑在设计过程中，必须针对其各个构成要素，确定相应的设计原则和设计目标；同时，这些构成要素又是建筑设计师要具体操作的对象。在绿色建筑设计体系中，对设计原则的分析和把握具有重要的实践意义。这里以生态要素为主要对象，扼要阐述其设计原则。

2.1 整体及环境优化的原则

建筑应作为一个开放体系与其环境构成一个有机系统，设计需要追求最高效益。建筑的本身需要体现对自然环境和社会环境的尊重，主要表现在继承当地民风民俗，保护历史人文景观，重视建筑自身对地形、地势的利用，加强建筑对当地技术、材料的利用，加强建筑周边绿化设计，减少环境污染；同时，体现现代建筑风格，用独特的美学艺术让建筑体现时代精神。

2.2 简单、高效发展的原则

绿色建筑应体现对能源的节省，在设计、施工过程中应尽量使用可再生资源，如太阳能、风能等，加入电子智能化设计，广泛利用高科技的信息技术和设备，要有预见性地研究建筑与社会发展的互动关系，做到高瞻远瞩及长远规划，为日后扩建和建造留有余地。

2.3 健康、舒适的原则

绿色建筑应保证建筑内部的适用性，即体现对使用者的关怀，增强用户与自然环境沟通，让人们能够在舒适的建筑环境内生活、工作。其主要体现在创造良好的室内通风环境，增加建筑的采光系数，保证室内一定的温度及湿度，创造良好的视觉环境和声环境，建立立体的绿化净化环境等。

3 珠海星筑苑绿色建筑设计要点分析

3.1 项目概况

本项目位于珠海市高新区金鼎片区，项目占地 1.43 万 m^2，容积率 2.92，地块北邻城市主干道港湾大道、南接下栅村及国际赛车场，西侧为规划居住用地，东侧规划支路。

3.2 星筑苑项目不利因素分析

绿色建筑设计的根本在于解决地块面临不利因素、综合考虑室内外空间环境、材料选择、技术措施等，创造人与自然和谐共处的整体居住环境。根据地块周边四至基本概况及政府出让条件的相关要求，首先梳理项目不利因素。

（1）噪声

地块北侧港湾大道常年车流量较大、南侧国际赛车场承接主要赛事及珠海本地赛车爱好者周末训练功能，可见项目北侧为主要噪声来源、南侧为次要噪声来源，南北两侧噪声影响是本项目绿色设计导向下需解决的核心因素。

（2）周边环境肌理

地块北邻东西向城市道路，南侧紧邻下栅村，下栅村为珠海市传统城郊村落，建筑多为 2 层左右居民自建房，地块南侧用地红线紧贴村民房屋，项目规划设计需考虑如何营造与道路、下栅村和谐共处的外部空间环境。

（3）土地出让条件

本项目占地 1.43 万 m^2，南北长约 120m，东西宽约 60m，容积率 2.92，一级建筑覆盖率≤28%，二级建筑覆盖率≤20%，通过以上条件可知本地块为典型高容积率低密度社区，如何在狭长地块中创造日照充足、园区环境宜人的高品质社区是项目设计的又一难点。

3.3 星筑苑项目绿色建筑设计要点

（1）整体规划布局——环境和谐

项目采用三栋 L 形点式高层错落布局，三栋塔楼以山墙面垂直于港湾大道布局，减少面向城市主界面的建筑面宽，削弱对道路的压迫感，同时减轻港湾大道对楼体的噪声影响。地块南侧塔楼靠西布置，最大限度减弱下栅村居民的视线干扰和压迫感。地块东侧临近规划支路为单层商铺一字形展开，加强空间围合感。高层塔楼错落布局形成不同规模的园林空间，结合园路设计打造社区中心景观、组团景观、宅前绿地等多层次立体园林景观。同时通过整体规划布局使日照最大化，经测算，中间及南侧楼栋日照可达 4h 以上，北侧楼栋主要居室也可满足冬至日 1h 日照要求，整体日照时数远超珠海市规定（图 1）。

（2）建筑单体设计——优化户内人居

户内空间布局，将厨房、卫生间等次要房间朝北面向港湾大道，客厅卧室等南向布置，减少开窗面，避开主要噪声来向，削弱噪声影响（图 2）。技术细节，客厅、卧室书房等主要居室玻璃采用 6+6A+6 钢化中空玻璃，进一步隔绝噪声。空间创新，本项目采用创新设计，全部户型四面宽朝南、东，主要居室日照最大化且面向园区景观，提升户内居住品质，实现人居和谐。

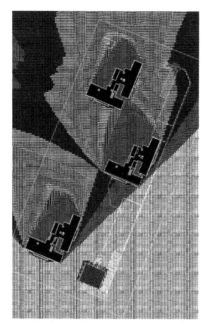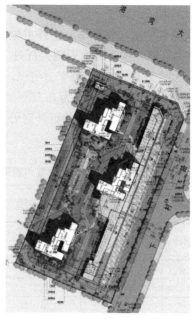

图 1 日照分析及总平面图

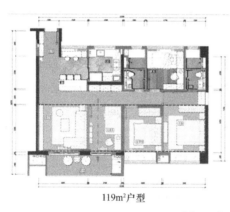

119m²户型   98m²户型

图 2 户型平面图

（3）通风及采光环境优化——减少能耗

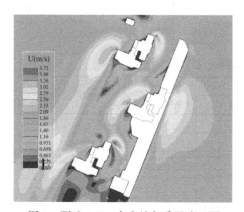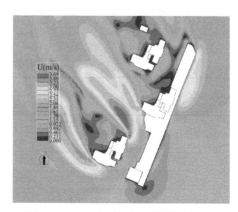

图 3 距地 1.5m 高度处冬季风速云图   图 4 距地 1.5m 高度处夏季风速云图

a. 室外风环境

如图 3 和图 4 所示，在冬季节室外主导风向下，本项目主要通过建筑之间间距来改善人行活动区域风环境。在建筑物周围人行处 1.5m 高度的风速最大为 3.72m/s，小于 5m/s；且室外风速放大系数在 1.97 以下，小于 2.0，符合舒适要求。冬季典型风速和风向条件下，建筑迎风面与背风面风压差为 0.15～4.67Pa。在夏季、过渡季主导风向下，外窗中室内外表面的风压差大于 0.5Pa 的可开启外窗的面积比例达到 50%。

b. 室内风环境分析

室内通风面积分析 表 1

户型	房间名称	房间总面积（m²）	外窗编号	可开启面积（m²）	通风开口面积占房间面积的比例	是否满足标准要求
A	客厅餐厅	28.34	TLM2424	2.96	10.4%	符合
			LC1218			
	主卧室	13.79	LC2618	1.44	10.4%	符合
	卧室 1	9.24	LC2418	1.44	15.5%	符合
	卧室 2	8.10	TLM1624a	1.63	20.1%	符合
	书房	6.21	LC2118	1.44	23.1%	符合
B1	客厅餐厅	16.06	TLM2424	1.63	10.2%	符合
	主卧	11.26	LC2418	1.44	12.8%	符合
			LC1518			
	卧室 1	8.23	LC2218	1.44	17.5%	符合
	卧室 2	7.15	LC2018	1.44	20.1%	符合
B2	客厅餐厅	16.06	TLM2424	1.63	10.2%	符合
	主卧	12.52	LC2418a	3.67	29.3%	符合
			LC1518a			
	卧室 1	8.23	LC2218a	1.44	17.5%	符合
	卧室 2	7.15	LC2018a	1.44	20.1%	符合
最不利房间×外窗（包括阳台门）通风开口面积比例					10.2%	符合

通过上述分析计算可知，本项目外窗（包含阳台门）通风开口面积与房间地板面积的比例最小为 10.2%，满足《绿色建筑评价标准》GB/T 50378—2014 第 8.2.10 条第 1 款通风开口面积与房间地板面积的比例在夏热冬暖地区达到 10%，主要空间远超规范要求。

c. 采光分析

室内有效采光面积分析 表 2

户型	房间名称	房间总面积（m²）	外窗编号	有效采光面积（m²） 宽（m）	有效采光面积（m²） 高（m）	有效采光面积（m²）	窗地面积比	是否满足标准要求
A	客厅餐厅	28.34	TLM2424	2.40	2.40	7.86	27.7%	符合
			LC1218	1.20	1.75			
	主卧室	13.79	LC2618	2.60	1.75	4.55	33.0%	符合
	卧室 1	9.24	LC2418	2.40	1.75	4.20	45.5%	符合
	卧室 2	8.10	TLM1624a	1.60	2.40	3.84	47.4%	符合
	书房	6.21	LC2118	2.10	1.75	3.68	59.2%	符合

户型	房间名称	房间总面积（m²）	外窗编号	有效采光面积（m²）		有效采光面积（m²）	窗地面积比	是否满足标准要求
				宽（m）	高（m）			
B1	客厅餐厅	16.06	TLM2424	2.40	2.40	5.76	35.9%	符合
	主卧	11.26	LC2418	2.40	1.75	4.20	37.3%	符合
			LC1518	1.50	1.75	2.63		
	卧室1	8.23	LC2218	2.20	1.75	3.85	46.8%	符合
	卧室2	7.15	LC2018	2.00	1.75	3.50	49.0%	符合
B2	客厅餐厅	16.06	TLM2424	2.40	2.40	5.76	35.9%	符合
	主卧	12.52	LC2418a	2.40	1.75	4.20	33.5%	符合
			LC1518a	1.50	1.75	2.63		
	卧室1	8.23	LC2218a	2.20	1.75	3.85	46.8%	符合
	卧室2	7.15	LC2018a	2.00	1.75	3.50	49.0%	符合
最不利房间×外窗（包括阳台门）窗地面积比例							27.7%	符合

通过上述分析计算可知，本项目设最不利窗地面积比例为27.7%＞1/5×1.1，满足《绿色建筑评价标准》GB/T 50378—2014第8.2.6的规定，主要居室远超规范要求。

通过以上分析可知，本项目整体通风、采光条件远优于相关规范要求值，良好的通风采光条件可有效减少耗能机械的使用频率，从而达到节约能耗，资源和谐的目标。

（4）海绵专项设计——资源可持续利用（图5）

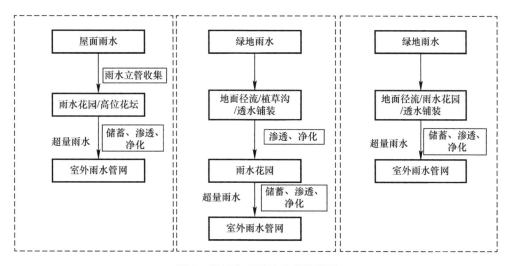

图5　海绵专项设计技术路线图

本项目通过海绵设施改造，小区内设置雨水花园961m²，雨水花园调蓄量为209.02m³；设置高位花坛132m²，高位花坛调蓄量为19.8m³；设置传输型植草沟51m²，传输型植草沟调蓄量为0；小区雨水径流控制量可达到228.8m³，大于地块设计径流量224.8m³，年径流总量控制率达70.28%，从而达到雨水重复利用、净化污水的作用，实现资源的可持续利用。

（5）其他措施——提升绿色赋能

施工工艺方面，本项目整体采用铝膜工艺＋高精砌块的施工工艺，此项措施每平方墙体可较少 4cm 厚抹灰层，大量减少混凝土材料的运用；同时，采用全混凝土外墙工艺，门窗洞口一次压槽成型，杜绝渗漏，减少后期维护成本。建筑选材、主题外立面采用真石漆，最大限度减少石材等耗能材料运用，减少运输、保存等中间能耗。装饰材料选择，主要选择品牌木饰面、石膏、瓷砖、乳胶漆等作为室内装修材料，尽量减少甲醛等有害气体释放，打造绿色居住空间。

4　结语

设计师在进行绿色建筑设计时，要不断地学习国内外先进的技术和理念，在结合我国建筑业的实际状况，提高绿色建筑设计水平，大胆尝试，勇于创新，为绿色建筑的发展奠定坚实的基础。

参考文献

[1]　刘健，王瑞. 关于推动绿色建筑设计的思考 [J]. 山西建筑，2012，(30).
[2]　郑兴. 关于推动绿色建筑设计的思考 [J]. 建材与装饰，2010，(09).
[3]　常红航，朱江南. 谈中国绿色建筑的发展 [J]. 科技创新导报，2009.

第二节　海绵城市设计

福州海绵城市设计及应用

郭文昭

摘　要：本文介绍了中海集团福州繁华里项目在海绵城市建筑技术推广方面的方法与经验。简述了该项目所使用的海绵城市绿色技术措施及分析手段，对其地质情况、雨水情况等方面进行了探讨，其对福州本地海绵城市的设计及开发有一定的推广价值和参考意义。

关键词：海绵城市；城市建设

DESIGN AND APPLICATION OF SPONGE CITY IN FUZHOU

Guo Wen Zhao

Abstract：This Paper introduces the methods and experience of promoting the construction technology of sponge city in Fuzhou Fanhuali project of China Shipping Group. This Paper briefly introduces the green technical measures and analysis means of sponge city used in the project，and probes into its geological conditions，rainwater conditions and other aspects，which has certain popularization value and reference significance for the design and development of local sponge city in Fuzhou.

Key words：Sponge City；Urban Construction

1　引言

中央城镇化工作会议，习近平总书记提出大力建设自然积存、自然渗透、自然净化的海绵城市。"海绵城市"是新一代城市雨洪管理概念，是指城市像海绵一样，在适应环境变化和应对雨水带来的自然灾害等方面具有良好的弹性，也可称为"水弹性城市"。

2　项目简介

本项目为新建项目，工程名称为"中海繁华里"，用地性质为居住用地。本项目位于福州市晋安区，地块西侧为晋安中路和晋安河，南侧为规划路及待出让空地，北侧为桂香街和桂香小区，东侧为规划路及出让空地（2018-46 号）。

项目建设用地面积 35190m²，总建筑面积 138762.19m²，地上建筑面积 101897.02m²，地下建筑面积 36865.17m²，建筑占地面积 8702.28m²，容积率 2.9，建筑密度 25%，绿地率 30%。

3 现场调查及分析

3.1 岩土层的富水性及渗透性评价

场地范围内主要岩土层的渗透性参数根据水文地质试验、室内土工试验成果，并参照《工程地质手册》（第四版）有关经验参数综合确定，各岩土层特征及水文地质参数详见表1。

岩土层水文地质参数分析统计表　　　　　　　　　　　　表1

岩土名称	代号	重度	压缩模量	渗透系数	承载力特征值	临时边坡坡率（坡高小于5m）
		γ	E_{s1-2}/E_0	K	f_{ak}	
		kN/m³	MPa	cm/s	kPa	
杂填土	○1a	18.0	4.0	8×10^{-4}	80	1:1.25

由表1可知，本项目场地内杂填土的渗透系数为 8×10^{-4}cm/s，渗透性较好，场地宜采用杂填土进行回填，无须进行土壤换填，可符合规范的要求。待施工图阶段，应对浅层土进行土壤渗透性测试；若不满足要求，应根据海绵设施的需要进行土壤换填。

3.2 水文条件

场地地下水主要赋存于：

a. ①杂填土、①₁填砂中的孔隙潜水。该层透水性较强，富水性较好，水量不大，主要受大气降水和地表水补给。

b. ②淤泥、③粉质黏土、④淤泥质土、⑤粉质黏土层中的孔隙水。该层总体上渗透性较差，富水性一般，为相对隔水层。

c. ⑥₁砾砂层中的孔隙承压水，该层总体上透水性强，富水性好，水量大。勘察期间在ZK132、ZK141孔中分层水位测量其水头埋深约 26.58～27.06m（标高 -21.78～-21.25m）。

d. ⑦全风化花岗岩、⑧强风化花岗岩Ⅰ、⑨强风化花岗岩Ⅱ、⑩中风化花岗岩中的孔隙裂隙承压水。岩层渗透性主要受孔隙裂隙性质及发育程度控制，从勘察时揭露情况来看，张性裂隙较发育，总体上透水性中等，水量中等，与⑥₁连通性较好，可视为一含水层。

总体上，场地内地下水主要受大气降水的垂直下渗补给和侧向径流补给（正常季节场地内地下水径流补给晋安河，汛期或涨潮水位较高时晋安河水径流补给场地内地下水），通过蒸发及侧向径流排泄。

综合上述情况，地下水埋深小于1.0m。若地下水埋深小于1.0m，应在生物滞留设施底部和周边进行防渗处理。

黑臭水体分析及易涝点分析：

本项目位于福州市晋安区，根据福州市晋安区人民政府发布的相关文件：《福州市晋安区关于黑臭水体治理清单的公示》，如表2所示，由区位分析图可知本工程基地及周边位于黑臭水体范围外。

城市臭黑水体整治名单　　　　　　　　　　　　　表 2

序号	黑臭水体名称	整治时限		责任人
		初见成效	长治久清	
1	浦东河	2017.12.31	2018.12.31	刘×
2	新厝河	2017.12.31	2018.12.31	刘×
3	陈厝河	2017.12.31	2018.12.31	刘×
4	淌洋河	2017.12.31	2018.12.31	刘×
5	磨洋河	2017.12.31	2018.12.31	刘×
6	洋里溪	2017.12.31	2018.12.31	刘×
7	竹屿河	2017.12.31	2018.12.31	陈××
8	东郊河	2017.12.31	2018.12.31	陈××
9	茶园河	2017.12.31	2018.12.31	朱××
10	洋下河	2017.12.31	2018.12.31	朱××
11	琴亭河	2017.12.31	2018.12.31	林××

　　拟建场地位于福州市晋安区，属亚热带海洋性季风气候区，年平均气温 19.3℃，极端高温 37.4℃，极端低温−1.3℃。雨量充沛，年平均雨量 1382.3mm，年平均相对湿度一般在 80%以上。主导风向为东风与东北风，3、4 月阴凉多雨，5～8 月常有雷阵雨和台风，7～9 月为台风季节。

3.3　场地竖向及下垫面分析

　　（1）场地竖向分析

　　本项目场地地势较平坦，整体中间高四周低（图 1）。基地的标高均高于周边市政道路，无客水影响。

图 1　场地竖向分析图

（2）场地竖向分析

本项目首层地下建筑面积28308.14m²，地下室顶板覆土深度均不小于1.2m，满足海绵设施的设置要求（图2）。

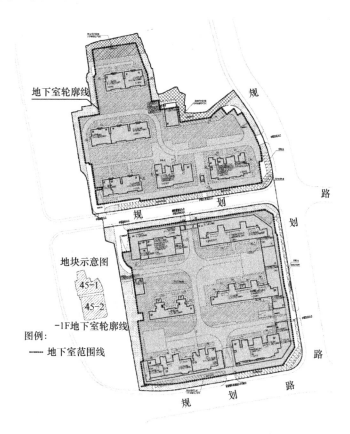

图2 地下室顶板覆土分析图

本项目场地下垫面主要类型有：建筑屋面、绿地、硬质路面等，各下垫面指标如表3所示，下垫面分布见图3。

下垫面指标表 表3

主要类型	指标（m²）
普通屋面	8971.14
硬质铺装	14458.28
绿地	11760.58
总用地面积	35190.00

本项目的下垫面主要由硬屋面、绿化屋面、混凝土或沥青道路组成。项目内建筑物主要由住宅楼、办公楼、底商及社区服务用房组成，建筑屋面均设计为平屋面。本项目绿地面积11760.58m²，绿地成块布置，分布于建筑场地内。建筑周边绿地考虑设置下凹式绿地、雨水花园，屋面雨水可断接至建筑周边的海绵设施进行净化。路缘石设置为开口路缘石，道路雨水可通过找坡进入海绵设施。其余场地内消防通道、消防登高面等均为混凝土或沥青道路。

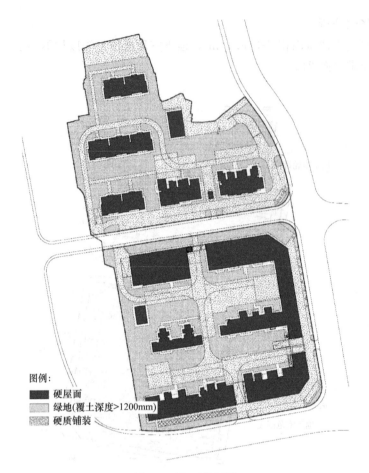

图例：
■ 硬屋面
▨ 绿地(覆土深度>1200mm)
▨ 硬质铺装

图 3　下垫面分析图

（3）消防及重型车辆通道分析

场地内沿着建筑四周设宽度 4m 的环形消防车道，消防车道与市政道路直接对接，消防车可由 5 个入口进入，并设有多处救援场地（图 4）。项目内主要道路大部分位于地下室顶板上，满足其荷载要求。雨水径流通过开口路缘石或平路缘石就近排入周边下凹绿地和雨水花园消纳。

3.4　年径流总量控制率

低影响开发雨水系统的径流总量控制一般采用年径流总量控制率作为控制目标。《海绵城市建设技术指南——低影响开发雨水系统构建》对我国近 200 个城市 1983～2012 年日降雨量统计分析，分别得到各城市年径流总量控制率及其对应的设计降雨量值关系。基于上述数据分析，本指南将我国大陆地区大致分为五个区，并给出了各区年径流总量控制率 α 的最低和最高限值，即 Ⅰ 区（85%≤α≤90%）、Ⅱ 区（80%≤α≤85%）、Ⅲ 区（75%≤α≤85%）、Ⅳ 区（70%≤α≤85%）、Ⅴ 区（60%≤α≤85%）。福州处在 Ⅳ 区，年径流总量控制率为 70%≤α≤85%。

年径流总量控制率应优先满足规划设计条件需求，综合考虑项目水资源情况、降雨规律、开发强度、区域位置、海绵城市建设设施情况和经济发展水平等因素确定，年径流总量控制率取值范围宜 60%～80%。如无规划设计条件，按下述条例执行：已编制海绵城市专项规划的区域，新建、改建、扩建项目应满足上位规划的雨水年径流总量控制率要求；未编制海绵城市专项规划的区域，新建、改建、扩建项目的雨水年径流总量控制率不宜低于70％。

图4　消防分析图

福州市年径流总量控制率与设计降雨量级关系如图5和表4所示。

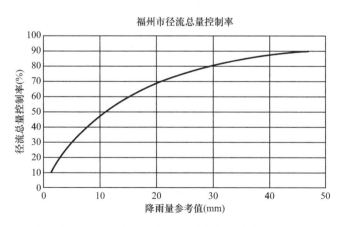

图5　福州市年径流总量控制率对应的设计降雨量关系图

福州市年径流总量控制率与设计降雨量级关系　　　　　　　　　　　　　表4

年径流总量控制率	50	55	60	65	70	75	80	85
设计降雨量（mm）	11	12.9	14.8	17.2	20.4	24.1	28.9	35.7

3.5 年径流污染控制率

根据《海绵城市建设技术指南》，城市径流污染物中，SS 往往与其他污染物指标具有一定的相关性，因此，一般可采用 SS 作为径流污染物控制指标，低影响开发雨水系统的年 SS 总量去除率一般可达到 40%～90%。本工程年径流污染物削减率以年 SS 总量去除率进行计算，拟定设计目标为：年径流污染物消减率≥45%（以 SS 计）。

年 SS 总量去除率可用下述方法进行计算：

年 SS 总量去除率＝年径流总量控制率×低影响开发设施对 SS 的平均去除率。

4 技术路线

本项目通过采用以"渗、滞、蓄、净、用、排"等源头低影响开发建设的综合措施（LID）来达到海绵城市建设目标。其中：

"渗"是利用各种路面、屋面、地面、绿地，从源头收集雨水。

"滞"是降低雨水汇集速度，既留住了雨水又降低了灾害风险。

"蓄"是降低峰值流量，调节时空分布，为雨水利用创造条件。

"净"是通过一定过滤措施减少雨水污染，改善城市水环境。

"用"是将收集的雨水净化或污水处理之后再利用。

"排"是利用城市竖向与工程设施相结合，排水防涝设施与天然水系河道相结合，地面排水与地下雨水灌渠相结合的方式来实现一般排放和超标雨水的排放，避免内涝等灾害。

本项目主要采用下凹式绿地、雨水花园、植草砖、透水铺装等措施来实现雨水净化和控制的目的，具体布置见《海绵城市设施平面布置图》，技术路线如图 6 所示。

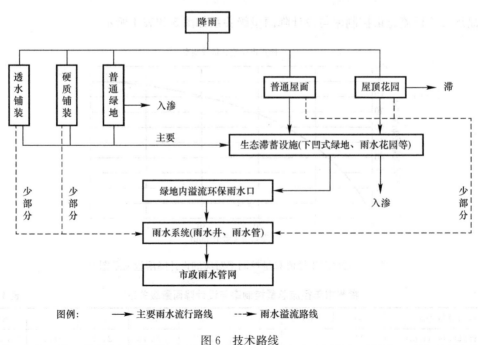

图 6　技术路线

5 结语

福州中海繁华里项目通过本地自然资源、地质环境及政府要求的研究，结合建筑、景观，规划设计了海绵城市方案，以"节水与水资源利用"为目标，努力实节约资源的目标，达到了福州省绿建一星的要求。总结本项目实际经验，在后续项目中会继续优化设计方案，景观方案提前介入，在保证海绵城市要求的基础上节约成本、提升住区品质。

参考文献

[1] 王会. 海绵城市建设过程中水生态系统构建研究 [J]. 水资源开发与管理，2020（02）：47-51＋61.

[2] 王磊. "海绵城市"建设对缓解衡水市区内涝的作用与意义 [J]. 水利规划与设计，2020（02）：4-7＋18.

[3] 王瑾. 海绵城市背景下北方老城区透水铺装的应用 [J]. 工程建设与设计，2020（02）：43-44.

[4] 徐文俊，阮宇翔. 海绵城市理念下的居住区建筑设计策略研究 [J]. 城市住宅，2020，27（01）：202-203.

[5] 刘轲. 海绵城市理念对居住区改造策略研究——以迁安试点为例的分析 [J]. 居业，2020（01）：106＋108.

[6] 王家良，龚克娜，杨艳梅，邱壮，付韵潮. 建筑与小区海绵城市设计研究 [J]. 四川建筑，2019，39（06）：303-307.

浅谈绿色建筑与海绵城市的相关性

黄金虎　白　雪

摘　要： 当今城市高密度发展，建筑绿化、海绵城市等可持续发展话题已成为社会的高频词汇。目前，建筑绿化逐渐成为一个发展迅速的领域，并且成为使建筑、城市等人工环境与自然环境相结合的重要契机。现在的许多文献及研究大多强调了建筑绿化在建筑中的生态及美学作用，很少从城市生态的角度来定义建筑绿化的角色和作用。本文试分析这几年建筑绿化在建筑及城市领域中的研究成果，以科学的视角来理解分析建筑绿化与海绵城市的关系，并进一步讨论建筑绿化在未来海绵城市和绿色建筑中的研究和实践方向。

关键词： 绿色建筑；建筑绿化；海绵城市；可持续

STUDY ON THE RELATIONSHIP BETWEEN GREEN BUILDING AND SPONGE CITY

Huang Jin Hu　Bai Xue

Abstract： Nowadays，with the high-density development of the city，the sustainable development topics such as building greening and sponge city have become the high-frequency vocabulary of the society. At present，building greening has gradually become a rapidly developing field，and has become an important opportunity to combine artificial environment and natural environment，such as buildings，cities，etc. Nowadays，many literatures and researches mostly emphasize the ecological and aesthetic role of architectural greening in architecture，and rarely define the role and role of architectural greening from the perspective of urban ecology. This paper tries to analyze the research results of building greening in the field of architecture and city in recent years，understand and analyze the relationship between building greening and sponge city from a scientific perspective，and further discuss the research and practice direction of building greening in sponge city and green building in the future.

Key words： Green Building；Building Greening；Sponge City；Sustainable

1　概述

"绿色建筑"在《绿色建筑评价标准》GB/T 50378—2014 中的定义是"在全寿命周期内，最大限度地节约资源（节能、节地、节水、节材）、保护环境、减少污染，为人们提供健康、适用和高效的使用空间，与自然和谐共生的建筑。""海绵城市"在《海绵城市建设技术指南》中明确定义为：城市能够像海绵一样，在适应环境变化和应对自然灾害等方面具有良好的"弹性"，下雨时吸水、蓄水、渗水、净水，需要时将蓄存的水"释放"并加以利用。

海绵城市和绿色建筑是当前城市建设发展的方向，两者都是以创造生态、健康的人居环境为目标。从内容上看，绿色建筑的条文中包含大量的海绵城市建设技术，这些技术存在于"节地与室外环境""节水与水资源利用"两个部分；从层次上看，绿色建筑是海绵城市的实施途径和微观体现之一。两者具有较强的相关性。从规划、实施、经济政策及考核评价四个层面加强绿色建筑与海绵城市的统筹建设，有利于实现两项工作的共同推进和协调发展。

2　建筑绿化和海绵城市的目标和理念

2.1　建筑绿化与绿色建筑的主要目标

近年来，世界上许多国家都设有对绿色建筑的相关评价体系，如英国的 BREEAM、美国的 LEED 和中国的《绿色建筑评价标准》。绿色建筑的概念是建筑在整个生命周期内，能够达到节约及减少能耗的目标，并且实现最大的经济和环境效益，给人们提供舒适的内部空间环境。"绿色"二字体现了绿色建筑的主要目标。运用建筑绿化来体现绿色建筑的概念，很多早期的绿色建筑设计师已经进行了大量的实践和研究。绿色建筑最初的目的是保护环境和节约能源，虽然如今已有大量先进技术手段来实现这一目的，如采用复层绿化、立体绿化、场地透水设计（图 1）以及节水灌溉等绿色建筑技术手段，营造生态、将抗、舒适的建筑景观环境，提高生态建筑环境绿化自我维持、更新和发展的能力。

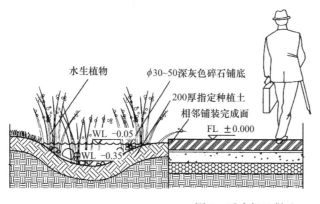

图 1　透水场地做法

2.2　海绵城市理念和措施

传统城市建设模式，无论是区域内路面还是交通连通路面，通常进行硬化处理，以至于每逢大雨，城市内排水主要依靠管渠、泵站等设施进行排水。其中的理念则是以"快速排除"和"末端集中"控制为主，但这种排水方式往往造成逢雨必涝，旱涝急转，对于整个城市的整体环境并没有弹性原则，可以说是"刚性排水"。海绵城市的建设遵循以生态保护为第一原则，以生态自然循环为基础，辅以人工引导生态，做到最大限度地实现城市水资源，尤其是雨水、洪水在城市各区域内组成的储存、渗透和净化，将生态与人工结合，建设城市新型雨洪管理系统，促进雨洪水资源的循环再利用和生态环境的保护。此外，建设"海绵城市"并不是推倒重来，取代传统的排水系统，而是对传统排水系统的一种"减负"和补充，最大限度地发挥城市本身的作用。在海绵城市建设过程中，应统筹自然降水、地表水和地下水的系统性，协调给水、排水等水循环利用各环节，并考虑其复杂性和长期性。

建设海绵城市就是要使城市具有"海绵体"。这样的城市"海绵体"既包括自然形成或人工开凿的河、湖、池塘等水系，也包括非水系的公园、绿地、花园以至于可渗透路面这样的城市配套设施。而对于区域内建筑，例如住宅小区、大型商场周边等，应优先利用植草沟、渗水砖、雨水花园、下沉式绿地等"绿色"措施来组织排水。雨水通过这些"海绵体"渗透、储存、净化，最终得以回收再利用，残余部分又可通过管网、泵站外排，从而可有效提高城市排水系统的标准，减缓城市内涝的压力。同时，项目应配合采用合理的供水系统，给水系统采用竖向分区加压供水，并采用无负压自动增压的叠压供水设备，交频调速恒压运行，避免供水压力持续高压或压力骤变（图2）。

图 2　泵房

3　建筑绿化与海绵城市的关系

3.1　节地与室外环境

住宅类建筑可以根据当地的气候条件和植物自然分布特点，栽植多种类型乡土植物，乔、灌、草结合构成多层次的植物群落，每 $100m^2$ 绿地高度 5m 以上的乔木不少于 3 株。住宅的绿地率不低于 30%，人均公共绿地面积不低于 $1m^2$。

大连三面环海，极易遭受海雾、台风等自然灾害的侵袭。市内土壤的盐碱度相对于内陆城市也明显偏大，严重影响植物的正常生长。因此，选用大连乡土树种实现适地适树，既可体现地方特色，又能有效防止因客地树种对沿海城市气候及土壤的不适应性而造成的景观功能损失。乡土植物应合理组合，充分注意生物的多样性，实现乔木、灌木、地被植物合理组合，常绿与落叶植物科学搭配，以保持群落的良性循环。落叶乔木有五角枫、国槐、千头椿、银杏等，常绿乔木有雪松、白皮松、龙柏等，常绿灌木有大叶黄杨球、花柏球、砂地柏等，山桃、连翘、榆叶梅、丁香、玉兰、木瑾、紫薇、月季等花灌木以及马蔺、萱草、地被菊等地被植物（图3）。多种植物的选择，既较好地实现了生物多样性的要求，又起到降低污染和净化空气、增加空气负离子浓度的作用，为小区提供了绿意盎然、繁花似锦的自然人居环境。同时，大量地被植物的应用可以降低草坪的使用面积，有效节省了大连的淡水资源。

图3 大连中海牧云山项目

3.2 节水与水资源利用

节水与水资源利用主要有三个方面：绿化灌溉可以采用节水灌溉方式，设置土壤湿度感应器、雨天关闭装置和种植无须永久灌溉植物；合理利用非传统水源，雨水不仅补充景观水体，还经过一定处理水质达标后，用于绿化浇洒、道路冲洗与空调补水、公共卫生间冲厕等方面。并且，绿化灌溉采用非传统水源的用水量应占其总用水的比例不低于80%；结合雨水利用设施进行景观水体设计，景观水体利用雨水的补水量大于其水体蒸发量的60%，并采用生态水处理技术保障水体水质（图4）。

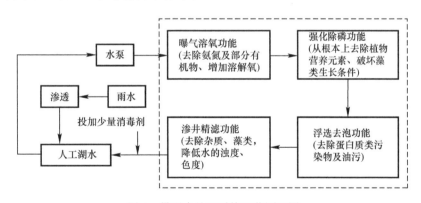

图4 景观水处理系统工艺原理图

4 结论

根据许多学术研究表明，建筑绿化在绿色建筑理念践行和海绵城市建设中都发挥着重要作用，为建筑单体以及城市大环境的建设带来了巨大的经济效益。政府应大力支持与鼓励建筑绿化在城市中的建设，出台相关建筑绿化政策与规范，从而进一步指导建筑绿化在海绵城市建设中的运用，使得建筑绿化技术更加标准化。

目前，建筑绿化的实施较为单一，应借鉴运用跨学科的研究方法，实现建筑绿化种类的多样性；同时，还应更深入地研究不同地域性、不同气候条件和城市总体尺度及规模下所运用的建筑绿化技术和类型，并进一步确保建筑绿化的经济效益量化的准确性。综上所述，如何实现社会经济增长和城市生态的可持续发展，是国内目前关注的主要问题。基于目前的国情，推广建筑绿化和建设海绵城市已成为当今社会发展的需要和趋势。在未来城市的可持续发展中，结合绿色建筑和海绵城市的建设理念，深入研究针对城市规模、地域性等要素的建筑绿化技术类型，增强建筑绿化的多元性。同时，对建筑绿化带来的经济效益进行具体的量化研究，进而达到社会功能、城市绿化空间、自然环境三者的相互融合，实现未来绿色建筑和海绵城市建设在多元性建筑绿化中的可持续发展。

参考文献

[1] 国办发〔2015〕75 号. 国务院办公厅关于推进海绵城市建设的指导意见.
[2] 俞孔坚，李迪华等. "海绵城市"理论与实践 [J]. 城市规划，2015，39（6）：26-33.
[3] 郑小俭. 浅析海绵城市理念在居住区规划设计中的应用 [J]. 智能城市，2018（5）.
[4] 牛文元. 中国新型城市化报告 [M]. 北京：科学出版社，2013.

岭南气候下的住宅小区海绵城市专项设计及实践
——以佛山中海云麓公馆项目为例

廖 原 林嘉伟 庞观艺 李 智

摘 要：本文以中海云麓公馆项目为例，对佛山市建筑与小区类型的项目进行方案的设计与规划。文章从项目概况、海绵城市与岭南园林规划建设分析、岭南气候特点对海绵城市设计的影响因素、海绵城市设计目标及其实现策略、对应难点具体有效措施、综合评价及施工过程管控要求六个方面进行海绵城市在设计规划及施工管理中的注意事项及关键点；项目通过各种海绵城市措施，最终达到海绵城市设计目标。

关键词：海绵城市；岭南气候；建筑与小区；规划设计

SPECIAL DESIGN AND PRACTICE OF SPONGE CITY IN RESIDENTIAL DISTRICT UNDER LINGNAN CLIMATE

Liao Yuan　Lin Jia Wei　Pang Guan Yi　Li Zhi

Abstract：This article takes the ZhonghaiYunlu Mansion Project as an example to design and plan for the projects of architecture and community type in Foshan. The hot points and Analysis of Sponge City and Lingnan Garden Planning and Construction key points in the design planning and construction management of sponge cities have been introduced in six aspects，the project overview，Lingnan climatic characteristics on the sponge city design influencing factors，sponge city design goals and implementation strategies，specific effective measures to cope with difficult points，comprehensive evaluation and construction process control requirements；through various sponge city measures，the project finally reached the sponge city design goal.

Key words：Sponge city；Lingnan Climate；Architecture and Community；Planning and Design

1 引言

近些年来，逢雨必涝逐渐演变为我国大中城市的痼疾。为了解决这个问题，国家先后发布相关通知和政策，要求建设自然积存、自然渗透、自然净化的海绵城市。习近平总书记在中央城镇化工作会议指出"解决城市缺水问题，必须顺应自然在探索新型城镇化的道路上，通过河流治理，让城市变成可以自由深呼吸的海绵城市"。随着生态文明建设的进程加快，海绵城市的建设越来越多，不仅有力地缓解了城市内涝问题，而且对于调节地表径流量、节约水资源、改善城市的生态环境具有重大意义。

2　项目概况

佛山中海云麓公馆项目位于佛山市顺德区龙江镇北华路南侧。用地功能为住宅、配套设施、幼儿园、商业的居住用地。项目建设用地面积74221.80m²，总建筑面积约为301027.71m²。其中，计容面积222665.4m²，含商业3347.63m²、住宅面积214248.22m²；不计容面积66544.03m²。项目效果图如图1所示，本项目为岭南园林的典型代表。

图1　佛山中海云麓公馆项目效果图

3　海绵城市与岭南园林规划建设分析

3.1　岭南园林绿地建设与海绵城市雨水规划的联系

在对岭南园林规划建设中，要从绿地地形、绿地水体及下沉式地形三个方面来建设。第一，绿地地形，首先在园林绿地建设中，要尊重因地制宜的原则，充分尊重当地的地形地貌和植被种类。在此基础上，在一些地势较低洼的地方，人工改造成为水塘、旱溪以及拦水坝等，增强该地的截留雨水的能力；而在过于平坦的地势可以建设公园或者是开凿人工湖，增加水体面积，园道两边的平台均要高于中间的绿地，方便雨水的疏渗。第二，绿地水体，适当增加低洼处的水体面积，可以通过建造景观蓄水小坝、蓄水池等来蓄留雨水，在起伏较大的公园建造山塘、洼地以及湿地，增加蓄水的功能。第三，下沉式绿地，无论是广义上的下沉式绿地，还是狭义上的下沉绿地，其实质是能够截留住雨水的低洼绿地，能够成为下沉式绿地的绿地要具备以下几个条件：土壤较疏松且透气性较好，土质较黏，耐涝性强并结合岭南园林的特色选择适宜植物种类。

3.2 岭南园林铺装与城市水系的关联

园林的生态铺装是让园林具备海绵体的特性，能够吸纳雨水，调节地表径流，比如对园林中绿地以及河湖水体等的铺装都属于生态铺装，举例进一步说明园林的生态铺装如何进行的：首先，针对道路与平台的铺装，透水透气以及不污染土壤是生态铺装的目的所在。目前来讲，在众多的铺装方式中，透水铺装的效果比较好，但是尚且还存在着孔隙堵塞问题以及透水性不佳等问题；其次，是对水体与堤岸的覆盖，在城市中不少自然河流、水体都因为建设而进行了人工覆盖，将天然河流变成不见天日的下水道。这种做法无疑是顾此失彼，笔者建议我们在园林建设中尽量少改造那些天然的河流和水体，恢复城市的自然循环系统。

4 岭南气候特点对海绵城市设计的影响因素

岭南属东亚季风气候区南部，具有热带、亚热带季风海洋性气候特点，岭南的大部分属亚热带时运季风气候，雷州半岛一带，海南岛和南海诸岛属热带气候。北回归线横穿岭南中部，高温多雨为主要气候特征。大部分地区夏长冬短，终年不见霜雪。太阳辐射量较多，日照时间较长，以广东省为例，全省各地的平均日照时数在 1450～2300h。

4.1 岭南气候特点对海绵城市植物选型的影响

植物的类型：

1）尽量使用适宜岭南气候佛山本土植物，因地制宜，提高植物栽种的成活率；

2）选择耐涝性能较强的植物，因在海绵城市中植物的作用是蓄水、渗水及净水；

3）根系发达，具有较强的水质净化能力；

4）选择耐旱性较强的植物，降低城市用水，旱期有较强的生命力，为海绵城市创造有利条件。

4.2 岭南气候对海绵措施结构的影响

1）由于岭南气候，降雨量充沛，建设海绵城市设施，例如透水砖铺装以及生物滞留措施时，宜在透水砖透水基层铺设排水盲管，生物滞留措施的砾石层布置排水盲管，增加排水性能；

2）岭南气候条件下，沿海土壤盐碱化；建议推荐大面积建设透水砖铺装，加强雨水下渗，补充表层土壤淡水；

3）沿海土壤盐碱化，在建设雨水花园、渗透沟及湿式植草沟等海绵措施时，需考虑合理设计砾石层内的排水盲管（兼做排盐管），收集海绵设施周边地表土壤含盐水排至市政管网。

5 海绵城市设计目标及其实现策略

5.1 海绵城市设计目标

以佛山中海云麓公馆项目（后续简称本项目）为例，并结合上位规划及设计，本项目海绵城市设计目标为：

    1）年径流总量控制率不低于73%；

    2）集中绿地率不低于10%。

5.2 海绵城市设计目标实现策略

（1）划分项目汇水分区

汇水分区划分的原则为：根据设计场地地形标高、雨水径流方向及室外雨水管网图进行汇水分区的划分，将雨水径流分区域进行控制。以佛山中海云麓公馆项目为例，根据项目特点，将本项目分为8个汇水分区，详见图2。

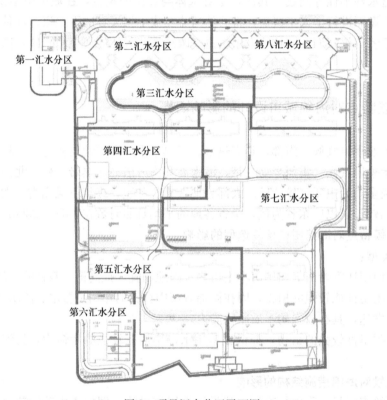

图2 项目汇水分区平面图

（2）分析下垫面，确定综合雨量径流系数

先拟定非机动车道、广场、停车场透水铺装等布局方案后，根据各类型下垫面雨量径流系数赋值参考表，分别确定各类下垫面综合雨量径流系数取值，在进行加权平均计算，求得拟改造后汇水分区综合雨量径流系数。如图3所示为下垫面分布图，表1为子汇水分区及总场地综合径流系数计算表。

（3）计算各汇水分区设计调蓄容积

根据《海绵城市建设技术指南-低影响开发雨水系统构建》所给雨水蓄水容积计算公式（公式1）计算各汇水分区设计调蓄容积；本项目各个汇水分区对应的设计调蓄容积见表2。

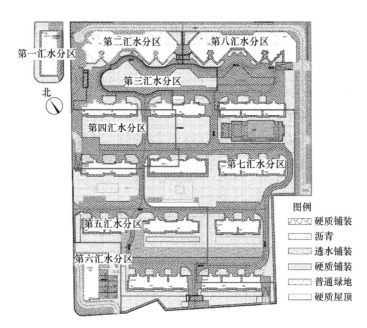

图例
硬质铺装
沥青
透水铺装
硬质铺装
普通绿地
硬质屋顶

图 3　项目下垫面分布图

子汇水分区及总场地综合径流系数计算表　　　　　　　表 1

下垫面类型	硬质屋面		硬质铺装		透水铺装		普通绿地		沥青		泳池		总用地面积	综合雨量径流系数
下垫面属性	A：不同下垫面类型面积（m²）　B：不同下垫面对应的雨量径流系数												面积（m²）	［（$A_1 \times B_1$）+（$A_2 \times B_2$）+（$A_3 \times B_3$）+（$A_4 \times B_4$）+（$A_5 \times B_6$）+（$A_6 \times B_6$）］/（$A_1+A_2+A_3+A_4+A_5+A_6$）
下垫面属性赋值	A_1	B_1	A_2	B_2	A_3	B_3	A_4	B_4	A_5	B_5	A_6	B_6	$A_1+A_2+A_3+A_4+A_5+A_6$	
汇水分区一	719.28		589.35		132.87		481.07		0		0		1922.57	0.61
汇水分区二	2458.17		3477.34		267.4		1262.28		772		0		8237.19	0.69
汇水分区三	0		2009.93		0		1483.2		0		0		3493.13	0.52
汇水分区四	988.43		3437.2		0		2277.02		164.13		0		6866.78	0.58
汇水分区五	3566.6	0.8	5483.76	0.8	1329	0.36	6040.93	0.15	0	0.8	0	1	16420.29	0.53
汇水分区六	849.21		1297.79		193.69		903.36		648.27		0		3792.32	0.62
汇水分区七	3949.59		9775.69		880.28		5746.98		0		509.94		20862.48	0.61
汇水分区八	2566.89		5401.1		2025.21		568.94		2064.9		0		12627.04	0.70
总场地	15098.17		31472.16		4828.45		18763.78		3649.3		509.94		74221.8	0.61

$$V = 10\phi HF \tag{1}$$

式中 V——设计调蓄容积，m^3；

      ϕ——雨量综合径流系数，详见表1；

      H——设计降雨量，mm；

      F——汇水面积，hm^2。

各个子汇水分区对应额设计调蓄容积计算表   表 2

汇水分区	雨水综合径流系数	设计降雨量（mm）	汇水面积（m^2）	设计调蓄容积（m^3）
汇水分区一	0.61	28.22	0.192257	33.10
汇水分区二	0.69	28.22	0.823719	160.39
汇水分区三	0.52	28.22	0.349313	51.26
汇水分区四	0.58	28.22	0.686678	112.39
汇水分区五	0.53	28.22	1.642029	245.59
汇水分区六	0.62	28.22	0.379232	66.35
汇水分区七	0.61	28.22	2.086248	359.13
汇水分区八	0.70	28.22	1.262704	249.43
总场地	0.61	28.22	7.42218	1277.67

（4）海绵设施选型布置及规模核算

根据现场踏勘，结合本项目实际情况，主要对小区内排水系统、路面、绿地系统等地方进行海绵化开发建设，实现海绵化建设总体控制目标。经综合分析考虑，本工程对多种低影响开发措施进行组合应用。

1）透水铺装

本项目生态停车场采用透水铺装地面，透水铺装采用透水砖铺装（图4）。本工程硬质铺装面积为 $31472.16m^2$，透水砖铺装面积为 $4828.45m^2$（图5）。

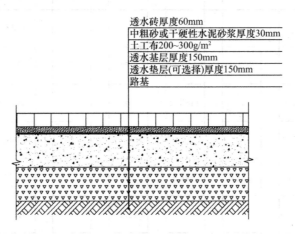

图 4　透水砖铺装结构示意图

2）雨水花园

雨水花园是自然形成的或人工挖掘的浅凹绿地，被用于汇聚并吸收来自屋顶或地面的雨水，通过植物、沙土的综合作用使雨水得到净化，并使其逐渐渗入土壤，涵养地下水；或使其补给景观用水、厕所用水等城市用水。是一种生态可持续的雨洪控制与雨水利用设施。

图 5　透水砖铺装景观效果图

由内而外一般为砾石层、砂层、种植土壤层、覆盖层和蓄水层，同时设有穿孔管收集雨水，溢流管以排除超过设计蓄水量的积水，溢流管低于汇水面 0.1m。见图 6 和图 7。

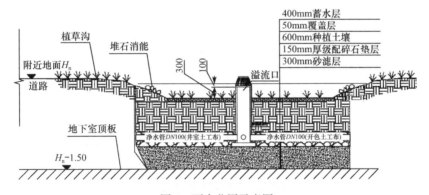

图 6　雨水花园示意图

图 7　雨水花园景观效果图

3）汇水分区年径流总量控制率目标

本项目各个汇水分区年径流总量控制率目标不同，具体目标如表3所示。

各个子汇水分区年径流总量控制率目标计算表　　　　表3

分区	规划要求（73%）			雨量平衡目标值			实际完成值		
	面积（m²）	雨量径流系数	73%时所需容积（m³）	年径流总量控制率目标	目标对应降雨量（mm）	目标对应调蓄容积（m³）	实际年径流总量控制率	实际对应降雨量（mm）	实际设计调蓄容积（m³）
第一汇水分区	1922.57	0.61	33.10	0%	0	0	0%	0	0
第二汇水分区	8237.19	0.69	160.39	0%	0	0	0%	0	0
第三汇水分区	3493.13	0.52	51.26	88%	51.54	93.62	88.86%	53.58	97.32
第四汇水分区	6866.78	0.58	112.39	85%	44.4	176.83	85.82%	46.36	184.65
第五汇水分区	16420.29	0.53	245.59	88%	51.54	448.54	88.84%	53.54	465.94
第六汇水分区	3792.32	0.62	66.35	0%	0	0	0%	0	0
第七汇水分区	20862.48	0.61	359.13	86%	46.78	595.33	86.04%	46.88	596.66
第八汇水分区	12627.04	0.70	249.43	0%	0	0	0%	0	0
总场地	74221.8	0.61	1277.67	73.86%	29.03	1314.32	74.57%	29.70	1344.57

4）年径流总量控制率核算

以第三汇水分区为例，进行年径流总量控制率核算，见表4；

第三汇水分区：

第三汇水分区年径流总量控制率目标为88%，对应设计降雨量51.54mm。

$W_1 = 10 \times 51.54 \times 0.52 \times 3493.13 \times 0.0001 = 93.62 m^3$

雨水调蓄措施主要为雨水花园，本项目住宅部分各汇水分区雨水花园的调蓄深度按300mm计算。

第三汇水分区控制雨水量表　　　　表4

序号	项目	单位	数量	控制雨水量（m³，折算后）
1	雨水花园	m²	360.45	97.32
2	总计	—	—	97.32

本项目设计的雨水花园能够调蓄的雨水容积如下：（雨水花园实际调蓄容积折算系数取0.9）

$W_2 = 360.45 \times 0.3 \times 0.9 = 97.32 m^3$

项目雨水花园能够控制的雨水量 $W_2 = 97.32 m^3 > 93.62 m^3 = W_1$，满足要求。

其他子汇水分区以此类推，总场地雨水花园有效控制径流总量 $V=1344.57m^3$；

计算得出降雨量为 $H=29.7mm$，对应的年径流总量控制率为 74.57%；具体海绵城市布置总图详见图 8。

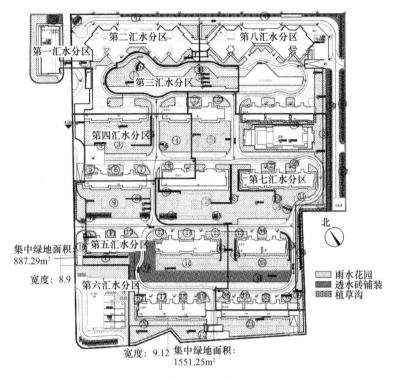

图 8　海绵城市设施布置平面图

5）集中绿地率核算

根据《城市居住区规划设计标准》GB 50180—2018，集中绿地是指最小面积不宜小于 $400m^2$，用地宽度不应小于 8m 的绿地；集中绿地占绿地的比例为集中绿地率。本项目集中绿地示意图详见图 9。本项目集中绿地面积为：$2405.92m^2$；绿地总面积为：$18763.78m^2$，集中绿地率＝（集中绿地面积/绿地总面积）×100%＝（2405.92/18763.78）×100%＝12.82%＞10%，集中绿地率满足要求。

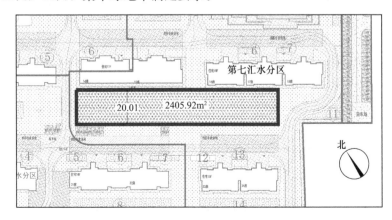

图 9　集中绿地示意图

6 对应难点具体有效措施

（1）雨水花园设计与实际完成的效果有很大差距。传统的景观施工单位，缺乏海绵城市建设过程中雨水花园深度认识，理所当然建设成下沉草地，繁衍了事；还有部分施工单位未按照图纸内容施工，造成雨水花园实际的运行效果大打折扣、各个单位合作脱节等现象。关于以上问题，设计单位、建设单位、施工单位及监理单位召开施工图交底会议，严格执行，海绵城市施工方案同步与各个单位交底。

（2）住宅与小区类海绵城市项目，实施的难点有小区内业主不认可或者完全不理解海绵城市建设，导致海绵城市在后期运维阶段难度加大；关于这个问题，物业单位应以展板或者宣传画，以及不定时举办海绵城市建设的讲座等，加大宣传力度，让公众对海绵城市建设有清晰的认识。海绵城市是践行生态文明建设的一部分，也是我们创造美好家园的一部分。

（3）传统的景观设计与海绵城市建设过程中植物选型是一个难点问题，海绵城市设计师与植物设计师沟通需要加强，从相关规范及指南中筛选适宜的海绵措施种植的植物，再结合海绵城市植物选型特点及当地气候、小区风格等综合选择植物类型，使海绵城市措施既有景观的美观感，也有海绵城市措施的效果及作用。

7 综合评价及施工过程管控要求

7.1 综合评价
海绵城市建设评价内容与要求中的年径流总量控制率及径流体积控制、源头减排项目实施有效性、路面积水控制与内涝防治、城市水体环境质量、自然生态格局管控与水体生态岸线保护应为考核内容，地下水埋深变化趋势、城市热岛为考查内容。

7.2 施工过程管控要求
（1）海绵城市工程施工工地应注重绿色施工。对施工临时用水、用地应有绿色施工方案，相关方案应符合《建筑工程绿色施工评价标准》GB/T 50640—2010 的要求。

（2）工程所用原材料、半成品、构（配）件、设备等产品应符合设计和现行国家标准的规定要求，进入施工现场进行进场验收并应经过检验合格后方可使用。

（3）海绵城市施工项目应与主体施工项目同步进入施工程序，应做到施工管理同步、技术方案措施制作同步、工序链接同步、隐蔽工程验收同步，最终达到同步施工、同时投入使用。

（4）施工现场应做好水土保持措施，减少施工过程对场地及其周边环境的扰动和破坏。

（5）施工现场应有针对低影响开发雨水系统的质量控制和质量检验制度。

（6）施工现场应做好水土保持措施，最大限度减少施工过程对场地及其周边环境的扰动和破坏。

（7）地下管道安装施工除应按照本技术标准要求执行外，尚应满足《给水排水管道工程施工及验收规范》GB 50268 的要求。

参考文献

［1］ 中央城镇化工作会议，2013 年 12 月.

［2］ 于焕龙. 海绵城市与园林规划建设分析［J］. 农村科学实验，2016（04）.

［3］ 徐锦. 海绵城市建设中的植物选择与设计［J］. 花卉，2019（2）：98-99.

［4］ 海绵城市建设评价标准 GB/T 51345—2018［S］. 北京：中国建筑工业出版社，2019.

［5］ 佛山市海绵城市规划建设管理暂行办法.

新建住宅小区海绵专项设计及施工思考
——以宁波市江北区某项目为例

胡栩豪　王志高　汪　洋

摘　要： 为响应海绵城市建设号召，以某地新建的住宅小区海绵专项设计为例，分析生物滞留设施、雨水回用设施下城市绿色建设指标，思考设计及施工管控要点。通过实例，验证了海绵专项设计的可行性，可为其他海绵社区建设提供借鉴意义。

关键词： 海绵城市；生物滞留设施；雨水回用措施；设计及施工管控要点

STUDY ON THE SPONGE CITY DESIGN AND CONSTRUCTION OF NEW RESIDENTIAL AREA

Hu Xu Hao　Wang Zhi Gao　Wang Yang

Abstract： In response to the call of sponge city construction, taking the sponge special design of a new residential area as an example, this paper analyzes the urban green construction indicators under the biological detention facilities and rainwater recycling facilities, and considers the key points of design and construction control. Through the example, the feasibility of sponge special design is verified, which can provide reference for other sponge community construction.

Key words： Sponge City；Biological Detention Facility；Rainwater Recycling Measures；Key Points of Design and Construction Control

1　引言

新时期，城市气候变化引起的"热岛效应"加剧水汽对流运动，建筑物阻碍空气流动，促成了成雨条件，导致了暴雨最大强度落点出现在市中心区及其下风向。城市发展同时改变了城市原有的自然生态和水文特征，各项灰色基础设施建设导致植被破坏、水土流失、地下水与地表水连通中断。缩河造地、盲目围垦湖泊等行为导致河道湖泊蓄洪能力下降。自然地面被混凝土、沥青等不透水材料取代，资源过度开发，导致城市不透水面积急剧增加，雨水下渗量减少，河网结构及排水功能退化。各类水资源短缺等问题给人们带来了诸多灾害。

传统排水实际是通过增设建筑改变了地表径流，增加了地下管网的负担。管道与河道之间的衔接和配套不合理，排水格局紊乱。地下空间治涝措施薄弱，安全隐患较大。与传统排水相比，海绵城市彻底摒弃了"快排式"传统的排水模式，注重恢复和保持城市内部的水系，注重原有自然生态系统的保护，重视城市系统的自我调节。在解决城市水危机的同时，构建了一个良性的水系统。

海绵思想在欧美发达国家的研究和实践工作早在 20 世纪 70 年代便已开展，至今已日趋完善。海绵城市建设一大特点就是直面现实问题，根据每个城市的水质、水环境情况因地制宜，具有缓解城市内涝的同时，又可保持城市水土的现实意义。

2012 年 4 月，在《2012 低碳城市与区域发展科技论坛》中，我国首次明确提出了"海绵城市"的概念，旨在研究解决我国面临的各类水危机问题。2013 年 12 月，习近平总书记在《中央城镇化工作会议》中强调："提升城市排水系统时要优先考虑把有限的雨水留下来，优先考虑更多利用自然力量排水，建设自然存积、自然渗透、自然净化的海绵城市"。2015 年 10 月，国务院办公厅印发《关于推进海绵城市建设的指导意见》，部署推进海绵城市建设工作。通过综合采取"渗、滞、蓄、净、用、排"等措施，最大限度地减少城市开发建设对生态环境的影响，将 70% 的降雨就地消纳和利用。到 2020 年，城市建成区 20% 以上的面积达到目标要求；到 2030 年，城市建成区 80% 以上的面积达到目标要求。

居住小区是海绵城市建设的最基本单元，与市民生活密切相关。本文就某新建住宅小区海绵专项方案设计为例，分析低影响开发措施下社区景观、市政、建筑等设施用地的雨水控制与利用，对海绵化设施方案及施工实践流程要点进行探讨。方案中采用的技术措施及计算方法具有普遍性，以期对同类项目提供参考价值，具有一定的生态效益和经济效益。

2 项目概况

本地块位于浙江省宁波市江北区，项目总规划用地面积为约 $60677m^2$，建筑占地面积为约 $13571m^2$，绿地率约为 30%，建筑密度约为 22.46%，地上机动车停车位为 152 个，地下机动车停车位为 1284 个，项目包括住宅、社区用房、物业及经营用房。

3 设计目标

根据《宁波市海绵城市试点区详细规划》要求，本项目年径流总量控制率不得低于 70%，年径流污染物去除率不得低于 60%，通过结合本项目的竖向场地标高、雨水排水出路等建设条件进行分析，制定合理的海绵排水系统。

4 设计原则

本小区海绵方案设计的原则主要考虑如下：

（1）生物滞留设施分散设置优先，利用本地块单体周边的零散绿地设置生物滞留设施，收纳尽可能多的小区雨水；

（2）低影响的开发措施，利用生物滞留设施、植草沟等措施达到滞留和净化室外雨水的综合开发目的；

（3）提高室外雨水资源化利用水平，设置雨水回用系统，用于绿化浇灌、道路浇洒等，节约水资源；

（4）采用维护难度较低且生命周期较长的措施，透水铺装虽然亦为海绵城市源头处理措施之一，考虑到其维护困难、成本较高且生命周期较短，本项目不考虑采用透水铺装。

5 总体技术路线

本地块工程属于大型新建住宅小区项目，通过雨水源头控制（生物滞留设施、雨水处理回用系统等）对室外雨水净流总量控制率及径流污染削减率进行控制，采用建筑屋面雨水断接、植草沟等雨水转接形式，使得大部分的径流可以在源头进行滞留、入渗和雨水净化处理：

（1）汇水分区1的屋面及路面雨水通过室外雨水管网收集后，排入14号楼西侧的地下回用水池，通过雨水处理系统后用于道路冲洗及绿化浇灌；

（2）室外场地排放的雨水就近接入生物滞留设施，雨水通过生物滞留设施的渗滤净化后从埋设的溢流水管排入雨水系统，超标雨水通过生物滞留设施内的溢流口排入雨水管道，最终排入小区外的市政雨水管道；海绵设计与景观方案统筹考虑，使得室外景观绿化与生物滞留设施分布达到和谐、统一。

本项目总体技术路线如图1所示。

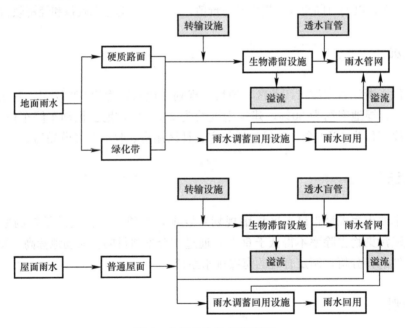

图1 方案总体技术路线图

6 海绵城市方案设计

6.1 汇水分区划分
通过统筹考虑景观专业（绿化分布）、市政专业（室外道路及综合管网）、建筑专业（屋面分水线位置）及给水排水专业（室外绿化灌溉和道路浇洒），合理确定汇水分区，共计分为10个汇水分区，汇水分区分布如图2所示。

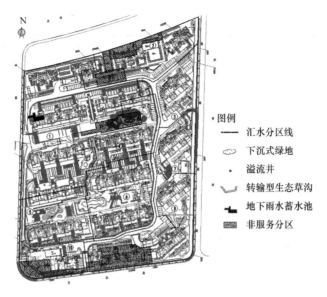

图2 汇水分区图

图例

—— 汇水分区线

⬭ 下沉式绿地

· 溢流井

∨ 转输型生态草沟

⊣ 地下雨水蓄水池

▦ 非服务分区

6.2 场地综合径流系数

本项目的建筑屋面总面积约为15408m²，生物滞留设施面积约为1664.79m²，沥青、铺装等硬质路面的面积约为27005m²，绿地面积约为14761m²，本项目不同下垫面的综合径流系数计算如表1所示；雨水回用水池的有效储水量为370m³（有效容积按200m³计），用于收集汇水分区1的所有雨水；

$$a = \sum (A_i \times a_i) / \sum A_i \tag{1}$$

式中　a——综合径流系数；

　　　A_i——各下垫面面积，m²；

　　　a_i——各下垫面的径流系数。

综上，本项目区域雨量综合径流系数为0.64，计算详见表2。

不同下垫面综合径流系数　　　　　　　　　　　　　　　　表1

下垫面	建筑屋顶	硬质路面	绿地	水面	生物滞留设施
综合径流系数	0.8	0.8	0.15	1	1

综合径流系数计算表　　　　　　　　　　　　　　　　表2

分区编号	总面积（m²）	建筑屋顶（m²）	硬质路面（m²）	绿地（m²）	水面（m²）	生物滞留设施（m²）	径流系数
汇水分区1	15533	3620	8064	4072	0	0	0.64
汇水分区2	6401	1516	2144	2153	0	118	0.53
汇水分区3	3940	693	2295	1054	0	129	0.68
汇水分区4	5773	1084	4141	737	53	191	0.79
汇水分区5	5674	1952	3320	180	113	214	0.81
汇水分区6	7761	1941	2155	2591	196	371	0.55
汇水分区7	3344	879	1059	1228	0	173	0.57

分区编号	总面积 (m²)	建筑屋顶 (m²)	硬质路面 (m²)	绿地 (m²)	水面 (m²)	生物滞留设施 (m²)	径流系数
汇水分区 8	2496	685	785	916	0	102	0.57
汇水分区 9	6272	1765	3016	1358	0	168	0.67
汇水分区 10	3238	1273	1103	472	0	45	0.62
汇总	60432	15408	28082	14761	362	1511	0.64

6.3 海绵设施

（1）雨水回收利用系统

建筑方案与海绵城市相协调，才能有效、合理地利用海绵设施；通过前置海绵设计，在建筑方案设计阶段考虑雨水回用系统位置设置要求并落实，从而保证建筑和海绵方案的统一性。同时，也满足了《绿色建筑评价标准》GB/T 50378—2019 的"节水与水资源利用"中非传统水源利用的要求。

本项目采用雨水收集利用系统，直接收集室外场地及屋面雨水作为室外绿化灌溉及道路冲洗用水；本工程的绿地面积为约 14761m²，道路面积约为 28082m²。

a. 雨水回用系统用水量

雨水回用系统的用水量计算：

$$\sum q_i \times n_i \times t \geqslant W_2 \tag{2}$$

式中 q_i——日用水量定额，m³/(m²·d)，根据《建筑给水排水设计标准》GB 50015—2019 计算；

n_i——用水数量，m²；

t——用水时间，取 1d；

W_2——雨水日可利用量，m³。

回用雨水的用途主要为室外绿化浇灌及道路浇洒，其中本项目绿化浇灌的日用水量定额取 2L/(m²·d)，道路冲洗日用水量定额取 2L/(m²·d)；

根据上述数据，雨水日可利用量为：（2×14761＋2×28082）/1000＝85.7m³；则 3 倍最高日用水量容积为 257.06m³。

b. 汇水范围对应的需控制利用径流总量

经计算，当为 70%年径流总量控制率时，需控制利用的径流总量为 176.7m³。

c. 雨水回收利用系统的规模确定

储水设施的储水量可取集水面积内需控制利用的雨水径流总量和 3 倍最高日用水量中的较小值；同时，综合实际情况考虑增加富余水量，因此，本工程雨水回收利用系统储水设施规模取 200m³；雨水回用水池所在汇水分区及其管道布置情况如图 3 所示。

雨水回收利用系统的处理工艺：雨水经过加药、过滤、消毒后进入清水池，需要用水时，直接启动加压泵组，处理后的雨水直接进入回用管网实现室外绿化灌溉和道路浇洒，雨水回用处理系统的工艺流程详见图 4。

（2）生物滞留设施

生物滞留设施是指在地势低洼地区，通过土壤-植物-微生物系统蓄渗、净化径流雨水，削减径流总量和峰值的设施，生物滞留设施的效果图及结构图如图 5、图 6 所示。

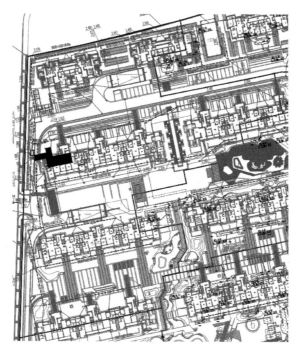

图 3 雨水回用分区及其管道布置图

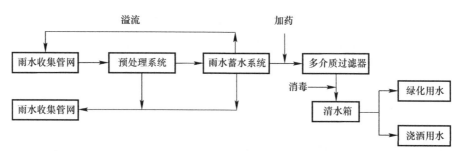

图 4 雨水回用处理工艺流程图

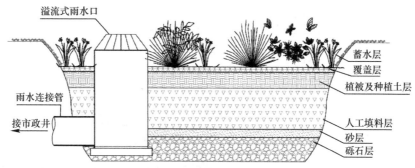

图 5 生物滞留设施效果图

生物滞留设施渗透、渗滤及滞留规模计算：

$$V_{in} = V_s + W_{in} \quad (3)$$

$$W_{in} = K \times J \times A \times t_s \quad (4)$$

式中 V_{in}——生物滞留设施的径流体积控制规模，m^3；

V_s——设施有效容积，m^3；

W_{in}——渗透与渗滤设施降雨过程中的入渗量，m^3；

K——土壤或滤料层的饱和渗透系数，m/h；本工程的 K 值经试验室检测为 0.1m/h；

J——水力坡降，本项目取 1；

A——有效渗透面积，m^2；

t_s——降雨过程中的入渗时长，h，本工程取 3h。

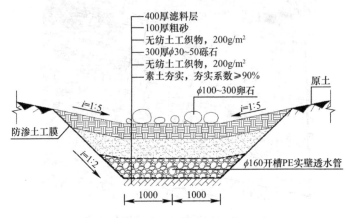

图 6　生物滞留设施结构图

生物滞留设施是海绵城市设计最重要的主体之一，也是室外景观绿化的重要组成部分，只有合理地布置生物滞留设施，才能既满足室外排水和污染的去除功能，又能达到室外景观的美观效果，从而实现海绵与景观的协调统一。

（3）屋面雨水断接

采用雨落管外排水形式的屋面雨水，可以选择"明沟＋散水口"及"靠墙井溢流"等方式将屋面雨水引导至生活滞留池进行处理；对于初期雨水，建筑屋面雨水通过雨水立管排至靠墙井后下渗通过过渡层和滤料层，对初期雨水起到调蓄、净化作用，当水量增大后，通过井圈缺口溢流至植草沟，最终就近排入生物滞留设施内，靠墙溢流井做法如图7所示。

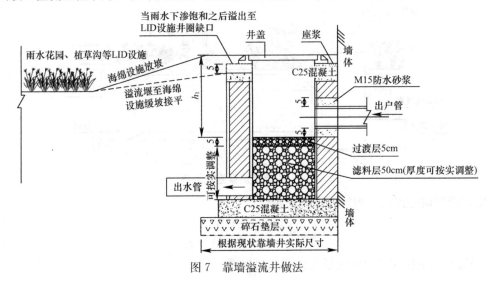

图 7　靠墙溢流井做法

通过屋面雨水断接和引流措施，收集屋面雨水进入生物滞留设施，通过生物滞留措施滞留、入渗并净化屋面雨水，从而实现了绿色建筑评价标准要求中关于"节地与室外环境"的合理利用场地空间设施绿色雨水基础设施的目标。

6.4 年径流总量控制率计算

根据 6.2、6.3（1）及 6.3（2）计算，可得各汇水分区调蓄容积及径流总量控制情况如表 3 所示。

年径流总量控制率计算表   表 3

分区编号	海绵设施统计		设施顶部蓄水容积 W_p（m³）	设施降雨过程入渗量 V_s（m³）	设施径流体积控制规模 V（m³）	径流系数	控制雨水量（mm）	年净流总量控制率（%）
	生物滞留设施（m²）	有效蓄水深度（m）						
汇水分区 1	0	0.00	0.00	0.00	200.00	0.64	20.1	74.3
汇水分区 2	112	0.15	16.80	33.60	50.40	0.53	19.9	74.0
汇水分区 3	129	0.15	19.35	38.70	58.05	0.68	21.7	76.5
汇水分区 4	195	0.15	29.25	58.50	87.75	0.79	23.2	78.4
汇水分区 5	214	0.15	32.10	64.20	96.30	0.81	21.1	75.7
汇水分区 6	352	0.15	52.80	105.60	158.40	0.55	37.4	89.3
汇水分区 7	173	0.15	25.95	51.90	77.85	0.57	40.8	90.8
汇水分区 8	102	0.15	15.30	30.60	45.90	0.57	32.4	86.6
汇水分区 9	170	0.15	25.50	51.00	76.50	0.67	25.6	81.2
汇水分区 10	48	0.15	7.20	14.40	21.60	0.62	15.8	66.6
汇总	1495	1.35	224.25	448.50	872.75	0.64	18.7	71.8

经计算，本项目年净流总量控制率为 71.8%，满足规划控制目标；同时，也满足了绿色建筑评价标准要求中关于"节地与室外环境"合理规划地标与屋面雨水径流，对场地雨水实施外排总量控制的要求。

6.5 年径流污染削减率计算

在径流污染物中，总溶解性固体（以下简称"TSS"）往往与其他污染物指标具有一定的相关性，因此，一般采用 TSS 作为径流污染物的控制指标。

计算公式为年径流污染削减率＝年径流总量控制率×海绵城市设施对 TSS 的平均去除率；TSS 去除率计算表如表 4 所示。

TSS 去除率计算表   表 4

单项设施	总面积（m²）	污染物去除率参考值以 SS 计（%）	污染物去除率参考值以 SS 计（%）
复杂型生物滞留设施	25683	70～95	85
蓄水池	15756	80～90	90
转输型植草沟	1291	35～90	85
植被缓冲带	17702	50～75	75
总面积	60432	—	—
平均污染物去除率		84	
年径流总量控制率		71.8	
年径流污染削减率		61	

因本项目雨水均通过生物滞留设施调蓄控制，根据《宁波市海绵城市规划设计导则》中的"海绵城市设施污染物去除率"表格，对各项设施的 TSS 去除作加权平均，得到海绵城市设施对 TSS 的平均去除率为 84%。

年径流污染削减率＝年径流总量控制率×海绵城市设施对 TSS 的平均去除率＝71.8%×84%＝61%，满足《宁波市海绵城市规划设计导则》（2019 甬 DX-08）要求。

以上措施计算使得海绵城市通过满足绿色建筑中"节水与水资源利用"（增加 7 分）、"节地与室外环境"（增加 6 分）中的要求，提高了绿色建筑的评价得分，为本项目实现获得绿色建筑二星级设计评价标识的目标起到了一定作用；同时，根据本项目经验，海绵城市的成本增加仅为 4 元/m² （用地面积），增加的成本可控；究其本质，海绵城市和绿色建筑都是为了实现节约资源与保护环境的目标，在后期新建住宅小区的设计中，需保证建筑方案、景观方案、绿色建筑以及海绵城市设计和施工的协调与统一，重点关注海绵设施与景观美感的统一以及海绵城市与绿色建筑的统一，为实现我国的可持续发展做出贡献。

7 海绵城市施工中需注意的问题

海绵城市施工中需注意的问题如下：

（1）溢流井

a. 溢流井井顶标高应高于介质土最低点，且溢流管顶标高应低于周边道路标高 50mm 以上；

b. 生物滞留设施的盲管应低于溢流井溢流口标高 550mm 以上；

c. 井盖采用特别成品溢流井盖，周围应铺撒卵石（30～50mm），起到沉淀杂质、缓冲径流的作用。

（2）土工布

a. 土工布应满铺于整个生物滞留设施的有效蓄水面积，且不得破损；

b. 防渗土工布裸露在外的时间不得过长，否则容易风化、变脆，从而失去防水功能；

c. 安装时，确保材料边缘重叠厚度至少 15mm。

（3）盲管

a. 生物滞留设施的盲管应设置于砾石层中；

b. 应用透水土工布包裹整条盲管，避免盲管堵塞；

c. 排水盲管坡度宜不小于 0.5%，同时盲管顶不应低于溢流井流出管管顶。

（4）消能措施

管道或收水口接入生物滞留设施时，势能较大，应设置消能措施（如冲刷口和卵石等），防止滤料层被严重冲刷。

（5）生物滞留设施

a. 有效面积内的生物滞留设施底标高应低于周边道路约 200～300mm，高差过小则无法保证有效蓄水容积，高差过大则容易导致摔伤事故；

b. 滤料层的土壤混合物组成建议如下：50% 粗砂、30% 黄土、20% 椰糠，土壤混合物的 pH 酸碱度建议为 6～7.5；滤料层应分层铺设，每层铺设完成后人工轻微压实[6]；

c. 雨水花园一般对景观效果要求较高[7]，海绵植物需采用耐湿、抗旱品种，且需结合景观专业合理配置，如红叶石楠等灌木、佛甲草等草本植物、黄菖蒲等湿生植物[6]；

　　d. 为提高生物滞留设施的调蓄作用，在穿孔管底部可增设一定厚度的砾石调蓄层；

　　e. 复杂型生物滞留设施结构层外侧及底部应设置透水土工布，防止周围原土侵入。

（6）竖向设计和施工

竖向设计和施工是保证海绵设施可行性的必要条件，通过市政和景观合理的竖向设计，保证生物滞留设施收水范围内的道路和屋面雨水通过重力自流进入生物滞留设施，减少能耗。

8　结论

　　海绵城市建设最主要的意义在于雨洪有效管理，还能起到缓解城市热岛效应、雨岛效应等作用。本工程项目通过结合建筑、景观及市政的实际设计情况，合理规划布置了生物滞留设施和屋面雨水端接等技术手段，分析各设施与施工实践可得到以下结论：

　　（1）海绵社区建设实现了城市绿色建筑指标，增加了社区美观度，提高了城市品位，并且有效控制了社区成本。

　　（2）该专项设计对控制小区的径流控制率以及实现小区雨水的错峰排放起到了一定作用，缓解了城市排水管网的排水压力。

　　（3）该专项设计控制了外排雨水的污染率，有效保护了本项目的水生态。

　　（4）通过实施雨水回用措施，有效地提高了水资源利用率。

　　（5）海绵城市设计方案中充分考虑了超标雨水行泄通道，确保了本地块的水安全。

　　（6）海绵城市建设是一个系统性工程，施工措施各方面均需考虑落实，不能生硬照搬他人的经验做法，而应在科学的规划下，因地制宜地采取符合自身特点的措施，才能真正发挥出海绵作用，从而改善城市的生态环境，提高民众的生活质量。

参考文献

[1]　王伟武，汪琴，林晖等. 中国城市内涝研究综述及展望 [J]. 城市问题，2015（10），24-28.

[2]　王熠宁，郑克白，李曼. 建筑与场地海绵专项设计思考 [J]. 给水排水，2019，45（5）：70-75.

[3]　绿色建筑评价标准：GB/T 50378—2019 [S]. 北京：中国建筑工业出版社，2019

[4]　吴艳霞，杜海霞，吴慧芳等. 生物滞留设施对城市面源污染控制的研究进展 [J]. 净水技术，2019，38（11）：61-68.

[5]　洪凯. 某住宅小区海绵城市专项方案设计 [J]. 建筑与结构设计，2019，09（02）：9-10.

[6]　宁波市海绵城市建设技术标准图集：2018 甬 DX-09 [S]. 宁波市住房和城乡建设委员会

[7]　洪泉，唐惠超. 从美国风景园林师协会获奖项目看雨水花园在多种场地类型中的应用 [J]. 风景园林，2012，（1）：109-112.

第三节　住宅项目设计

装配式住宅设计管理研究

罗　亮　李　挺　吴雅辉　刘　兰　刘　恋　于　强　冼铸堂

摘　要：2016 年，国务院发布《关于进一步加强城市规划建设管理工作的若干意见》中，提出要大力推广装配式建筑。本文通过设计阶段的研究分析以及项目实践，并总结了实践过程中的经验和教训，形成装配式建筑设计管理要点，作为设计标准化指导项目实施，为建筑工业化的推广提供借鉴。
关键词：技术管理；工作安排；专业协调

1　引言

2013 年后，多个省市纷纷出台相关政策、细则，采用奖励面积、提前预售、专项基金等方式鼓励产业化发展，并在新拍住宅用地上设置装配式建筑的指标要求。

2016 年，国务院发布《关于进一步加强城市规划建设管理工作的若干意见》，大力推进装配式建筑。2026 年左右，全国装配式建筑将占新建建筑的比例达 30% 以上，装配式建筑适逢发展浪潮。

鉴于装配式住宅的特点，一旦展开施工就不允许出现设计变更，因此，设计的精细化显得尤为重要。通过对装配式建筑的研究分析以及项目实践，旨在形成标准化的设计管理。本文对装配式建筑的设计管理要点进行分析整理，指导后续项目实施。

2　装配式建筑技术管理的主要内容

根据项目发展，装配式住宅技术管理主要包括几个阶段的内容，即主体设计阶段、构件制作阶段、现场吊装和施工阶段。

2.1　主体设计阶段

鉴于装配式住宅的特点，一旦展开施工就不允许出现设计变更，因此，设计的精细化显得尤为重要。主体设计阶段主要包括方案设计、扩初设计和施工图设计。另外，还包括精装修、门窗等专项设计。

（1）方案设计的主要内容

1）确定设计方案的平面、立面。建筑立面上应尽量平整，减少凸凹，避免线脚过多。鉴于现阶段预制工厂的生产能力和生产水平，过于复杂的线脚难以保证其构件生产质量，容易导致对现场质量、进度产生影响。

2）确定平面尺寸等的标准化要求。

3）确定采用预制构件的种类及部位。应尽可能采用标准件，以减少模具套数，便于工厂快速提高预制熟练程度，利于保证构件质量。

4）确定预制构件的质量、体积。

5）确定预制构件的预制装配率。

注：在以上工作中，要考虑到预制构件所带来的一些不同于传统现浇住宅的影响，包括构件间的拼缝、预制构件与现浇构件的关系、预制构件与保温节能的关系等。

（2）扩初设计的主要内容

1）深化平面布置，对预制构件进行拆分。

2）考虑设备埋线与精装修的影响。

3）确定结构布置，确定墙柱、梁板结构尺寸。

4）初步完成预制构件模板图、节点大样。完成构件模板图要以建筑平面、立面、墙身为基础，考虑预制与现浇的连接构造，满足结构要求。

5）复核预制构件的预制装配率，满足相关要求。

（3）施工图设计的主要内容

1）必须由设计院完成，构件厂家配合。

2）完成招标图。

3）完成各专业施工图。

4）结合构件厂、主包、精装修单位、铝合金门窗单位等所提供的预埋、预设等条件，完成预制构件加工图。

（4）其他专项设计内容

其他专项设计主要包括精装修设计、外门窗设计等。

1）精装修设计。提前进行精装修设计，并将精装修确定的管线、开关等预埋点位提供给主设单位，以便完成预制构件加工图。

2）外门窗设计。一般情况下，采用预制外挂墙板时，需在工厂埋入外门窗，因此外门窗设计应结合预制构件的生产提前设计。

2.2 构件制作阶段

与传统住宅相比，构件制作是装配式住宅的特有内容，也是装配式住宅体系中的重要环节。构件制作生产流程主要包括安装模具、绑扎钢筋、安装铝窗及配件、吊装钢筋笼、安装预埋件、浇筑混凝土、脱模及养护、铺贴外立面材料、出厂运输九个步骤。构件制作的主要生产管理要点如下：

（1）生产计划管理

预制构件的生产应制订详细的生产计划，确保其制作、供应、安装。生产计划一般包括以下内容：图纸准备、生产时间计划、构件在工厂的堆放场地、供货计划、运输方案等。

（2）技术质量管理

1）模具的质量控制。结合构件的形状、尺寸精度、外饰面类型等因素，选择合适的模具材料。

2）起吊用预埋件的合理设置。

3）混凝土浇筑前检查。包括整体尺寸、角部的方正、模板精度、预埋件位置、钢筋及保护层检查、窗户等埋设构件的定位等。

4）混凝土浇筑。保证混凝土浇筑质量，避免蜂窝、麻面、钢筋及锚固件移位，避免损伤模具。

5）拆模及起吊。保证起吊的最大混凝土强度，避免起吊过程引起的裂缝和破坏。

6）构件养护。在有条件的情况下，采用蒸汽养护更利于质量控制。

7）构件质量检查和修补。

8）工厂存放和出厂运输。

2.3 现场吊装和施工阶段

现场吊装同样是不同于传统施工工艺的新事物，预制构件从出厂到安装完毕的施工工序主要包括：运输（衔接构件出厂运输）、现场临时存放、吊装、固定安装、与现浇构件连接部位的钢筋绑扎、制作衔接构件模板、浇筑混凝土、施工外墙饰面及节点、修补。在施工过程中应尤其注意其质量控制和安全生产。

（1）运输及现场存放。包括合理运输方案、存放方案、存放后对预制构件的全面检查等。

（2）构件吊装。包括安排合理的吊装设备、固定设备、测量设备等。其中，安装精度是质量控制的关键点，要制订便于实施的测量、拼接、检查、调整的方案，控制安装质量。

（3）钢筋绑扎质量。尤其注意预制构件和现浇构件交界部位的钢筋质量。

（4）混凝土浇筑。一方面控制混凝土自身质量，另一方面控制混凝土浇筑时可能影响预制构件的质量问题，如浇筑振动力和冲击力引起的预制构件跑位、连接处爆模等现象。

（5）零星质量问题的修补。

（6）在安全生产方面，预制构件吊装涉及工人的高空作业和构件的高空吊运，存在较高的安全防线，应做好风险评估并采用合理的安全措施。

2.4 设计、制作、施工管理流程

结合以上内容和项目发展的步骤，对装配式住宅在主体设计阶段、构件制作阶段以及吊装施工阶段的主要管理流程进行归纳，见表1。通过归纳可知上下游搭接环节，以及明确当前环节的工作内容以及对下游环节的影响动作，为下游提供更多便利。

装配式住宅全过程管理内容 表1

主要阶段	装配式住宅全过程管理内容			
	主设业务（建筑结构机电）（设计部、设计院）	构件制作（预制构件厂）	工程施工（项目部、施工单位）	其他业务
方案设计阶段	1. 确定设计方案平面、立面。 2. 确定平面形状、尺寸等标准化要求。 3. 确定预制构件种类及部位。 4. 确定保温节能、外立面饰面等的影响。 5. 确定预制构件质量、体积。 6. 确定预制构件预制装配率	—	1. 项目部初步了解平面布置，判断构件运输、现场堆放的可实施性。 2. 项目部初步了解预制构件类型、质量、尺寸等，判断吊装的可实施性	—

主要阶段	装配式住宅全过程管理内容			
	主设业务（建筑结构机电）（设计部、设计院）	构件制作（预制构件厂）	工程施工（项目部、施工单位）	其他业务
扩初设计阶段	1. 深化平面布置，拆分预制构件。 2. 考虑管线、精装修的影响。 3. 确定结构布置，确定墙柱、梁板结构尺寸。 4. 初步完成预制构件模板图、节点大样。 5. 复核预制构件的预制装配率，满足相关要求	1. 开始介入，从构件制作、运输、吊装角度，向设计单位提供技术建议和支持。 2. 复核预制构件模板图、节点大样	项目根据扩初图纸，形成较成熟的预制构件运输、堆放、吊装思路	精装修设计（实施单位为设计部、精装修设计院）： 开始介入，重点考虑预埋、预设的管线、开关、孔洞等的影响
施工图设计阶段	1. * 提前完成典型单元施工图和样板构件加工图。 2. 完成招标图。 3. 完成各专业施工图。 4. 结合装修单位、构件厂、主包单位、铝合金门窗单位等所提供的预埋、预设等条件，完成预制构件加工图	1. * 细化设计单位提供的样板构件架构图，并进行生产加工，发现过程中存在的问题，总结经验。 2. 向设计单位提出预制构件加工、运输、吊装等的条件和意见，协助设计单位进行预制构件加工图	1. 项目确定预制构件运输、堆放、吊装的基本思路。 2. 项目着手细化预制构件标准层流水安排。 3. 项目着手考虑施工过程中的细节问题，包括构件放置定位、脚手架搭设、测量、模板、布料机、塞缝节点等。 4. 主包单位进场。确定脚手架、对拉模板等措施在预制构件上的预留孔洞或套筒	精装修设计（设计部、精装修设计院实施）： 1. 根据样板的情况，核对尺寸及管线预理。 2. 向设计单位提供精装修深度的管线预埋、开关点位、留洞等。 铝合金门窗（设计部、门窗设计单位实施）：开始铝合金门窗加工图深化设计
构件制作阶段	对构件预制提供技术支持，包括技术交底、专业协调、设计变更等	1. * 协助主包单位的典型单元样板演习，包括完成样板构件、组织运输、堆放、协助吊装等。 2. 构件制作、堆放	* 主包单位根据典型单元施工图进行典型单元样板演习，并总结在运输、堆放、起吊、拼装等过程中的经验教训，及时改进	精装修设计（设计部、精装修设计院实施）：确定管线预埋、开关插座点位、留洞等。 铝合金门窗单位：确保向构件厂供货。 监理单位：对工厂构件制作进行监理
工程施工阶段	对工程施工提供技术支持，包括技术交底、专业协调、设计变更（包括预制构件改良）等	1. 目标：组织预制构件生产，保证供货充足。 2. 运输、现场堆放等。 3. 根据现场发现的施工问题，进行构件改良工作。 4. 协助进行塞缝节点等的方案	确定并实施以下内容： 1. 预制构件在场地内的运输路线、堆放场地。 2. 塔式起重机位置、型号，满足预制构件起吊和安装。 3. 脚手架、模板体系。 4. 布料机类型搭设。 5. 下层现浇层和首个预制构件层的对接方案。 6. 预制构件标准层流水。 7. 预制构件的定位测量。 8. 预制构件的吊装。 9. 管线等各类预埋件预埋、混凝土浇筑。 10. 预制构件防水节点	铝合金门窗：（实施单位为门窗施工单位）：组织好铝合金门窗的生产，保证向预制构件厂供货。 监理单位：对工厂构件制作、现场施工进行监理

注：1. 本流程侧重于产业化建筑的预制构件等的阐述，常规工艺略去或简述；
    2. * 表示自选动作，在装配式住宅建设方面经验不足时，建议进行该动作。

3 装配式住宅设计管理要点

在传统现浇混凝土结构住宅的建设过程中，时常出现设计变更，由于多采用木模现浇工艺，这些变更反映的内容一般能较为及时地反映到现场施工中。然而，对于装配式住宅，从预制构件的工厂生产，到装配式模板（如铝模）工厂成型，这些工艺都不允许设计变更的出现，一处变更可能会引起从预制构件模具、现场构件模板、交接处的节点处理等一系列变化，造成巨大的时间耗费和经济损失。因此，作为项目发展的上游，设计阶段的统筹考虑和精细设计对于装配式住宅尤其重要。

3.1 总体设计思路

（1）装配式建筑设计应遵循少规格、多组合的原则。

（2）重视建设、设计、制作、施工各方的协作，加强建筑、结构、机电设备、装修各专业的配合。

（3）预制构件的设计在满足使用功能的同时，要重视模数、标准化要求，进行优化设计，其设计深度要满足制作、运输、堆放、安装等各环节的综合要求。

（4）预制构件的混凝土强度等级不宜低于 C30。

3.2 主要预制构件类型

目前，住宅一般采用的结构形式为装配整体式剪力墙结构，或普通剪力墙结构＋预制构件。主要预制构件主要包括以下：

预制剪力墙墙板：由预制墙板及与之相连的现浇段墙体共同形成的剪力墙构件。包括预制剪力墙外墙板、预制剪力墙内部墙板。

预制柱：为结构构件，因其节点复杂、成本高，住宅项目很少采用。

预制（叠合）梁、板：为结构构件。

预制楼梯：为结构构件。因其不参与整体受力，节点处理简单，采用较多。

预制外挂墙板：安装在主体结构上，起围护、装饰作用的非承重预制混凝土外墙板，为非结构构件。各地根据习惯、建筑特点而称呼不同，如香港按英国习惯称为佛沙（facade），深圳外墙凸窗面积占比大，称为外挂凸窗。

预制（叠合）阳台板、空调板：该构件不参与结构整体受力分析。

预制隔墙板：为非结构构件。

其他预制构件：如预制栏杆、预制装饰板等，为非结构构件。

3.3 预制率确定和预制构件选用

一般情况下，预制构件选用是在满足预制率数值条件下进行的。

预制率数值确定，一般是根据当地政府文件要求、所开发土地的出让条件，并结合项目特点确定的，且不低于政府和土地条件的要求。

在预制率数据确定的条件下，尽量选用受力简单、便于施工的预制构件。表2结合项目多个项目的工程实践，对选用预制构件提出一般建议，供参考使用。

构件选择方案建议   表 2

构件类型		结构体系	
		装配整体式剪力墙结构	现浇剪力墙结构＋预制构件
结构构件	预制剪力墙墙板	必须采用（可部分采用）	不采用
	预制（叠合）梁	不建议采用	不建议采用
	预制（叠合）板	可采用	可采用
	预制（叠合）阳台板	可采用	可采用
	预制（叠合）空调板	可采用	可采用
	预制楼梯	建议采用，宜单跑	建议采用，宜单跑
非结构构件	预制外挂墙板	建议采用	建议采用
	预制隔墙板	建议采用	建议采用
	预制栏杆、装饰板等	视实际情况采用	视实际情况采用

注：1. 装配整体式剪力墙结构，指全部或部分剪力墙采用预制墙板构建成的装配整体式混凝土结构，全称为装配整体式混凝土剪力墙结构。

2. 本表选用建议仅考虑一般情况下的受力简单、便于施工，实际选用时还要考虑预制率计算规则、便于采购运输等方面。

同时，预制构件的选用还要考虑预制率计算规则。目前，我国各地预制率的计算方式不同，如成都可将预制隔墙板计入预制率，而上海不允许预制隔板计入预制率，深圳则将预制隔板取 0.5 系数计入预制率，差别很大。

如中海天钻项目，标准层，建筑面积 360m²，共 46 层，层高 3.15m，采用剪力墙结构，基本指标如表 3 所示。

中海天钻项目预制构件方量统计   表 3

构件	剪力墙	梁	板	外围护墙	楼梯	内隔墙	合计
所占平面面积（m²）	41.15	37.17	268.51	10.42	14.17	5.24	376.66
混凝土体积（m³）	127.62	20.44	32.22	22.92	3.68	14.15	221.03

a. 按深圳预制率计算规则的选型方案

根据《深圳市住宅产业化项目单体建筑预制率和装配率计算细则（试行）（深建字〔2015〕106 号）》，预制率是指建筑标准层特定部位采用预制构件混凝土体积占标准层全部混凝土体积的百分比，即预制率 V＝标准层预制混凝土构件混凝土总体积/标准层全部混凝土总体积×100%。其中：标准层预制混凝土构件混凝土总体积＝主体和围护结构预制混凝土构件总体积＋非承重内隔墙预制混凝土构件总体积×0.5；标准层全部混凝土总体积＝主体和围护结构预制混凝土构件总体积＋非承重内隔墙预制混凝土构件总体积＋现浇结构混凝土总体积（注：当非承重内隔墙预制混凝土构件总体积×b/标准层全部混凝土总体积≤7.5% 时，按实际比例计算；当＞7.5% 时，按 7.5% 计算）。

由上分析，当内隔墙采用预制混凝土构件时，需乘以 0.5 系数，对于预制率的数值贡献减少，因此，从预制率贡献方面来讲，深圳不宜采用预制内隔墙。以中海天钻项目为例，不考虑内隔墙的情况下，预制率方案统计见表 4，布置方案见图 1。

按深圳市计算规则统计   表 4

基本信息	构件	剪力墙	梁	板	外围护墙	楼梯	合计
	混凝土体积（m³）	127.62	20.44	32.22	22.92	3.68	206.88
	体积占比（%）	61.69	9.88	15.57	11.08	1.78	100.00

选型方案	预制构件	预制剪力墙墙板	预制叠合梁	预制叠合板	预制外挂墙板	预制楼梯	合计
预制率 15%	预制构件（m³）	/	/	5.22	22.92	3.68	32.87
	预制装配率（%）	/	/	2.52	11.08	1.78	15.38
预制率 20%	预制构件（m³）	/	/	15.08	22.92	3.68	41.68
	预制装配率（%）	/	/	7.29	11.08	1.78	20.15
预制率 25%	预制构件（m³）	4.98	4.82	16.68	22.92	3.68	53.08
	预制装配率（%）	2.41	2.33	8.06	11.08	1.78	25.66
预制率 30%	预制构件（m³）	15.09	4.82	16.68	22.92	3.68	63.19
	预制装配率（%）	7.29	2.33	8.06	11.08	1.78	30.54

注：1. 在计算预制率时，叠合梁、板仅计入预制部分混凝土体积。
2. 此处阳台板包含于预制叠合板。
3. 此处未考虑空调板、栏杆、装饰板等。

图 1 中海天钻项目 8 号楼按深圳规则四种预制率方案

b. 按成都计算规则的选型方案

根据《成都市城乡建设委员会关于进一步明确我市装配式混凝土结构单体预制装配率计算方法的通知（成建委［2016］115 号）》，单体预制装配率是指装配式建筑中，使用预制构件体积占全部构件体积的比例。其中，预制构件是指在工厂或现场预先制作的构件，如墙体、梁柱、楼板、楼梯、阳台、雨棚等；全部构件是指包括预制构件在内的所有构件（含非混凝土墙体）。以中海天钻项目为例，按成都计算规则，预制率方案统计见表 5，布置方案见图 2。

基本信息	构件	剪力墙	梁	板	外围护墙	楼梯	内隔墙	合计
	混凝土体积（m³）	127.62	20.44	32.22	22.92	3.68	14.15	221.03
	体积占比（%）	57.74	9.25	14.58	10.37	1.66	6.40	100.00
选型方案	预制构件	预制剪力墙墙板	预制叠合梁	预制叠合板	预制外挂墙板	预制楼梯	预制隔墙板	合计
预制率 15%	预制构件（m³）	/	/	16.68		3.68	13.45	33.81
	预制装配率（%）	/	/	7.55		1.66	6.09	15.30
预制率 20%	预制构件（m³）	/	/	16.68	12.23	3.68	13.45	46.04
	预制装配率（%）	/	/	7.55	5.53	1.66	6.09	20.83
预制率 25%	预制构件（m³）	/	/	16.68	22.92	3.68	13.45	56.73
	预制装配率（%）	/	/	7.55	10.37	1.66	6.09	25.67
预制率 30%	预制构件（m³）	4.98	4.82	16.68	22.92	3.68	13.45	66.53
	预制装配率（%）	2.25	2.18	7.55	10.37	1.66	6.09	30.10

注：1. 在计算预制率时，叠合梁、板仅计入预制部分混凝土体积。
    2. 此处阳台板包含于预制叠合板。
    3. 此处未考虑空调板、栏杆、装饰板等。

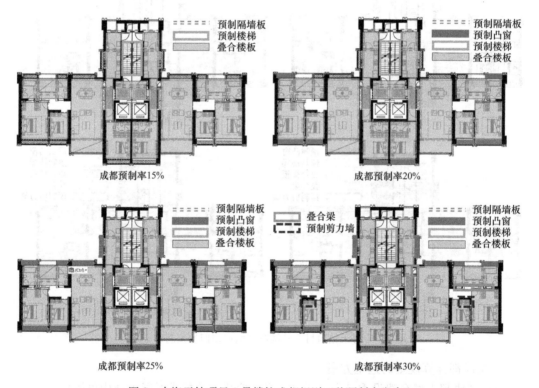

图 2　中海天钻项目 8 号楼按成都规则四种预制率方案

预制构件的种类是基本定型的，但由于不同地区的预制率要求以及对预制率算法的不统一，在不同的地区，预制构件的对预制率和装配率的贡献是不一的。但整体来说，考虑安全性、经济性及施工便利性，预制构件的选择优先次序可参考表 6 进行，并遵循满足预制率的情况下预制构件种类少的原则。

预制构件选择次序表 表6

类别	结构体系	
	装配整体式剪力墙结构	现浇剪力墙结构＋预制构件
1	预制剪力墙墙板	预制外挂墙板
2	预制楼梯	预制楼梯
3	预制阳台板	预制隔墙板
4	预制空调板	预制阳台板
5	预制隔墙板	预制空调板
6	预制（叠合）板	叠合楼板
7	预制（叠合）梁	/

3.4 设计各阶段工作安排

为保证项目住宅产业化设计工作有序、有效进行，结合传统土建各设计阶段相关工作进度，对 PC 设计工作分为方案、初步设计、施工图、施工配合四个阶段的工作安排描述如下：

（1）方案阶段

1）工作任务

确定 PC 的范围（PC 的种类、楼层数），确定单个 PC 构件的质量（体积）、与主体的连接方式。初步完成平面、立面拆分图。初步估算预制率和装配率。

2）工作时间

与土建方案阶段同时展开，常规设计周期为 30d。

3）工作需要注意事项

在方案阶段确定建筑物采用 PC 技术对建筑方案要求：

① 在平面布置上尽可能采用标准件（即相同 PC 构件，以减少模具套数和提高工厂预制熟练程度以提高构件质量）；

② 建筑立面上尽量平整，减少凹凸，避免线脚过多（现阶段的预制工厂生产能力不能保证构件质量而导致影响现场进度）；

③ 同时，注意到 PC 技术特定影响（如构件之间的拼缝、PC 构件与现浇构件间的关系、PC 构件与内保温的关系、构件车运输路径的选择等）。

总之，由于 PC 技术较传统现浇混凝土工艺有较多限制，因此对采用 PC 技术的建筑，在方案阶段应要求 PC 设计人员充分参与，以保证后续工作的顺利开展。

（2）初步设计阶段

1）工作任务

深化平面、立面拆分图。初步完成 PC 构件模板图、节点连接大样。确保节点设计符合建筑平面、立面的要求。复核预制率和装配率，确保 PC 方案满足政府要求。

2）工作时间

与土建初设阶段同时展开，常规设计周期为 30d。

3）工作需要注意事项

涉及的配合单位主要有：主体设计单位、总包、模具设计单位、PC 构件生产单位、铝模板厂、铝合金窗厂家、精装修设计单位。

构件模板图的完成必须以建筑平面、立面、墙身为基础，同时考虑 PC 构件与现浇结构的连接构造，以满足结构上的要求。PC 构件与现浇结构关系主要表现为考虑 PC 构件与现浇体系的连接形式，以保证满足不同结构受力模型：PC 构件是否可以等效看作结构受力体系参与结构计算。

（3）施工图阶段

1）工作任务

由各单位配合完成 PC 构件全部施工图，包括预留建筑或设备孔洞、预留对拉模板螺杆套筒、构件斜撑杆、调节角码、吊点设置、构件钢筋布置、打胶图等工作及构件装配图。当甲方需要时，可提前出 PC 构件招标图。

2）工作时间

初步设计完成后 65d，一般比施工图结束再延后 20d。

3）工作需要注意事项

涉及的配合单位主要有：主体设计单位、总包、模具设计单位、PC 构件生产单位、铝模板厂、铝合金窗厂家、精装修设计单位。

根据配合单位提供的条件及精装修条件图，细化设计构件的留洞、钢筋布置，核对 PC 构件钢筋与预埋件、现浇主体结构的主筋或箍筋是否有冲突。

总包单位需要协调处理问题有：确认构件上预留对拉模板用套筒定位及数量、铝模固定用套筒定位及数量等在现场操作的便易性；施工爬架需在 PC 构件上预留孔洞定位及尺寸；铝合金窗安装节点需要在 PC 构件上反映的内容；塔式起重机定位及型号的确定；构件运输路径的确定（若穿过地下室区域，需制定相关的施工措施保证地下室安全）；特殊构件的现场吊装施工措施（若存在）。

（4）施工配合阶段

1）工作任务

解决 PC 构件生产及现场吊装中出现的各种设计中遗漏的细节问题，以保证工程质量与进度。结合实际情况，完善 PC 深化图（及时出具设计变更）。

2）工作时间

施工图交付：现场完成一个标准层构件吊装。

3）工作需要注意事项

涉及相关单位有：模具设计单位、PC 构件生产单位、总包单位。

模具设计单位、PC 构件生产单位：对设计图纸交底后及生产过程中发现的问题及修改意见及时反馈，以避免构件生产完成后出现不能体现设计意图或工厂生产不畅的窘境。总之，需两单位密切配合，以保证 PC 构件保质、保量生产。

总包单位：通过实践掌握本项目 PC 构件的特点及注意事项，提出相关修改意见，同时积累经验，以保证主体结构上构件的吊装能顺利完成。

4 装配式住宅设计专业协调

装配式住宅的深化设计作为一项新增内容，也作为一项新增约束条件，在常规设计内容及流程上都会有影响：

（1）建筑方案满足预制装配的可实施性。

预制率与装配率一般为政府强制指标要求，为满足这两个指标，建筑方案就必须满足预制与装配的可实施性。在常规方案设计的基础上，还需同时考虑哪些部位采用预制构件才能满足指标要求。故在建筑方案阶段必须要有预制构件的方案平面以及预制率的测算，避免形成颠覆性调整。

（2）机电点位的精准定位以及精装修的预埋需要提前确定。

由于预制构件的生产一般与地下室施工同步进行，比标准层的施工要提前，所以构件上的预留预埋需提前确定，作为输入条件落位到预制构件图纸当中。此项要求即意味着精装修设计基本要和主体设计同步进行，重点是要确定各种家具及设备的定位和需求。

（3）立面节点包括铝窗以及排砖分色需提前确定。

针对预制外墙板或预制凸窗，一般情况下为达到更好的质量和防水效果，窗框均为预制时进行预埋。窗的节点及预埋方式，均需在预制构件图上表达。如外墙贴砖，为尽量少切砖或者不切砖，外墙排砖分色、预制构件分缝、窗台和檐口等部位的尺寸都需要在预制构件模板图出图前敲定。一般情况下，按照砖的规格，外墙预制构件尺寸为零碎的尺寸，而非常规的 50mm 的模数。

（4）铝合金模板深化需提前确定。

铝合金模板与预制构件是相互影响、相互约束的，预制构件的固定及约束与铝合金模板的支撑系统有重要关系，铝合金模板的支撑系统中的预留、预埋，需提前在预制构件中体现。由于装配式建筑的推行需要预制构件与铝模施工配套进行，所以需提前确定铝合金模板的深化工作，明确预制构件与铝合金模板的交互关系、预留、预埋的内容。

（5）三维信息模型的应用及碰撞检查。

由于预制构件均为批量生产，生产的钢模都是提前下料加工，如在生产供货节点进行修改调整，将会对项目工期或者成品改造造成严重的影响。所以，为针对装配式住宅有必要采用三维信息模型技术（BIM），对于预制构件相关的各种信息通过建模来进行复核，检查碰撞。力争在构件生产前把问题解决，避免生产过程中的调整。

5 结语

本文梳理了装配式建筑的全过程技术管理内容，更清晰地了解各环节的相互搭接关系。为装配式建筑的设计提供参考模板，在全国大力推行装配式建筑的形式下，可以快速开展业务工作。通过上下游的关系，对各环节中最重要的设计环节的管理动作要点进行标准化，总结如下：

（1）明确主体设计阶段、构件制作阶段、现场吊装和施工阶段的管理工作内容。

（2）梳理各阶段的搭接关系与关键事项。

（3）阐述装配式建筑的总体设计思路，预制构件的选择思路。

（4）标准化设计各细分阶段的工作安排。

（5）归纳设计阶段的五方面专业协调方式。

通过对装配式建筑的研究分析以及项目实践，旨在形成标准化的设计管理动作要点，对推进装配式建筑有重要的推广指导意义。

从用户感知维度和项目管理维度出发的绿色健康住宅实施

郑　欣　徐路华　张华西

摘　要：本文以北京寰宇天下绿色建筑实践为例，前期采用调查问卷的方式对目标客群的绿色建筑关注点提前进行调研分析，然后从用户感知维度和项目管理维度对技术方案进行分类阐述，分析其达成的效果，从而提出 CPOP 绿建设计方法体系，尝试指明从用户视角出发和从管理视角出发的绿色健康住宅所需着眼的关键要点，以期对今后的绿色建筑实践提供借鉴与参考。

关键词：绿色建筑；地产开发；建筑设计

CASE STUDY OF GREEN AND HEALTHY RESIDENTIAL IMPLEMENTATION FROM THE PERSPECTIVE OF CLIENTS' PERCEPTION AND OPERATION PERSPECTIVE

Zheng Xin　Xu Lu Hua　Zhang Hua Xi

Abstract：The essay illustrates the green architectural practice of the project of La Cité in Beijing. From its beginning a questionnaire-based survey was introduced in order to outline in advance the gist of green architecture concerned by targeted clients. Then in the essay are demonstrated technical tactics from both clients' perception and operation perspective，followed by the analysis of the effects. Therefore，the CPOP green building design method system is proposed. In all，it tries to render essential points of green and healthy dwelling from the two perspectives mentioned above，in a wish that green architectural practices henceforth help provide some references for further green building.

Key words：Green Architecture；Real Estate Development；Architectural Design

1　引言

绿色建筑在国际上发展自 20 世纪 70 年代的石油危机后，社会广泛意识到不能依赖单一能源，随后建筑学家亦开始从建筑角度寻找节能方法，逐步地，绿色建筑应运而生。

而作为开发商所关注的绿色健康住宅，我们此次提出一套 CPOP（即 Clients' Perception and Operation Perspective）的绿色建筑设计方法体系（图 1），即探讨从用户感知和项目管理的角度来综合评判技术的适应性，从新的视角反观绿建的技术措施，以响应"建筑实现用户的美好生活"的理念，并使之具有可持续性。借助于贴近建筑使用者的优势，积极发掘用户关注度高的绿色建筑技术，通过合理的技术手段满足用户需求。并以自身开发项目的数量优势，从管理维度出发，在技术适应性方面积累实施经验。

本文以北京寰宇天下项目为例，从客户感知维度和管理维度出发，进行绿色健康住宅技术的探索，从单一的绿色建筑建造走向更深层次的全生命周期开发模式，由此推进绿色地产的良性发展。

图 1　CPOP 绿色建筑设计方法体系

2　项目简介

中海寰宇天下位于北京市石景山区长安街西沿线，北侧为城市主干线阜石路，南侧为长安街西延线。项目目前为在施阶段，共分为 3 个地块，建设用地总计 12.58 公顷，容积率为 2.8，限高 80m，绿地率 33.6%，总建筑面积达 52.36 万 m^2，共计 3061 户。项目由 22 栋高层、小高层住宅组成。自规划阶段起，以绿色建筑二星级标准贯穿全项目开发流程，通过大量从用户视角出发的绿色建筑手段，达成降低资源能耗的目标，为用户提供长周期的绿色居住体验。

3　方法论：用户感知维度和项目管理维度的方法组织

用户感知维度是此方法的切入点，在项目前期进行调研，在广泛调查问卷基础上评估技术受众度，是为感知维度；在此基础上选取合适技术手段，综合考虑成本、施工难度、后期维保等多方面的因素，在大量的实际案例中，总结出优先满足用户感知维度，同时最低综合管理成本的技术体系，是为管理维度。

从项目的目标客群出发，随机调研了 120 个目标用户（兼顾目标客户的年龄、收入层次、学历、职业的多样性等，在此不赘述），调研方法如下：

（1）选项截取

以当前实行的《绿色建筑评价标准》为基础，选取可视化较强的 13 项关键得分点作为关注目标的设定，客户从列表中选取 6 项目标选项，作为该调查者的感知重点。本次调研的 13 个选项包括：生活热水的形式选用（电、太阳能或燃气）、地库通风、室外绿地浇灌形式、中水利用、智慧社区的需求、小区绿化环境、室内噪声的控制、智能家居的需求、中央空调系统、新风除霾系统、室内自然采光、卫生间干湿分离、室内自然通风。

（2）统计分析

客户对各项的关注度进行统计（即关注某项的人数除以总人数所得的数值）。统计结果如图 2 所示。

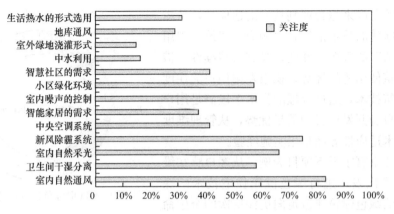

图 2　调研结果分析

根据调研结果显示，用户重点关注的前六个目标，根据关注度由高到低，分别为：室内自然通风、新风除霾系统、室内自然采光、卫生间干湿分离、室内噪声控制、小区绿化环境。总结来看，用户对于室内、室外可视化程度较强的项目关注度高，而对于和基本生活活动相关性不大的项目关注度较低（当然，这并不是说客户非选中项在绿建技术中不重要，这一点在后面会有论述）。

值得提出的一点是，关乎生命健康的项目，用户一般极为重视，包括居室内部的通风、PM2.5 浓度控制及室内噪声影响等，居室外部的绿化体验、室外氧气含量等。这也是我们下一步重点关注的内容和开发绿色健康住宅的重要方向。

项目管理维度，主要从本公司开发的大量绿色健康住宅出发，通过积累的实践经验，总结出一套满足用户感知维度，同时最低综合管理成本的技术体系（4.2 节将予以详细表述）。

4　基于 CPOP 绿建设计方法体系下的绿色建筑技术措施

本章节以寰宇天下项目为案例，以用户感知和项目管理两个维度分别论述了相应的绿建技术措施。

4.1　用户感知维度（Client's Perception dimension）

针对调研问卷得出的结论，本篇章进行用户重点关注的六个项目进行相关技术措施的阐述。

（1）小区绿化环境

本项目在紧凑的用地条件下，进行了严谨的规划推演，创造出舒适、宜居的规划格局。住宅楼均以薄板形态正南北向布局于场地内，以最大化的楼间距为每一户住宅皆创造出充分的间距条件，使得场地内主要风通道风场流线明晰，无明显涡旋及无风区，室外空气循环较好，有利于灰尘和污染物的消散。人行活动区域距地面 1.5m 高处的风速在冬季控制为 4.49m/s（图 3），属于微风等级，根据国家标准风力等级表，可有"叶树枝摇摆，旌旗展开"的陆地现象，为未来入住用户提供了良好的室外环境。项目科学、合理的规划形态为项目绿色建筑设计奠定了"先天绿"的基础。

除上述方式之外，项目精心营造室外环境，选用了适应北京气候和土壤条件、耐候性强、病虫害少的树种，有利于减少后续维护成本。景观设计采用乔、灌、草结合的复层绿化，为用户带来赏心悦目的精神愉悦。在高出项目规划绿地率要求 3.6 个百分点的前提下，平均每 100m² 绿地面积上的乔木数达 3.6 株，平均每 100m² 绿地面积上的灌木数达 506 株。绿化的实施对园区形成天然遮蔽，可有效降低热岛强度。

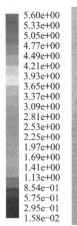

图 3　室外风环境模拟云图

（2）新风除霾系统

当前，建筑围护结构质量不断提高，冷风渗透的风量微乎其微，新风除霾系统是室外环境不好情况下非常重要的技术手段，从调查问卷中也表明了用户的关注度非常高。采用地暖与户式多联机中央空调进行分室温度调节系统，并采用新风除霾机进行室内空气质量调节。地暖与空调均采用分室温控，位于起居室、餐厅、各卧室的末端装置可独立启停的数量比例为 100%。新风机组换气风量根据房间面积不同，达到 150m³/h、250m³/h、350m³/h 三挡调控，过滤效率达到 99%，可有效降低进入室内环境中 PM2.5 的浓度。

（3）室内噪声控制

室内噪声的控制是用户比较关注的问题，尤其是夜间，微弱的噪声对人睡眠的影响非常严重。针对用户重点关注的问题，我们从两个方面进行重点关注。第一从围护结构隔声方面进行处理，第二从噪声源方面进行处理。

在围护结构隔声方面，项目外窗均采用三玻两中空配置，整窗 K 值系数达 1.8W/(m·K)，且隔声效果明显提升；户内楼板均设置 5 厚电子交联发泡聚乙烯减振垫层，以减弱透过楼板传导至上下层的撞击声压级，为用户创造安静的室内声环境。主要围护结构的隔声值如表 1 所示。

表 1

主要功能房间室内噪声值列表（dB）

构件类型	隔声性能指标	隔声值	低限标准
外墙一	45	47	45
外墙二	45	45	45
隔墙	45	47	45
楼板	45	47	45
外窗	25	32	25

图 4　寰宇天下户型

在噪声源方面控制方面，为减弱户内噪声影响，进行源头管理并加装隔声措施。对地下车库的换气风机安装进、排风消声器，风机和管道的连接口用软连接，并采用减震基础和柔性接口；水泵机组采用减振措施，水泵进出管设可曲挠橡胶接头消声止回阀备应采用减振措施，水泵进出管设可曲挠橡胶接头消声止回阀备应选用低速水泵，以降运行启闭时的噪声。

（4）对于室内自然通风、室内自然采光、卫生间干湿分离方面

主要通过早期的户型设计达到所需的目的（图4）。作为建设单位，在要求设计院进行工作时，必须对室内自然通风和自然采光进行性能化设计，定量的描述住宅空间的自然通风和采光情况。本项目为了使过渡季节、夏季夜间有效自然通风，外窗的有效通风面积设计时比标准提高 1%～5%，通过被动式手段降低空调能耗。卫生间干湿分离则作为设计任务书的必须项由设计院体现到图纸中，在此不再赘述。

4.2　项目管理维度（Operation Perspective dimension）

通过调研结果看，中水利用方式、室外绿地浇灌形式、地库通风以及生活热水形式不是用户重点关注的，但是在满足用户体验感的前提下，从管理的角度，因这些技术的选择直接影响到项目的后期运营成本，从后续物业运维的角度来看是必不可少的，是绿色健康住宅持续性发展的重要方面。

（1）非传统水源利用情况

本项目大量使用非传统水源，实现可持续的水资源利用。自户内立管便开始实施污废分流，废水排至中水处理站作为中水原水，污水经化粪池处理后排入市政管线。建筑可回用水量为 501.18m³/d，中水处理站出水水质达到一定要求后，经小区室外及楼内敷设的中水管网至室内冲厕、室外绿化灌溉、道路浇洒等各个末端用水点，非传统水源利用量占其用水量的比例高达 24.09%。此外，考虑到后期大市政会逐步具备中水条件，预留中水主管接至中水泵房。

（2）室外绿地浇灌形式

室外绿地的浇灌方式均为节水灌溉方式，人工水景采用过滤循环等技术措施，灌溉水源采用微喷灌、滴灌方式等，上述水源均来自自建中水站。屋面雨水和空调冷凝水有组织排放，通过管道排至室外，并结合室外管网排至雨水调蓄池及市政雨水管道。

（3）生活热水形式

项目采暖与生活热水均采用市政集中供热热源，大幅增强能源利用效率，且用户日常生活中可即开即热，既便于使用又绿色、高效。因本项目由高层住宅组成，可布设太阳能集热板的屋面面积相比于使用需求而言较小，因地制宜地将太阳能得热补充至市政换热站，作为集中供热热源的补充热源，既可让每一户均匀、有效地使用太阳能得热，增进项目可再生能源利用，又能减少管线敷设量从而减少一次建设过程中的资源浪费。

经计算，本项目太阳能热水日均 34.8m³/d，生活热水需求 375m³/d，由可再生能源太阳热水提供生活热水用量比例为 9.3%。此外，在输配系统的选型上精确计算，降低供暖系统热水循环泵的耗电输热比，优于现行北京市地方标准《居住建筑节能设计标准》DB 11/891—2012 的规定值。

（4）地库通风

为保障用户安全，本项目汽车库内设置 CO 浓度监测装置，与排风机及送风机连锁运行，根据 CO 气体浓度，检测到 CO 浓度大于 30mg/m³ 时，自动控制风机运行。

（5）智慧社区

本项目针对智慧社区的特点，集成物业管理的相关系统，例如：停车场管理、闭路监控管理、门禁系统、电梯管理、保安巡逻、远程抄表等相关社区物业的智能化管理，实现社区各独立应用子系统的融合，进行集中运营管理。见图 5。其中，楼道机、围墙机指安装于楼道或围墙地方的对讲系统。

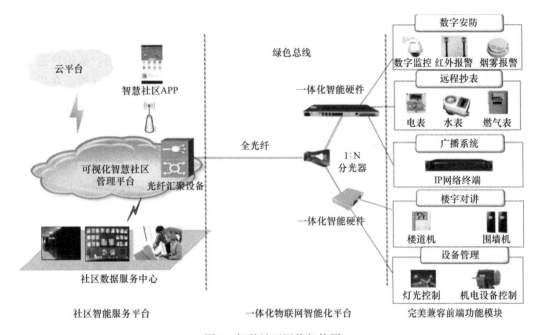

图 5　智慧社区网络架构图

（6）智能安防

园区出入口闸机及单元门口可视对讲门口机处均设置了人脸识别模块，可使用户获得"无感入户"的良好体验。且电梯与单元门口可视对讲门口机联动，用户在通过刷卡、呼叫或人脸识别获得进入楼栋权限后，相应电梯自动归首，等候用户入梯，切实提升客户归家的便捷性，提升电梯运行效率。

（7）其他从运营角度降低运营成本的方式

本项目公共区域照明采用绿色节能、高效、长寿的光源，配置低损耗镇流器，在走廊、楼梯间、门厅、大堂、地下停车场、室外夜景各处均采取分区、定时、感应等节能控制措施，详细的控制方式如表 2 所示。经测算，相应控制措施可节省能耗 13.7%。除照明灯具外，其余电气设备均选用节能型电气设备。三相配电变压器全部采用达到或高于能效限定值及能效等级要求的选型，水泵、风机及其电机的能效等级选用型号高于标准要求 5％～14％不等。

不同区域的控制方式 表 2

区域	分区	定时	光感应	其他
走廊	√		√	√
楼梯间	√		√	
门厅	√			
大堂		√		
大空间		√		
地下停车场	√			√
室外景观		√		

5 结语

本文以寰宇天下项目为案例，阐述了 CPOP 绿建设计方法体系的应用，从用户感知维度和项目管理维度两方面进行绿建技术实践，进行了详细技术措施的应用分析。在用户感知维度，通过对用户的调研解析、选取合理的技术措施，着重体现了中海的"悦享空间、健康生活"的居住理念；在项目管理维度，通过我们的项目积累和运营经验，结合成本管理，对非用户着重敏感点的绿建技术予以补充，诠释了中海的"智慧物联、绿色科技"的居住理念。本项目通过了北京市绿色建筑二星评价并荣获 2019 中国绿色楼盘 TOP10 的殊荣。在项目中实际操作中的 CPOP 方法体系，为今后的绿建住宅社区建设提供了一种思路上的可行性。

参考文献

[1] 京建发〔2016〕386 号. 关于印发《北京市"十三五"时期民用建筑节能发展规划》的通知，2016，10.

[2] 中国建筑科学研究院. 绿色建筑评价标准 GB/T 50378—2014 [S]. 北京：中国建筑工业出版社，2014.

[3] 北京市住房和城乡建设委员会. 绿色建筑评价标准 DB11/T 825—2015 [S]. 北京，2015.

基于健康与智慧理念的社区设计研究

王　璞　苏永亮

摘　要："智慧"与"健康"已成为各行各业去主动探索并实践的课题，社区作为城市发展的基本单元，是与居民生活联系最紧密的组织，也是实现"智慧城市"和"健康城市"最重要的建设平台。本文以天津市梅林路中海左岸澜庭项目为例，介绍了该项目的"HOSS"（Health on the Sustainable Smart-community）设计理念与整体思路，重点介绍了"健康优先""可持续设计""智慧服务"三个方面的要点。通过本文为未来智慧健康社区的发展提供新动能，并能够引导健康智慧社区建设的新模式。

关键词：健康建筑；智慧社区；可持续发展

ANALYSIS OF COMMUNITY DESIGN BASED ON HEALTH AND SMART CONCEPT

Wang Pu　Su Yong Liang

Abstract："Smart" and "Healthy" have been the central issue in all the industries to explore and practice. As a cell of urban development，the community is closely connected with residents. And it is also the best platform to realize "smart city" and "healthy city". The project "La Rive Gauche" in Tianjin Meilin Road is introduced in this paper. The project's "HOSS" (Health on the Sustainable Smart-community) concept is introduced in this article，which is focusing on "health"，"sustainable design" and "smart services". The new model can be established to provide new strategy for the development of smart and healthy communities.

Key words：Well Building；Smart Community；Sustainable Development

1　引言

城市化的发展给中国带来了机遇，同时也引起了较多的环境问题和健康问题，基于信息化时代的高速发展，传统的建造业与新兴产业的发展相比显得马尘不及，例如存在很多的标准缺失、行业缺乏合适的转型方向。针对地产行业，如何与各新兴产业融合，完成科技赋能，紧跟国家政策导向，并能在一些不可预测的事件（如 2020 年初的新型冠状病毒 NCP）对经济产生影响时，最终仍能促进住房的消费升级是所有地产的转型方向。那么如何提高居民的生活质量，如何遵守可持续发展的原则，并且如何利用信息化技术来提高管理与服务效率决定着各企业能否在"全民健康，全面小康"时代抓住这个风口完成转型。通过对天津市梅林路某项目的设计方案分析，对未来社区建设的绿色健康发展来提供一些参考。

2 健康社区与智慧社区设计内涵与理念

2.1 "健康社区"与"智慧社区"设计内涵

社区是城市的一个细胞体，而健康社区是健康城市在社区的一种实现形式。健康社区应建立在对"健康"概念的全面理解上，其包括居民和社区两个层面。一方面，要保障居民的健康；另一方面，要打造一个健康的社区环境，居民在参与健康活动的良性互动中，获得健康的提升，从而形成"健康社区"。

而随着互联网技术的高速发展、网络生态链的愈发成熟，各种企业、政府、甚至老百姓等都是互联网的受益者，"共享经济"时代下社区建设也不例外，互联网时代下传统的社区治理方式已经渐渐被智慧社区的治理方式所取代。

智慧社区是以人为中心，以现代信息技术为手段，科学地运用"智慧"，将刚性的城市这个开放的复杂系统为对象与柔性的社会服务融合在一起，来为居民提供便捷的生活，最低成本地进行高效的基层社会治理，满足居民多元化的社会需求，实现信息资源的共享，促进社会阶层的融合。

将健康社区和智慧社区融合起来将会产生"1＋1＞2"的效果，健康社区可以满足人们对生理和安全的基础需求；同时，智慧社区能更好地协调好资源，给居民提供更多的需求感和满足感。这样的互补与升级显然是社区建设的最佳途径。

2.2 "健康社区"与"智慧社区"设计理念

（1）健康优先理念

把人民健康放在优先发展战略地位，是习主席在全国卫生与健康大会上所强调的。在社区设计中，以居民健康为导向；在设计策略中，站在居民角度来进行设计评价，例如在前期规划中，重点关注设计社区时哪些方面会影响居民的健康问题，同时进行调研来了解居民健康需求；而在具体工作中，在每个阶段都应该将健康指标放入高权重的评价体系中，以健康为指导，重点将室内环境优化、绿色材料选用、绿色建筑施工等方面落到实处。

（2）可持续发展理念

可持续发展强调降低环境负荷，与环境结合，能够利于居民的健康。可以理解为是对健康社区第二个层面的升级，主要的目的是减少能耗、节约用水、减少污染。而根据不同项目的规模大小，项目在设计时需从功能性、经济性、社会文化与生态方面更多地考虑最适合项目的技术发展路径。例如装配式建筑、海绵城市、被动式低能耗建筑等。

（3）智慧 4S＋5G 理念

智慧服务重点需满足安全防范，简约便捷，智能、高效持续（本项目的"4S"）这几个特点，力求通过借助高科技手段（本项目利用"5G"）对社区问题进行探索总结，通过智能化的平台了解社区居民需求及反映的问题，整合社区资源，构建智慧化服务系统，从而更好地提高社区的服务能力。

3 "HOSS" 居住系统

结合上述对健康社区和智慧社区融合的设计内涵和理念分析,该项目提出了"HOSS"(Health based on the Sustainable and Smart-community) 的理念,即"健康(Health)"优先,基于"可持续发展(Sustainable)"和"智慧(Smart)"社区平台为依托的融合绿色与智慧的新模式(图1)。

本项目位于天津市河西区梅林路和洞庭路之间,总建筑面积为 $153350m^2$,绿地率达 40%,项目地块因地制宜进行生活区规划设计,考虑到与周边的协调发展,优势互补,建设良好的环境社区,为居民创造一个独特的"HOSS"居住系统。

图1 "HOSS"居住系统

3.1 健康优先(Health Priority)

以健康优先为导向,梅林路项目重点针对室内空间,打造绿色化、装配式的成品装修。这样的模式可以提高施工质量,降低造价和采购等成本,也保证了室内的环境质量,提供全面家居解决方案。

在装饰建材选用方面,梅林路项目优先选用具有政府主管部门颁发的"绿色建构"标志的建材,如表1所示,户内玄关柜、橱柜、门等木作作业所选用的原材料接板每升甲醛释放量:0.8mg(国家标准:每升甲醛释放量:≤1.5mg);力学板每百克甲醛释放量:3.1mg(国家标准:每克甲醛释放量:≤9mg);中密度纤维板每百克甲醛释放量:4.1mg(国家标准:每克甲醛释放量:≤9mg);户内石膏板吊顶、石膏板角线、顶棚等白乳胶(如:吊顶、石膏线等)每千克游离甲醛:<0.05g(国家标准:每克甲醛释放量:≤1g);户内墙面壁纸甲醛每立方小于或等于 0.10mg;户内墙面木饰面墙板油漆均为水性漆,VOC含量低于油性漆 10 倍;户内地面地板甲醛释放量每升不超过 1.5mg。

装饰部分选材甲醛释放参数   表1

种类	使用材料释放量	国家标准
木制材料	0.8mg	≤1.5mg
纤维板	4.1mg	≤9mg
白乳胶	<0.05g	≤1g
地板	1.5mg	≤9mg

在户内居室空间,梅林路项目设计理念力求还原高品质的居住体验,在节能与环保方面,建立完整的工厂化系统。在后续装修过程中,除墙面局部的壁纸、顶棚部分的乳胶漆外,其余绝大多数产品为工厂制作后,于现场装配安装,其中包含室内门、墙面的木作、玻璃、皮革饰面,木地板、踢脚板、石膏线、整体厨卫等,现场装配安装的比重已达到 85%。

同时,该项目针对室外环境着重搭配了具有改善环境质量、提高人体免疫力功能的植物,达到吸收甲醛,清除二氧化硫、氯、一氧化碳、乙醚、乙烯等有害物,驱蚊,截留吸滞漂浮微粒和烟尘，杀菌及令人放松、精神愉快、利于睡眠等功能，使居民能够有一个有助于增强自身免疫力的生活环境。其中，乔木有香樟、夹竹桃、大叶黄杨等；灌木有法国冬青、紫薇、石榴、金橘、蜡梅等；草本植物包括常春藤、紫藤、桂花、茉莉、丁香等（图2）。

图2　项目选取的植物种类

此外，如图3所示，本项目对户型进行了设计优化，均很符合最近的疫情产生的诉求，例如户型在高层中实现南北通透，正向对流确保通风通畅；充分考虑了合理的动静分区避免家务动线与生活线的交叉；独立玄关门厅防止室外病菌对内部的干扰；以及主卧室带卫生间的自成系统，这样的设计顺应了时代的需求，也是对健康社区的升级。

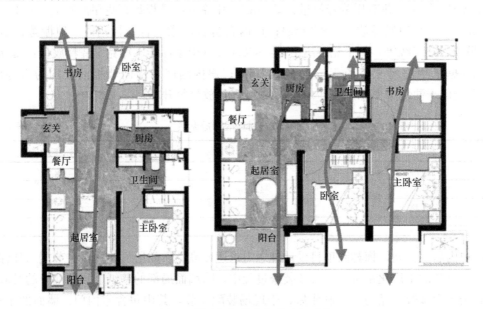

图3　项目南北通透实现正向对流

项目还为居民设计了无感通行，居民通过人脸识别进入园区，通过人脸识别或RFID进入首层大堂；同时，与电梯联动降至首层，进入电梯后，电梯内的远距离读卡控制器识别业主身份，无须按键自动到业主所在楼层，全程"解放双手"，无感通行。

3.2 可持续设计 (Sustainable Design)

为充分实现社区的可持续发展的目标，该项目注重社区雨水的生态管理，视雨水为资源，视雨水为环境的重要因素。重点打造了海绵社区，从而来缓解热岛效应，体现智慧健康社区的舒适性和对空气的追求。同时，加强雨涝管理，为健康社区的营养概念提供了强有力的保障（图4）。

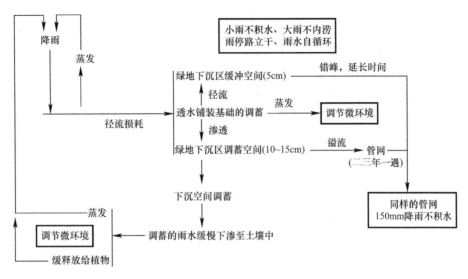

图 4　可持续雨水管理示意图

构建低影响开发雨水系统，是实现海绵社区海绵城市的最佳效益点和关键点，主要从6大技术策略进行归纳并提供数据推导，即渗水、滞水、蓄水、净水、用水及排水。通过"渗"涵养，通过"滞蓄"把水留在原地，再通过滤"净"化把水"用"在原地，外"排"水生态。

本项目所在地30年来气象记录最大的日降雨量为150mm，最大雨水总量为6012m³。而其中需调蓄的雨水通过低影响开发设施来实现。下沉绿地是所有低影响开发设施中，最生态，最低成本，与景观也非常容易衔接的，我们在本项目优先选择。为了在景观效果与海绵城市之间获得平衡，我们利用30%的绿地面积来设置下沉绿地，下沉深度为150mm，蓄水深度为100mm，下沉绿地的蓄水能力为495m³。透水铺装也是低影响开发设施中，既有景观效果又有景观功能的类型，但应控制一定的比例。在本项目中，我们选择40%的面积采用透水铺装，基础厚度为500mm，我们统一按15%的孔隙率计算，透水铺装的蓄水能力为365m³，通过以上两种措施，可保证海绵社区的实现。

海绵型基底一览表　　　　　　　　　　　　　　　　　　　　　　　表 2

	面积（m²）	径流系数	百分比
项目用地	40085.40		
硬屋顶	11384.25	0.85	28.4%
铺装	12185.96	0.85	30.4%
绿地	16515.18	0.15	41.2%
综合径流系数		0.56	

另外，为实现经济和人居环境的可持续性，项目采用装配式建设方案，主要装配式构件产品有预制叠合楼板、预制楼梯、蒸压加气混凝土条板、集成厨卫等。与传统建筑相比，具有节约资源和能源、促进环境保护等优点。主要体现在以下三个方面：第一，节水：由于预制构件在工厂生产，减少构件的养护用水以及设备的冲洗用水，减少现场湿作业，大量减少施工用水，与现浇建筑比节水 3 元/m² 左右。第二，节材：预制构件在工厂进行标准化生产，在工厂的生产监管模式下，对于建筑产品的质量和材料的控制比施工现场更为有利，减少材料损耗，与现浇建筑比节材 70 元/m² 左右。第三，节能：工厂生产 PC 构件，减少施工现场机械、办公、工人生活用电；同时，大量采用具有绿色环保的建筑条板墙体，满足节能环保要求。与现浇建筑比，节能 11 元/m² 左右。

项目园区内还具备完备的市政中水系统，居民小区采用中水技术，实质上就是采用自来水与中水结合的分质供水，能实现水的循环利用，不仅可以减少资源浪费，还可以减少对环境的污染，维持生态平衡。

3.3 智慧服务（Smart Service）

该项目为实现"4S"，即"安全防范""简约便捷""智能家居""物业管理服务"的目标，借助"5G"互联优势，打造了智慧园区物联网平台，采用了 AR 巡检和 AI 告警功能，创建一个安全、简约、智能的社区环境。

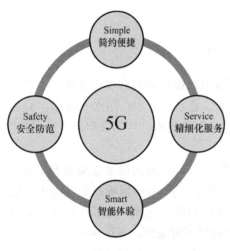

图 5 "4S+5G"社区概念图

园区将全面覆盖 5G 信号，因 5G 在未来生活中扮演非常重要的角色，比如 5G 可观看 4K 高清信号的直播，5G 手机控制的智能家居系统，5G 远程教育，5G＋VR 的虚拟教学试验，5G 远程医疗，5G 无人驾驶，这些应用都用到了 5G 的高数据速率、减少延迟、节省能源、降低成本、提高系统容量和大规模设备连接的性能目标。

智能物业由于采用了高度的自动化装备和先进的信息通信与处理设备，能全面获取物业的环境、人流、业务、财务及设备运行状况等信息，有更加高效便捷的服务手段，所以在管理上更要科学规范、优质高效。以下几项为该项目的实施重点：

客户服务信息化，例如：通知公告、线上报事跟踪、账单管理、合同管理、多种方式缴费、投诉评价；访客申请、会议室管理、开卡授权、人脸录入、视频回放。

设备远程监测：变配电房监测，水泵房监控，电梯机房监测，消防水泵房监测等。

数字运营中心：为智慧园区提供"管理枢纽"，信息和指令在此汇聚和分发，实现集中、高效、科学的管理模式，每个工作人员配备手机应用程序，快速接收调度，反馈处理结果。

4 结论

天津中海左岸澜庭项目对健康社区和智慧社区进行了巧妙融合，通过以居民健康优先，兼顾社区环境，借助智慧平台的理念，打造了"HOSS"居住系统，确立了以健康为导向的新型社区建设模式。项目注重装修的绿色化，低影响开发，以及智能"4S＋5G"系统来为居民提供一个升级版的健康智慧社区。项目同时也实施了土建装修一体化，重点推行装修前的设计科学化、装修中采用节能的工业化部品和统一施工、装修后垃圾统一处理等一系列标准，进一步深化了绿色社区的建设成果，为绿色智慧社区发展注入了新活力；同时，项目紧跟绿色建筑领域的最新理念，可为未来新型社区设计起到宣传、引领和示范作用。

参考文献

[1] 胡颖. 基于低影响开发理念的海绵校园建设方案研究——以江苏城乡建设职业学院海绵城市示范项目为例. 节水灌溉，2016（12），112-115.

[2] 付君艳，任绍斌. "健康社区"理念导向下的社区创新发展机制研究. 活力城乡　美好人居——2019中国城市规划年会论文集（20住房与社区规划）.

[3] 何志辉，刘文华，丘子宇. 健康社区建设的一些认识与思考. 华南预防医学，2019，45（2），190-193.

[4] 陈敏. 基于智慧城市的绿色智慧社区建设规划研究. 建设科技，2018（1），68-69.

[5] 吴丹洁，詹圣泽，李友华，涂满章，郑建阳，郭英远，彭海阳. 中国特色海绵城市的新兴趋势与实践研究. 中国软科学，2016（1），79-97.

基于绿色建筑理念的住宅设计实践

凌　菁　熊　勃　刘高鹏　谷宇新

摘　要： 随着人们日益增长的对居住品质的追求，越来越多的绿色建筑设计理念和技术融入进住宅建筑的设计和建造中，企图打破只关注原始使用功能的传统思维，将建筑本体置于整体环境中进行综合考量。资源的优化配置，缓解了建筑对周边环境产生的压力，获得了提高建筑使用寿命和提高经济效益的双赢局面。本文中以南京市栖霞区某住宅建筑群为例，具体阐述了各项绿色建筑设计思路和措施在住宅中的实际应用情况，为绿色居住建筑的发展之路提供一定的借鉴意义。

关键词： 绿色建筑技术；住宅建筑；居住舒适

RESTDENTIAL DESIGN PRACTICE BASED ON THE CONCEPT OF GREEN BUILDING

Ling Jing　Xiong Bo　Liu Gao Peng　Gu Yu Xin

Abstract： With the increasing pursuit of living quality, more and more green building design concepts and technologies are integrated into the design and construction of residential buildings, in an attempt to break the traditional thinking of only focusing on the original use function, and put the building itself in the overall environment for comprehensive evaluation. The optimal allocation of resources eases the pressure of buildings on the surrounding environment and achieves a win-win situation of improving the service life and economic benefits of buildings. Taking a residential building complex in Qixia District of Nanjing City as an example, this paper expounds the practical application of various green building design ideas and measures in the housing, which provides a certain reference for the development of green residential buildings.

Key words： Green Building Technologies；Residential Building；Living Comfort

1　项目概况

住宅建筑建设的合理性及设计的科学性是发展住宅项目的关键，绿色建筑技术在住宅建筑中的应用与普及也成了民之所需，同时也是促进住宅建筑科学化、现代化的主要手段。本文以南京市栖霞区某住宅建筑群为例进行分析，主要阐述了住宅建筑中绿色建筑技术的应用情况，此项目已于2019年获二星级绿色建筑设计标识以及2019中国绿色建筑创新样本的荣誉。

该项目为新建住宅建筑，结构形式为框架-剪力墙，项目分为 A、B、C 三个地块，共包含 1～18 号楼，共 18 栋住宅单体，其中 A 地块（1～4 号楼）总建筑面积为 83845.33m²，其中地上建筑面积为 60954.03m²，地下建筑面积为 22891.3m²，总户数为 456 户，绿地率为 30.4%，容积率为 2.58，建筑密度为 24.94%；B 地块（5～9 号楼）总建筑面积为 107095.64m²，其中地上建筑面积为 76457.6m²，地下建筑面积为 30683.04m²，总户数为 615 户，绿地率为 30.28%，容积率为 3.47，建筑密度为 24.33%；C 地块（10～18 号楼）总建筑面积为 177905.6m²。其中，地上建筑面积为 128507.37m²，地下建筑面积为 49398.22m²，总户数为 1128 户，绿地率为 37.21%，容积率为 3.13，建筑密度为 13.5%。

项目在整个设计过程中，在考虑建筑原始使用功能的基础上，因地制宜地采用了合理的绿色建筑技术措施：透水铺砖、雨水回用、节水喷灌、优化采光与遮阳、实现土建装修一体化、建筑智能化以及建筑信息模型技术等。

2 项目绿色建筑技术说明

2.1 节地与室外环境

在声环境设计方面，因场地选址合理，且通过道路两旁及小区内道路绿化处理后，东、南、西、北四个噪声测试点的环境昼间实测噪声实测值与夜间噪声实测值均满足《声环境质量标准》GB 3096—2008 中 4a 类、2 类场地的要求。

在场地热环境设计方面，采用乔木、灌木结合的复层绿化，使得户外活动场地有乔木、构筑物等遮阴措施面积达到 10% 以上，从而减弱热岛效应，改善建筑室外活动空间的热舒适状况。

在地下空间利用方面，地下建筑面积与地上建筑面积比率达到 25% 以上，主要功能为地下车库和配套用房。

在公共交通及公共服务设施方面，项目选址合理，周边交通便捷，500m 内有两条公共交通线路。场地 1000m 范围内有幼儿园、小学（规划中）、苏宁小店、商业和部分公共绿地等多项公共服务设施。

2.2 节能与能源利用

（1）建筑节能设计

本项目采用南京地区传统建筑的南北向布局，前后排楼栋之间采取错落间隔布置，有利于夏季户内引入南向风，能够充分利用自然通风带走室内热负荷，并满足日照要求。

项目按照《江苏省居住建筑热环境和节能设计标准》DGJ32/J 71—2014 节能 65% 标准设计，屋顶保温选用挤塑聚苯板（XPS）50mm 厚，墙体保温选用发泡水泥板 35mm 厚，墙体材料选用砂加气混凝土砌块（B06 级）200mm 厚，分户楼板保温选用挤塑聚苯板（XPS）20mm 厚，北向推拉窗采用 6mm 高透 Low-E＋12A＋6，南向内开凸窗采用 5mm 高透 Low-E＋19A＋5（高性能暖边），东南西侧外窗设置卷帘外遮阳一体化，外窗中有可控遮阳调节措施的面积比例大于 50%。

（2）太阳能热水系统

南京市属于太阳能资源分布Ⅲ类地区，平均日太阳辐照量 13.77kJ/（m²·d）。本项目在每栋高层住宅顶上6层设置太阳能热水系统（图1），每户在屋顶设置一套整体承压式太阳能热水器。太阳能热水器的集热面积为2.00m²，太阳保证率40%，集热效率50%，带有效容积140L保温水箱，配燃气辅助加热。经统计，项目A地块（1~4号）楼由可再生能源提供的生活用热水比例达到21.05%，B地块（5~9号楼）由可再生能源提供的生活用热水比例达到19.51%，C地块（10~18号楼）由可再生能源提供的生活用热水比例达到22.34%。

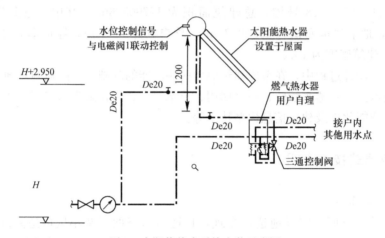

图1　太阳能热水系统安装示意图

2.3　节水与水资源利用

（1）节水措施

本项目为居住建筑，所以在选用卫生器具时均满足二级及以上节水效率要求。项目给水系统充分利用市政管网压力，采用竖向分区，通过设置减压阀，使得各用水点处的供水压力不大于0.20MPa。管道敷设、管材与管件的连接采取严密的防漏措施，杜绝和减少漏水量。

（2）非传统水源利用与绿化节水灌溉

雨水回用是非传统水源利用中常见的一种方式，雨水作为优质水源，具有易于收集、处理工艺简单、水源充沛等优势。本项目雨水收集的范围涵盖了建筑屋面以及部分场地地面。雨水经过前期的处理达到水质要求后，主要用于场地内绿化喷灌、道路广场浇洒、景观水体补水。此外，通过景观水池、绿地、植草砖等增加了雨水渗透量，削减洪峰，减轻市政雨水管网的排水压力。经计算，A、C地块非传统水源利用率为4.18%，B非传统水源利用率为2.94%；同时，项目绿化灌溉采用喷灌方式。

2.4　节材与材料资源利用

本项目建筑外立面造型简单，装饰性构件且装饰性构件造价占工程总造价比例小于5‰。建筑结构材料合理采用高性能钢，高强度钢使用比例为99.22%~99.33%，可再循环材料的使用率为6.10%~6.17%，项目100%采用预拌砂浆及预拌混凝土，预制装配率达到50%以上，并且实现了土建与装修一体化。

2.5　室内环境质量

（1）围护结构隔声措施

居住建筑噪声问题一直是居民对住宅质量投诉最多的问题之一。医学证明，长期噪声容易引发神经衰弱、失眠等精神障碍，甚至诱发血压、心脏、胃肠等慢性疾病，尤其对脑力工作者的安眠修整、疾病患者的静养康复都存在较大潜在危害。住宅常见的噪声包括设备间、空调室外机组、电梯运行、汽车鸣笛及人类活动产生的噪声；而通常的噪声控制手段主要是通过建筑设计构造、绿化、建筑退让以及一些隔声专用材料和屏障的运用。

本项目住宅区均采用家用分户式空调，室外机结合立面造型，合理布置位置。水泵房、风机房均设在地下室独立机房内，地下室各设备在安装时采取隔声减振措施，铺设30%~60%的吸声板，隔声门加橡皮条处理，管道穿墙时加设橡皮圈。建筑的围护结构构造加上楼板采用减振隔声板，能够创造优良的室内声环境。另外，场地周边主要噪声为周边普通交通道路，通过道路两旁绿化及小区内道路绿化处理后，交通噪声基本不会构成对小区内居住环境的影响。

（2）充分利用天然采光

医学研究显示，充分接触自然光的正常照射，不仅是在人体正常代谢和维持机体功能上起到重要的作用，也能引起人类情绪上的变化，例如感到欢乐。项目通过优化建筑开窗布局和大小，在满足规范标准的同时，尽可能利用自然采光，降低建筑照明消耗，改善室内自然采光质量。合理优化卧室、起居室的窗地比例，辅以采光软件的模拟分析，可以直观地反映建筑内各个房间的采光效果（图2）。经分析可知，项目中标准要求房间的采光效果满足《建筑采光设计标准》GB 50033—2013 要求比例达到100%。

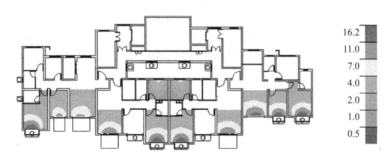

图2　自然采光模拟分析图

（3）改善室内自然通风

建筑设计中通过引入自然风方式，可加强人与自然的联系，提高人们的生活质量和环境质量，节约能源。居住建筑的自然通风，主要由于建筑物中相互连通的开口处（如门、窗等）存在着风压差，而产生的风压差的大小与建筑群的朝向、建筑间距及建筑群布局形式有关。

本项目地处夏热冬冷地区，住宅建筑透明部分开口面积与房间地板面积比例达到8%以上，并设有明卫生间，使得室内气流组织良好，能够有效排除室内废气，引入新鲜空气，并达到调节室内空气湿度和温度的作用。

（4）地下室空气质量控制

地下室排风风机房的墙面上设置一氧化碳浓度监控，系统中的控制器将室内的一氧化碳传感器测得的参数与设定参数比较，根据比较结果输出相应的电信号，控制地下室排风风机的启停，使室内一氧化碳浓度保持在允许范围内（<30ppm）。

2.6 提高创新

应用建筑信息模型（BIM）技术。A、B、C地块中，在地下室设计过程中应用了建筑信息模型（BIM）技术，有效地实现了信息共享、协同与集成。由于建筑信息模型按比例以三维立体空间显示，因此可检测出所有主要系统中的矛盾，用于验证建筑物部件之间是否有冲突。

3 项目绿色技术设计经验分析

3.1 开发商本身要有"绿色"意识

前期策划工作决定了房地产开发的方向和思路，开发商作为房地产投资建设的主体，应积极主动的应用绿色建筑技术。随着可持续发展理念的深入人心及自然环境亟待改善的迫切需要，绿色建筑的建成既是开发商的机遇，也是社会责任。南京市栖霞区某住宅建筑群绿色技术措施的落地与其建设单位的绿色理念密不可分，开发商对绿色住宅建筑的推动保障了项目的绿色建筑技术顺利落成。

3.2 惠而不贵的低成本绿色建筑技术

本项目位于南京市栖霞区，属于夏热冬冷地区，重点应用隔热、通风等被动式的建筑节能技术；项目采用土建装修一体化设计，降低住宅建设与使用过程中材料的消耗，同时为提高室内声、光、热等物理环境的舒适性，对项目进行通风、采光、日照模拟优化设计；对外围护结构、楼板做法等隔声措施进行完善；应用太阳能热水技术；在室外场地设置雨水收集系统，经过处理后用于室外道路冲洗及绿化浇洒，这些技术在展现优选性特点的基础上，更是兼顾了效益上的经济性和技术方案上的可靠性，值得在夏热冬冷地区推广普及。

4 结语

本文结合实际项目，具体阐述了该项目中采用的绿色建筑技术在房地产住宅项目中的应用情况，分析了各项绿色建筑技术的适用性及特点。通过针对节地、节能、节水、节材与室内环境等采取相应的绿建措施，能够显著提高住宅能源使用效率及居住舒适度。住宅的室内环境是居民提高生活质量的关键因素，也是影响人们身心健康的重要场所，只有做到建筑形式美与内容美的协调统一，才能符合人们对美好生活日益增长的需求。绿色住宅建筑的设计发展过程仍然具有较大的发展空间，本文为绿色建筑技术在住宅群项目中的应用提供了设计思路和有效经验，为达到更高效、更舒适、更宜居的人居环境提供了参考经验。

参考文献

[1] 梁智均. 华南地区住宅绿色建筑适用技术研究. 广州：华南理工大学出版社，2017.

[2] 张杰英. 托幼建筑声环境研究. 太原：太原理工大学期刊中心，2010.

[3] 盛城. 以节能理念为基础探讨住宅的自然通风效果. 北京：城市建设杂志社，2012.

[4] 廖袖锋. 绿色建筑设计面临的机遇、挑战与策略探讨. 沈阳：建筑节能杂志社，2016.

[5] 李艳阳. 被动式通风系统在高层住宅建筑节能设计应用浅析. 长沙：湖南科学技术出版社，2017.

可持续发展，与城市共生

梁　山　傅　瓣

摘　要： 本文介绍了中海集团苏州双湾花园二期项目在绿色建筑技术推广方面的实践经验。列举了该项目所使用的节地、节能、节水、节材、可再生能源利用等绿色技术措施，并对其增量成本、社会价值等方面进行了探讨。其绿色建筑开发模式有较高的推广价值和参考意义。

关键词： 绿色建筑；房地产；实践

SUSTAINABLE DEVELOPMENT, CO-EXISTENCE WITH THE CITY

Liang Shan　Fu Ban

Abstract： This paper introduces the practical experience of the Suzhou Shuangwan Garden Project Phase Ⅱ in the promotion of green architecture technologies. The green technical measures such as land saving, energy saving, water saving, material saving and renewable energy utilization used in the project are enumerated，and its incremental costs and social value are discussed. It's worthful as references for the green architecture development mode，also has high popularization value.

Key words： Green architecture；Real estate development；Practice

1　引言

作为拥有国家一级房地产开发资质的全国性地产品牌、中国绿色建筑委员会绿色房地产学组组长单位，中海地产致力于运用前沿的科技手段，和推动国内绿色建筑设计和实践，从试验探索阶段走向战略化、规模化、精细化的技术实践。企业建立了以苏州＋无锡为代表的绿色建筑实践基地，开展绿色建筑技术体系的研发；同时对绿色建筑进行了战略部署，无论认证与否，所有新开发项目都必须进行绿色建筑专题设计，持有型物业的绿色建筑认证达100%。截至2017年底，中海地产共有68个项目取得绿色建筑认证。

我们希望通过大量的绿色技术实践，总结经验，制定出流程化、模板化的设计管理办法来实现绿色控制过程，从建造绿色建筑走向更深层次的全生命周期开发模式，由此增强企业在绿色地产方面的核心竞争力。

2 项目简介

苏州双湾花园二期位于苏州吴中经济开发区青禾路与赏湖路交汇处，尹山湖东侧，自然环境优美，由隶属于中海地产苏州公司的苏州依湖置业有限公司建设开发。基地地势平坦，微向东南倾斜，建设前为平整空地，无工业企业，地块内浅层地下水、土壤环境状况良好，未受污染。距离该项目 500m 范围内有 3 个公交站点，交通便利，出行便捷。

小区于 2015 年建成使用，容积率 2.0，绿地率 34.3%，共 757 户，由多栋小高层及高层住宅建筑构成。其中，30、34、41、45 号楼为高层住宅，用地面积 23888.85m²，总建筑面积 80739.18m²。我司秉承全生命周期绿色理念，以 30、34、41、45 号高层住宅组团为基础，从项目设计和规划阶段起，贯穿项目开发全过程，开展了绿色建筑实践。通过使用低成本、高效益的节能技术，降低能源和资源消耗等前瞻性的技术手段，更新了使用者对绿色建筑的认知。该项目成果优秀，先后获得绿色建筑设计三星标识，绿色建筑设计运营二星标识。

3 绿色技术措施

3.1 节地与室外环境

（1）节地

节地主要表现在前期的规划设计阶段，通过建筑设计和地下空间使用提高土地利用率。

地面高层楼栋使用模块化的手法，排布紧凑且经济，保证居民良好的日照、采光和通风要求；地下空间作为车库、强弱电间、排风机房、泵房、自行车库等居住配套空间使用，地下建筑面积与建筑占地面积之比达到 26.87%。

（2）室外环境

室外环境主要体现在景观植物选择，本项目多选择适应苏州当地气候和土壤条件的乡土植物，选用少维护、耐候性强、病虫害少、对人体无害的品种，根据植物自然分布特点栽种，乔木、灌木、草等构成层次丰富的绿植群落，住区绿地率达到 34.4%，人均公共绿地面积为 2.75m²，每 100m² 绿地上有 4 株乔木。

3.2 节能与能源利用

（1）节能

利用场地自然条件，合理设计建筑体形、朝向、楼距和窗墙面积比，南向外窗设置了活动外遮阳设施，使每栋住宅均能获得良好的日照、通风和采光。

照明是建筑能源消耗中的重要部分，本项目公共区域照明采用高效光源、高效灯具和低损耗镇流器等配件；同时，采取其他节能控制措施，门厅、走廊、楼梯间采用节能灯，住宅公共部位设置人工照明，除高层住宅的电梯厅和应急照明外，均采用节能自熄开关，节能指标见表 1。

节能指标表		表 1
指标	单位	数据
建筑总能耗	MJ/a	4851555.08
单位面积能耗	kW·h/(m² · a)	18.96
节能率	%	65.42

（2）可再生能源利用

可再生能源利用主要体现在太阳能热水系统的使用。

苏州水平面年总辐照量为 4529.59MJ/(m² · a)，平均日太阳辐照量为 12620kJ/m²，年平均日照时间 1829h 左右，年日照率 42%。因此本项目采用了集中集热-分户储热-分户加热太阳能热水系统，通过屋顶集中放置的太阳能集热系统收集热量，热媒管道将热量输送至户内储热水箱进行换热并储存。当太阳能光照不足时，用户可以通过户内储热水箱内置电辅助加热装置进行辅助加热，保证用户热水供应。

双湾花园二期 30 号楼的 20 层到 24 层共 40 户由屋顶集中式太阳能热水系统供应热水，13 层到 19 层共 56 户由阳台分体式太阳能热水系统供应热水；34 号楼的 21 层到 25 层共 40 户由屋顶集中式太阳能热水系统供应热水，13 层到 20 层共 56 户由阳台分体式太阳能热水系统供应热水；41 号和 45 号楼的 21 至 25 层共 40 户由屋顶集中式太阳能热水系统供应热水，14 层到 20 层共 56 户由阳台分体式太阳能热水系统供应热水。

本项目太阳能热水使用总户数为 384 户，占总户数的比例为 50.8%，采用太阳能提供热水的用户中太阳能产生的热水量可占建筑生活热水消耗量的 39.3%。

3.3 节水与水资源利用

（1）节水措施

给水管道、卫生洁具等配件均采用节水型，各入户管表前压力调整为不大于 0.2MPa，且选用密闭性能好的阀门、设备，使用耐腐蚀、耐久性能好的管材、管件等避免管网漏水。

（2）水资源利用

通过技术经济比较，确定了雨水集蓄及利用方案。雨水直接利用小区雨水管道收集雨水，屋面雨水由雨水斗收集经雨水管道排至室外建筑散水或雨水明沟，室外场地及道路雨水由雨水口或明沟收集，后排至室外雨水处理系统进行处理回用。收集的雨水经净化处理后被用于绿化浇灌、道路冲洗、商铺冲厕、车库冲洗。

项目室外透水地面室外透水地面面积比大于 45%，由地库顶板及外绿化面积、地库顶板以上绿化面积、植草砖三部分组成。

经统计，本项目非传统水源利用率达到 13.56%，取得了良好的节水效果（表 2）。

节水指标表		表 2
指标	单位	数据
非传统水量	m³/a	12269.03
用水总量	m³/a	90508.78
非传统水源利用率	%	13.56

3.4 节材

30、34、41、45号楼为高层住宅，采用了剪力墙结构。建筑造型要素简约，装饰性构件占建筑总造价比例为1.06%，低于绿建评价要点2%。

同时对结构体系进行了优化，所有木质构件均购买成品运至施工现场，柱等竖向构件截面逐层递减，达到节约环保要求。建筑全部采用预拌混凝土，结构材料采用高强度钢，HRB400级钢筋的重量为11319.967t，总受力钢筋用量为591.164t，其作为主筋的比例达95.04%，可再循环材料占建筑总材料总重量比例为19%（表3），达到绿色三星标准。

节材指标表　　　　　　　　　　　　　　　　　表3

指标	单位	数据
建筑材料总重量	t	250303.62
可再循环材料重量	t	47731.867
可再循环材料利用率	%	19

住宅均为精装修产品，实现了土建装修一体化设计与施工，避免了后期装修产生的浪费与污染。

3.5 室内环境质量

日照、采光、通风均满足国际及地区设计标准，为业主创造舒适的室内环境。

墙体保温材料包在嵌入墙体的混凝土梁、柱、墙角、勒脚、楼板与外墙及内墙与外墙连接处的外侧，可很好的缓解热桥结露问题。保证屋面、地面、外墙和外窗的内表面在室内温、湿度设计条件下无结露现象。

在自然通风条件下，房间的屋顶和东、西外墙内表面的最高温度均小于夏季室外计算温度最高值，满足现行国家标准《民用建筑热工设计规范》GB 50176的要求。

3.6 施工管理

本项目在施工过程中充分考虑施工的安全性、节能降耗以及环境保护，分别制定了施工用能方案，施工节水方案，施工环境保护方案以及施工职业健康和安全管理方案。对施工现场的电耗、水耗分别进行计量，杜绝不合理用能和用水现象。建立施工围挡，对噪声进行定时监控；通过淋水、加盖篷布以及临时固化等方式来抑制扬尘；施工现场产生的废物均集中到处理站进行分类、标识、存放和处理，并指定专人管理；建立独立的污水管网，设立沉淀池，经沉淀后排入污水网；确保对周边居民不产生影响。另外，对于施工人员均发放了劳动防护用品，对于施工现场安全进行了全面的培训和排查工作。

3.7 运营管理

作为绿色建筑全生命周期的最后一环，后期的运营管理也不能松懈。在为住户提供舒适的室内环境和室外环境时，也考虑运营时最大限度的节能、节水、节材以及绿化管理。

物业管理部门组织实施节能技术管理措施，努力降低各类能耗，对主要用水部门如保洁等加强监控，减少流失量。加强宣传节水意识，使业主/租户自觉投入节约用水。

针对小区内的建筑垃圾、生活垃圾以及可回收垃圾制定了相对应的管理制度，详细规定了清运时间、清运方式等，尽量降低对环境的影响。

为了保证本项目所有绿色技术设施能正常运行，管理部门制定了大面积停水、停电等突发事件的应急预案，并对相关人员进行定期培训，做到出现问题及时响应解决。

4 效益评价

苏州双湾花园二期 30、34、41、45 号楼项目以"城市观、社会观、文化观、技术观、邻里观"为设计观念，合理运用了绿色生态技术追求居住舒适度和品质，在太阳能热水系统、雨水回收利用、保温隔热设计等方面均有创新及示范意义，主要体现在（表4）：

（1）本项目围护结构保温隔热设计充分，南向外窗设置可调节外遮阳，主要功能房间舒适度高，符合绿色建筑的设计要求；

（2）高层 50% 以上住户采用太阳能热水系统，充分利用太阳能作为清洁的可再生能源，节能环保；

（3）小区绿地率 34.4%，室外透水地面面积比大于 45%，植物配置丰富，小区环境良好，符合人对于自然环境的心理向往；

（4）住区内雨水进行综合收集利用，雨水经净化处理后结合节水灌溉方式，用于绿化浇灌用水、道路冲洗、商铺冲厕、车库冲洗。非传统水源利用率达 10% 以上。运行成本低，投入运行后可减轻住区公共用水费用，节约资源，效益显著；

（5）土建与装修设计施工一体化，保证结构安全，减少材料消耗，降低装修成本，同时也减少了装修时产生的建筑垃圾。

采用太阳能热水系统、节水节能产品、雨水回收等绿色技术措施产生的增量成本约为 670.08 万元，单位面积增量成本为 82.99 万元/m²。

本项目太阳能热水使用总户数为 384 户，占总户数的比例为 50.8%，采用太阳能提供热水的用户中太阳能产生的热水量可占建筑生活热水消耗量的 39.3%，为业主节省了生活成本。非传统水源利用率达到 13.56%，节省了部分运营维护费用，同时为小区业主创造了低能耗、舒适宜居的生活环境。

节材指标表   表 4

项目	绿化率	非传统水源利用率	装饰性构件占总费比例	太阳能热水占消耗总量	HRB400 钢筋使用率	可再循环材料利用率
效益指标	34.4%	13.56%	1.06%	39.3%	95.04%	19%

通过使用绿色技术措施，虽然前期会增加经济投入，但能够改善小区环境，提升住宅舒适度，为绿色建筑技术的推广和实践起到了积极的示范作用。

双湾锦园作为建筑设计绿色三星和绿色运营二星认证项目，其绿色建筑开发模式具有较高的推广价值，用最经济高效的技术措施达到绿色评分要点，能够为同类产品的绿色实践提供参考价值。

5 结语

双湾花园创造了"亲近自然、邻里守望、走向户外、生活空间庭院化"的生活新方式，在赋予小区以人文情怀的同时，依旧保证了绿色环保、节能低碳方面的考量，从太阳能热水器的大面积使用到雨水收集处理利用，从改善建筑热工性能的围护结构到使用节能灯具及高效设备，无不体现了中海地产在绿色建筑上的精心设计和坚持开发绿色建筑积极响应国家号召的坚定决心和信念。"双湾花园"系列的建筑以"邻里空间、住区文化"的视角，诠释了小区从"宜居"到"怡居"的理念，为今后的绿色住宅模式提供借鉴意义。

参考文献

[1] 罗亮，张镝，魏纬，刘兰. 全生命周期绿色建筑技术实践及产业化［A］. 中国土木工程学会 2016 年学术年会论文集［C］. 中国土木工程学会，2016（11）.

可持续住宅设计实践与思考

李跃华　薛知恒

摘　要：本文介绍了中海云麓公馆项目在绿色建筑技术推广方面的实践经验。列举了项目在设计及运营阶段中涉及的可持续发展概念以及可持续技术，并对其效益、环境影响等方面进行了探讨，对华南区的同类型的项目具有一定的借鉴意义。

关键词：绿色建筑；房地产；实践

PRACTICE AND THINKING OF SUSTAINABLE HOUSING DESIGN

Li Yue Hua　Xue Zhi Heng

Abstract：China Oversea Property Group's experience out of their Cloud Hills Project on green architectural technology extension was introduced in this paper. It enumerates ideas of sustainable development and sustainable technologies involved during the design and operation stage，discussing their benefits，environmental impacts，etc. It possesses certain reference meaning to similar projects in South China.

Key words：Green Architecture；Real Estate Development；Practice

1　引言

推动绿色建筑发展能有效减少楼宇在使用周期的碳排放，是应对气候变化的重要手段。国家《建筑节能与绿色建筑发展"十三五"规划》亦明确提出，到 2020 年，城镇新建建筑能效水平需要比 2015 年提升 20%，绿色建材应用比重超过 40%。我们致力推动全方位绿色发展，将绿色建筑和科技融入中海第五代精品理念。除投入业界的技术编制及交流，我们更自主研发绿色建筑技术，并在建筑项目中加以应用，积极争取绿色建筑认证。

结合数十年经验，我公司建立了"先天绿优于后天绿、被动绿优于主动绿"的绿色建筑原则，提倡以保育自然环境、被动式节能作为建筑设计的核心理念。从项目定位和规划设计等阶段开始，我们的团队会对建筑选址进行勘察，研究当地的日照、气候、地势、雨水等环境因素，因地制宜地采用相应的建筑布局和设计。通过尊重自然的建筑理念，我们力求在发展的同时尽量保持和利用原有地形、地貌，减少对场地周边及生态系统的改变，将绿色建筑的效益最大化。

2　云麓公馆可持续技术实践

中海云麓公馆立足于国家级战略布局——粤港澳大湾区，项目位于深莞惠三城交汇之处的大运核心生态居住区，打造国际学院区新中式东方院墅。项目为中海入驻东莞市场的首秀之作，代表着中海地产在大湾区市场上的巨大影响力及良好口碑。本次的云麓公馆项目作为华南地区为数不多的按照 BREEAM NC 2016 三星标准打造的豪宅项目，不仅符合 BREEAM 基于环境舒适性、居住等国际高规格标准，更创新性地营造"健康""功能""科技""轻奢""高效"五项国际化居住环境理念，代表住宅类建筑的全新高度。

项目占地面积 7.3 万 m^2，总建筑面积 22.72 万 m^2，规划上采用"高＋低"的结构规划组合模式，住宅平面上采用蝶形户型点式排布，提高小区的通风及采光性能（图 1）。

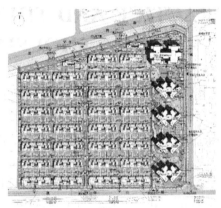

图 1　项目鸟瞰效果图及总平面图

3　BREEAM 简介

英国绿色建筑评估标准（BREEAM）创立于 1990 年，是全球首个绿色建筑评估标准。BREEAM 采取"因地制宜、平衡效益"的核心理念，是全球唯一兼具"国际化"和"本地化"特色的绿色建筑评估体系。BREEAM 旨在不断改善人居环境，实现建筑开发、环境友好、社会和谐以及经济可持续发展。BREEAM 认证是全球最高规格的权威认证。举世闻名的海德公园一号、英国首相府邸唐宁街十号、碎片大厦等建筑均在 BREEAM 体系下进行认证和优化。BREEAM 全球拥有最多的认证项目绿色建筑评价体系，认证项目超 56 万，在册 226 万，认证翻盖覆盖全球 78 个国家。

4　项目技术措施

4.1　建筑全生命周期

云麓公馆项目在前期引入建筑的两个全生命周期理念：一个是 LCC，一个是 LCA。通过对项目测算并根据测算结果进行优化，从而将绿色理念贯彻整个开发周期。

LCC 是指全生命周期的成本核算，是对一个绿色建筑在全生命周期时间内的总成本作计算，在整个使用周期内做到投资最小、成本最低。

LCA 是指全生命周期的环境影响测算，也就是建筑生命周期的整个的碳足迹，通过对项目进行 LCA 的计算，可以保证建筑的碳足迹最小、对环境影响最低。

同时，中海云麓公馆以前瞻性的产品设计理念，打造全生命周期户型。全生命周期户型特点如下：

1）零剪力墙设计，最大可能释放室内空间，为室内隔断墙的灵活分割创造可能；

2）户型方正，便于分割、改造。建筑使用者可根据人生阶段的不同需求对内部空间进行改造，提高居住的舒适性（图 2）。

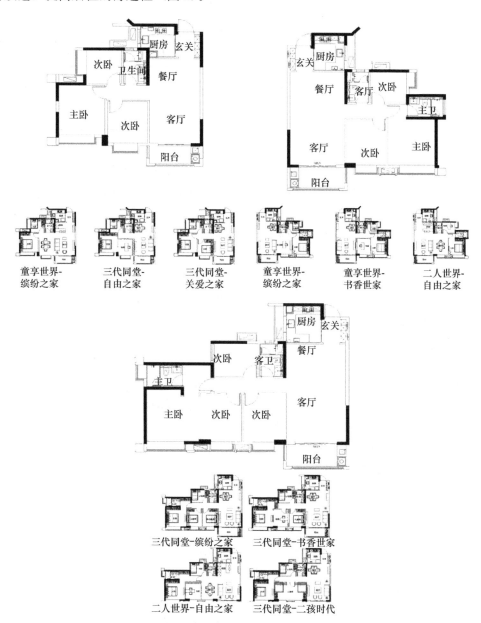

图 2　全生命周期户型改造示意图

4.2 节能

云麓公馆项目以 BREEAM 的思想为设计理念，强调被动设计是绿色建筑基础，技术设备为辅助的绿色建筑，力求从建筑主体出发，打造高性价比的绿色建筑，最终实现项目节能率达到 5%，二氧化碳排放量降低 6%，较中国及当地建筑标准均有大幅度提升。主要使用的设计特征和技术包括：

（1）建筑综合能耗分析

项目设计过程中重视对建筑能耗的测评，采用被动节能优先，主动节能优化的组合方式。项目内所有围护结构均选用低传热系数、低得热系数、高透射比的材料，围护结构性能提升 8%。建筑中所选用的能耗设备，均为节能高效性设备，效果如表 1 所示。

节能指标表 表 1

指标	设计建筑	参照建筑	单位	节能率/节排率
建筑能耗需求	362.52	381.6	MJ/m^2	5%
一次性能源消耗	263.95	278.95	$kW \cdot h/(m^2 \cdot a)$	5%
二氧化碳排放	58.07	61.69	$kgCO_2/(m^2 \cdot a)$	6%

（2）节能技术应用

采用高效节能电梯，不但可以显著提高能源节省量，还可以有效降低建筑使用者的公摊成本，并能提高建筑使用者的出行效率。本项目选用高效节能电梯，电梯具有在非高峰期自动进入待机模式（自动关灯技术、驱动器休眠技术等）的管控装置，且使用变频变压变速的电机 VVVF，同时节能电梯的轿厢内灯具平均光效大于 55lm/W，最终实现省时、省电的目的。

4.3 节水

中海云麓公馆项目注重对水资源的利用和贮藏，据统计，采用下列节水措施后，项目的节水率和达到 15%：

（1）水资源的有效利用

减少项目不必要的水资源浪费，提高项目的用水效率，对项目进行用水量实时监测。本项目中设置高中低区给水分级计量水表，住宅内每户均配备水表，公共区域按照用水性质进行分项计量，实时监测各不同区域的主要水耗情况。若发生水管漏水，可通过监测分水表和总水表之间的读数，进行漏水区域的判断（图 3）。

（2）节水器具的选用

项目选用国家二级或以上的节水器具，从源头减少水资源的浪费，达到 15% 的平均节水率。

（3）地表径流控制

根据项目实际情况，选取合适的方法实现控制场地内径流量，避免项目内产生积水及内涝现象，减轻长时间暴雨情况下项目对周边市政排水管网所产生的压力。项目以水景和绿化结合，有效减少地表水的停留时间，保障下雨天小区环境，减少滋生蚊虫；污染物不会随雨水扩散，保障居民的出行便利和身体健康。

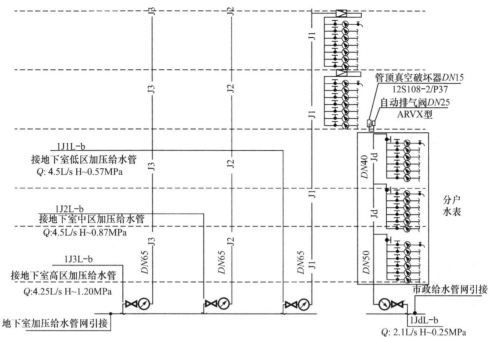

说明:1.支管减压阀采用带过滤可调支管减压阀(YQYG22F-16T型),安装于阀门
与分户水表之间,阀后压力为0.20MPa。入户管压力为0.20~0.35MPa时,
应在户内各用水点设置支管减压阀,保证每个用水点压力介于0.1~0.2MPa之间。
2.所有减压阀均为自带过滤器及压力表。
3.所有清洁用水龙头均不允许使用软管连接。

图3 低中高区计量水表及分户计量水表

4.4 健康、舒适的室内环境

室内舒适性是建筑使用者度对建筑满意度最直观的感受,高星级的 BREEAM 认证项目最重要的表现,就是拥有健康、舒适的室内环境。云麓公馆项目注重声环境的营造,采用高效隔声构件,将室外环境噪声,以及室内设备噪声消减并隔绝,确保使用者拥有安静舒适的室内空间;同时,项目内采用高中效空气过滤系统,实现保障室内空气质量;另外,为了提高对自然光的利用,项目所有玻璃均采用透光率超过 40% 的产品,尽可能地吸引自然光进入室内,提高视觉舒适性,营造舒适健康生活环境。此外,本项目室内外布局合理,场地风可以进行自然流通。在当地主导风向下,可以达到良好的自然通风效果。

本项目常用房间满足平均采光系数在 1.2% 以上,且室内 95% 以上的区域视野良好,具体见表2和图4。

采光指标表		表 2
房间类型	平均采光系数	满足采光要求的面积百分比
厨房	2.1%	100%
起居室	2.5%	100%
卧室	3.3%	100%

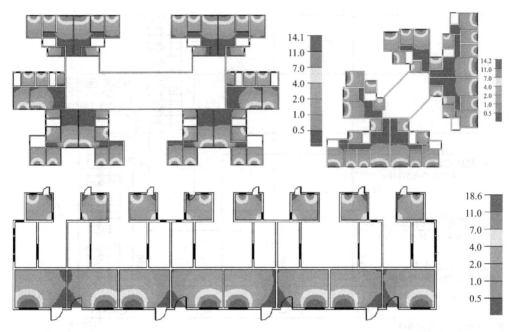

图4　各户型采光分布图

4.5　绿色施工

为了将设计阶段的绿色建筑策略和技术在施工中切实落实，同时避免施工过程对周边人文、自然环境的影响，本项目结合实际情况编写绿色施工的计划，委派专人对计划的执行进行跟踪，确保绿色施工的计划有效实现。

项目在施工前做好防护措施，减少对周边环境的影响；委派专人对施工现场的能耗进行记录和报告，并进行优化，减少施工过程中不必要的能源消耗；专人对施工现场废弃物进行管理，实现资源优化，减少材料的浪费。

项目在施工前对施工区域搭设围挡，避免施工过程中的噪声及扬尘对周边环境造成影响。并在施工前对施工人员进行专业培训以及健康培训，增强施工人员的安全意识，减少事故的发生率。施工过程中，针对施工区域及生活区域进行能源监控，并由专人进行记录和报告，由相关人员提出资源优化措施，减少不必要的能源消耗；针对施工现场的废弃物进行记录及管理，实现废弃物利用最大化，减少材料浪费；针对人员安全，施工团队定期举行消防演习及安全讲座，确保了项目施工过程中的零事故率。

4.6　绿色出行

本项目提倡绿色出行，降低机动车出现所产生的空气污染及能源消耗，提高使用者的健康程度。项目附近公共交通方便，步行至大运城邦站仅需5min，项目800m范围内有1个公交站点、2条公交线路，项目整体规划和附近公共交通系统利于绿色出行。项目周边及项目本身涵盖功能完备的商业、学校、医院、公共绿地和活动空间、通达便利的城市道路、步行空间，营造拥有便捷宜人的国际化都市生活街区，方便使用者的日常生活及出行。

4.7　生态保护

项目内的生态环境是影响建筑使用者心情和健康程度的因素之一，本项目从两个方面出发，增强对项目生态的保护。本项目中绿地率达30％，为建筑使用者提供舒适温馨的散步及交流空间。同时，本项目通过不同植物的打造，营造不同季节气氛。项目设计在各栋建筑周边进行绿化规划，种植物以乔木、花灌木植物为主，丛植或群式种植的乔灌木均采用高低错落的方式种植，充分体现自然生长的特点。同时，考虑植物造景及植物艺术形态，对花草树木进行造型修建，既体现初期效果又呈现出设计目的和理想绿化景观，为建筑使用者营造精致、优雅的居住环境（图5）。

图5　项目生态景观

（1）增强当地生态性，保护周边生态环境的相关措施

a. 由于施工期地表土将被扰动，导致表层土松散，而且在勘查打桩、基础挖掘过程中会形成裸露的坡面，将造成不同程度的水土流失。特别是雨季会恶化生态环境。本项目所有渣土需运至渣土办指定地点妥善处置。

b. 采用因地制宜和可持续发展原则，充分利用当地的自然条件，种植适合本地气候的乡土植物，道路绿地的规划要能够吸收空气中的有害物质，起到改善空气质量的作用。

c. 施工期、运营期的垃圾要按照建筑垃圾、生活垃圾、工程弃土进行分类并集中处理，其中生活垃圾还应当按照塑料、玻璃、废纸、金属、电池、厨余垃圾及其他垃圾进行细分，增设除臭措施，同时要应增加生态环保、垃圾分类的教育设施，加大宣传力度，加强施工人员及运营人员的培训。

（2）项目建成后未来5年的生态景观管理计划

a. 种植本土的蜜源植物、开花植物，吸引昆虫和鸟类，形成乔-灌-草具有层次感的群落结构（图6）。

图6　项目生态景观

b. 施工期间，严禁将施工废水和生活垃圾排入附近管网，降低施工噪声。

c. 严格控制施工的时间，在特殊时期，如鸟类繁殖期和植物开花期，尽可能减少施工对动植物的干扰。

d. 对外来入侵植物要及时清理，尽可能采用人工的方式，在本土植物未长成之前要加大入侵植物的清理频次，待本土植物形成一定规模的群落结构以后可以逐步清理，在清理入侵物种的过程中要避免使用药物（尤其是本项目附近有沿江与河滩，靠近水域），减少给动物和其他植物带来的风险。

e. 及时关注植物的生长情况，如有虫害可向当地的林业保护部门请求援助，如有长势不良的现象，应当及时请当地的林业专家诊断并采取保护措施，如施肥、注射营养液等。

5 效益及影响评价

绿色建筑的环境增量效益是其对消费者居住环境带来的改善，如生活垃圾的处理带来资源再利用效益，以及绿色节能技术的采用使得碳排放量减少，消费者能够享受到更好的居住环境。高品质绿色建筑是基于"适用、经济、绿色、美观"的建筑方针，坚持技术理念创新、性能品质提升的建设思路，围绕以人为本、性能导向的核心理念，通过规划设计、施工建造、竣工验收、运行管理全过程以及绿色建材、产品全链条的绿色化技术集成与创新，打造可感知的高品质绿色建筑，实现绿色发展与民众需求的高度融合。

中海集团考量现代都市人的居住方式，依托数十年来与上百万业主的深访、调研，积累业主家居的痛点，反复推敲，从前沿设计、用材用料、定制工艺等维度细致考量，定义出中海云麓公馆的 TOP 系精装工法，以无微不至的人性化细节，解决业主的居家需求。

a. 全生命周期户型设计需要对机电设备、管井的改造位置、改造空间做统筹考虑，减少对内部空间功能改造的限制，这有利于延长住宅的功能和寿命。建筑使用者可通过更新或更换建筑设备，达到住宅功能的变换和更新，有效减少建筑垃圾的产生。

b. 项目内所有围护结构均选用低传热系数、低得热系数、高透射比的材料，围护结构性能提升 8%，符合国际及国内绿色建筑的设计要求。

c. 项目采用高效节水器具，平均节水率为 15%，减少了建筑整体的水资源消耗。

d. 本项目常用房间满足平均采光系数在 1.2% 以上，且室内 95% 以上的区域视野良好，满足国家标准要求。

e. 景观与海绵城市设计结合，下雨时吸水、蓄水、渗水、净水，提升整个住宅小区的生态系统功能和减少小区内涝的发生（图7）。

图 7　交付入伙后的社区实景

云麓公馆项目通过提升建筑基础性能和减少技术堆砌探索未来可持续建筑的发展道路，通过可持续理念与设计的结合，降低可持续建筑的建造成本，提高建筑的可塑性。同时，物业团队在保证建筑物质量目标、安全目标、绿色目标的前提下，通过制定合理的运营维护方案，运用现代经营手段和修缮技术，按合同对已投入使用的各类设施实施多功能、全方位的统一管理，提高设施的经济价值和实用价值，降低运营和维护成本。

6 结语

本案例研究表明，在 BREEAM 绿色理念的指导下，项目在能源、水源、室内健康、生态环境等多个领域内均取得了较高的成就。云麓公馆作为一个超大体量的建筑项目，在项目初始阶段便邀请绿建团队加入，从项目初始阶段开始考虑建筑自身性能的优化，结合打造绿色人居的理念，降低建筑自身能源消耗，通过被动式设计提升建筑舒适性，减少使用阶段的建筑能耗；项目在设计阶段便融入了 BREEAM "因地制宜、平衡效益"的核心理念，合理的选择绿建技术的应用，最小化对环境的影响，为环境保护尽一份绵薄之力；云麓公馆自身的设计、绿色建筑技术的应用以及自身打造绿色建筑理念的实践，都能为华南地区类似的项目提供指导及借鉴的意义。

参考文献

[1] 董爱，张宏，尤完，刘学之. 基于消费者视角的绿色建筑增量成本效益研究 [J]. 价值工程，2019.
[2] 周海珠，王雯翡，魏慧娇，孟冲，魏兴，李以通. 我国绿色建筑高品质发展需求分析与展望 [J]. 建筑科学，2018.
[3] 陈晓婕. 基于全寿命周期的既有居住建筑绿色化改造成本效益探析 [J]. 住宅与房地产，2019.

烟台中海国际社区 A5 区住宅项目
绿色建筑设计策略探究

马明德　周　科　董　锋

摘　要：绿色建筑设计是住宅建筑工程发展的必然趋势，归属于建筑行业可持续发展体系。绿色建筑设计技术、策略的应用不但在建设过程中有利于住宅建筑功能优化、降低建设成本，还能有效降低建筑运行过程中对外部能源供应的需求。本文分析对象为烟台中海国际社区 A5 区住宅项目，项目建设过程中充分融入可持续发展理念，使用大量绿色建筑设计方案，并获得"绿色建筑创造力样本"称号，就其绿色建筑设计经验进行总结和分享。

关键词：绿色建筑设计；节能设计；节水设计

STUDY ON THE GREEN BUILDING DESIGN STRATEGY OF RESIDENTIAL PROJECT IN DISTRICT A5 OF ZHONGHAI INTERNATIONAL COMMUNITY

Ma Ming De　Zhou Ke　Dong Feng

Abstract：Green building design is the inevitable trend of the development of residential construction engineering，which belongs to the sustainable development system of construction industry. The application of green building design technology and strategy is not only beneficial to the optimization of residential building function and the reduction of construction cost，but also can effectively reduce the demand for external energy supply in the process of building operation. The analysis object of this paper is the residential project of district A5 of Zhonghai international community in Yantai. In the process of project construction，the concept of sustainable development is fully integrated，a large number of green building design schemes are used，and the title of "green building creativity sample" is awarded. The experience of green building design is summarized and shared.

Key words：Green Building Design；Energy Saving Design；Water Saving Design

1　引言

　　烟台中海国际社区 A5 区项目地处烟台市高新区，项目积极融入绿色、可持续发展理念，使用了包括高效围护结构、节水灌溉技术、海绵城市设计等多项先进绿色建筑设计，使得整个项目人性化特点、建筑艺术氛围与生态文化价值兼具。

本项目被定义为人与自然和谐共生的住宅小区，强调节能降耗及环境保护，为人们提供宜居宜业的新城市空间。项目绿色建筑评定为设计三星，并于 2019 年 9 月由中国投资协会颁发"绿色建筑创造力样本"称号。考虑到目前，地产类项目建设过程中，绿色建筑设计使用深度不断增加，而本项目在绿色建筑设计上又积累诸多普适性的经验和对策，决定以烟台中海国际社区 A5 区项目为例，对住宅项目绿色建筑设计策略进行探究。

2　项目概况

烟台中海国际社区 A5 区（76-97 号、24-25 号）住宅项目位于烟台市高新区草埠北路以南、航天路以北、蓝海路以东地块。项目规划用地面积 113924.03m²，总建筑面积 40.17 万 m²，绿化覆盖率达到 35.86%，建筑密度为 24.63%，76-97 号、24-25 号地块共包括 24 栋住宅楼（图 1）。

图 1　项目鸟瞰图

项目设计初期即考虑到绿色建筑技术的融入，将主动与被动式绿色建筑技术相结合，打造本市最具特色的绿色建筑群。项目定位为人与自然和谐共生的住宅小区，在设计过程中，主要践行以下绿色理念（表 1）：

第一，节地。地下建筑为停车场及设备机房，合理开发、利用建筑地下空间，节约建筑用地。在绿化植物的选择上，以当地生绿植为主，乔木、灌木相结合，形成复层绿化，并参考海绵城市设计理念及方法。

第二，节能。提高建筑群可再生能源利用率，住宅项目每户安装太阳能集热板，经统计，可再生能源消耗可达到建筑总耗能的 1/4 以上。同时，全面普及高效节能照明设备，配备必要的节能控制方式；最终，空调系统节能幅度达到 15% 以上。

第三，节水。项目全部器具均采用节水器具，绿化工程也采取节水灌溉技术，降低城市管网压力，节约自来水用量。

第四，节材。建筑混凝土及砂浆全部采用预拌类型，高强度钢的使用率超过90%，另外，使用的玻璃、石膏、铝合金等多种可循换材料，使用比例超过6%。

第五，室内环境。本项目建筑内部采光及通风性能优良，室内环境质量较高。同时，地下车库安装一氧化碳监控系统，确保地下空气质量。

关键评价指标情况 表1

指标	单位	填报数据
申报建筑面积	万 m^2	40.17
容积率	%	3.11
地下建筑面积	m^2	86376
绿地率	%	35.86
透水铺装占硬质铺装面积比	%	61.43
调蓄雨水功能面积占绿地面积比	%	/
场地年径流总量控制率	%	70
建筑总能耗	MJ/a	11862640.66
单位面积能耗	$kW \cdot h/(m^2 \cdot a)$	11.34
节能率	%	73.31
新型热泵空调供冷供热总能耗	MJ/a	/
新型热泵空调比例	%	/
可再生能源产生的热水量	m^3/a	72149.68
建筑生活热水量	m^3/a	196859.1
可再生能源产生的热水比例	%	36.65
可再生能源发电量	万 $kW \cdot h/a$	/
建筑用电量	万 $kW \cdot h/a$	/
可再生能源产生发电比例	%	/
用水总量	m^3/a	449385.13
建筑平均日用水量（运行标识）		
非传统水量	m^3/a	16295.11
非传统水源利用率	%	3.62
建筑材料总质量	t	383666.86
可再利用可再循环材料质量	t	23734.87
可再利用可再循环材料利用率	%	6.19
工厂化预制构件比例	%	
人均用地面积	$m^2/人$	12.67
人均公共绿地面积	$m^2/人$	1.52
地下建筑面积与地上建筑面积比	%	27.39

3 住宅项目绿色建筑设计策略

3.1 建筑节地设计

本项目动工前，目标地块为空地状态，无任何建筑及附着物，地块周边无文物、自然水系、湿地及其他生态保护区，建设条件较佳。建筑区域周边流场分布均匀，气流通畅其无明显涡流及滞风区域，主通道附近无明显气流死区。建筑四周人行区域 1.5m 标高监测到的最大风速在 5.8m/s，放大系数为 1.7，除迎风面第一排住宅楼外，其他建筑迎风面与背风面表面最大风压差不超过 3.8Pa，达到住宅建筑指标要求，有利于建筑防风节能（图 2）。当夏季或过渡期，建筑前后风压差较高时，91.9％的外窗可开启。为防止局部涡流和死角，可通过开门、开窗等方式保持室内通风顺畅。

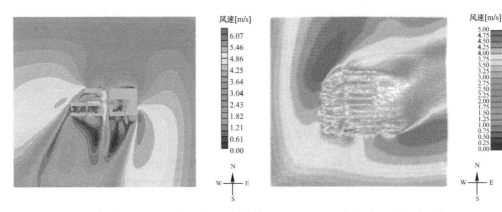

图 2　冬季工况 1.5m 处风速云图/夏季工况 1.5m 平面高度处风速矢量示意图

场地周边交通便利，地块均设有出入口，车行出入口和人行出入口分开，做到交通组织人车分行。场地出入口周边有人行通道，人行通道可通往周边公交站点。距离本项目最近的公交站点为高新区创业大厦，其距离场地出入口为 486m，有公交线路 52 路、561 路、563路、568 路，便于小区内用户的出行；同时，场地内有幼儿园、商业、居委会、文化活动站、公厕、变电室、卫生站等公共服务功能，并向社会公众开发，公共配套服务设施完善。

图 3　景观实景图

项目内景观设计丰富，项目绿化覆盖率 35.86％，以乔木灌木相结合的方式设置复层绿化，落叶植被与常绿植被相结合，以形成四季不同的植物景观（图 3）。其中，乔木共

1438 株。平均每 100m² 绿地面积上的乔木数为 4.98 株（图 4）。

图 4　景观实景图

3.2　建筑节能设计

（1）高效围护结构设计

本项目采用了高效的围护结构设计方案，建筑外墙：采用耐碱玻纤网格布，配合 5mm 的抗裂砂浆、110mm 的岩棉板、20mm 的干分类聚合物水泥防水砂浆、200mm 的混凝土及 20mm 的石灰、水泥、砂、砂浆。建筑外窗：采用 65 系列平开窗，设计参数为 5＋12A＋5＋12A＋5。建筑屋面：采用 25mm 的水泥砂浆配合 3mm 的 SBS 防水卷材、40mm 的 C20 细石混凝土、80mm 的挤塑聚苯板、1mm 的合成高分子防水涂膜、20mm 的水泥砂浆、40mm 的轻集料混凝土和 120mm 的钢筋混凝土，各围护结构参数均比标准要求有所提高，经过能耗模拟（图 5），项目建筑总能耗 11862640.66MJ/a，单位面积能耗为 11.34kW·h/(m²·a)，节能率 73.31%。

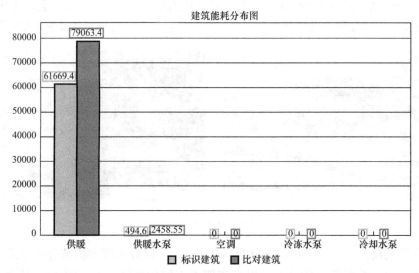

图 5　24 号楼能耗模拟示意图

（2）节能设备使用情况

项目节能设备主要包括空调采暖系统、电梯系统和照明系统。其中，空调采暖系统采用地板辐射形式，为分户控制分集水器总管上设置温控阀（图6），客厅内设置温控面板，集分水器处设置电器插座，温控面板位置高程1.4m，与电气照明开关平齐，远离其他发热物体且不受阳光直射。电梯设备选用节能、高效电梯系统，配合分时段集群控制手段降低电梯运行耗能。本项目照明系统灯具均为节能灯具，在满足各区域照明需求的情况下，使用三基色稀土高效节能灯，其显色指数在80以上。节能灯具与荧光灯均配备高效电子镇流器，功率因数在0.9以上，避免灯具集中控制。建筑内部门厅、走廊、公共楼梯间等位置照明均采用声光控制开关，地下车库照明使用I-bus智能照明系统。

图6　户内分集水器安装实景图

（3）可再生能源的利用

项目所在的烟台市全年光照充足，平均日太阳辐射量在17.227MJ/m²，可基本满足建筑可再生能源使用需求。设计过程中，依照区域气候特点、建筑功能及日照情况，设置太阳能热水系统（图7）。项目太阳能采用分户式设计，各户均安装挂壁式太阳能热水器，具备电加热功能，单户集热板面积在2m²左右，热水储蓄容量在100L，循环系统内添加防冻介质。为防止太阳能热水器内滋生细菌，每周以电辅助的方式加热热水至60℃。若依照项目2809户的数量计算，集热板全年供应热水量可达到72194.68m³，可节约电能3769820.78kW·h，依照当地电价计算，年节约成本在206.17万元，约6.81年即可收回太阳能系统建设成本。

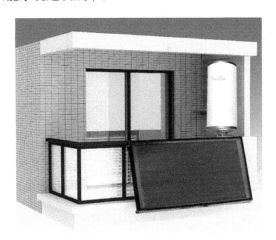 

图7　太阳能热水系统示意图

3.3　建筑节水设计

（1）给水系统设计

项目从其北侧草埠北路及东侧海越路的市政给水管各引入一条DN250给水管路，两条线路给水接入口水压均为 0.25MPa。项目生活给水系统设计为直供和加压两个模块（图 8），其中，加压供水模块又分为低压区、中压区和高压区，分压供水以降低给水系统耗能。分别配置罐式无负压智能变频供水机组，在 82 号楼地库西南侧设置生活给水泵房。

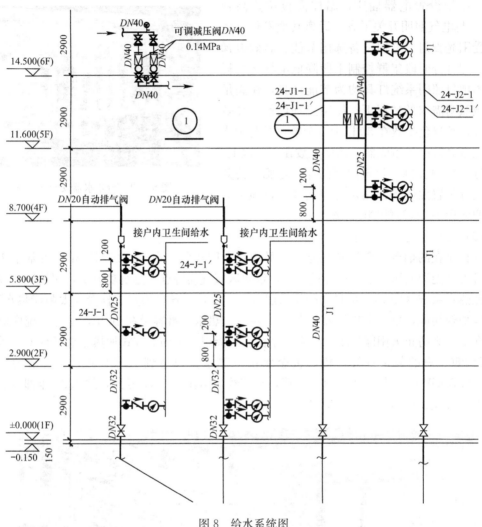

图 8　给水系统图

（2）排水系统设计

本项目为住宅区项目，污水系统内主要为生活污水，采用污废水合流制的排水系统，建筑内部±0.000 以上的污水依靠自重进行排放，±0.000 以下的污水采用潜污泵，提升后排入到市政排水出户管中。

（3）节水设备选择

卫生器具：采用的全部卫生器具均达到节水要求。如坐便器配备 3L/4.5L 两档式冲水水箱，公用卫生间便器采用延时自闭冲洗阀，蹲便器冲洗量在 4L 以下，小便器冲洗量在 2L 以下，水嘴流量上限为 0.1L/s。卫生器具的全部配件均为配套的节水器件，相应区域分别安装加气式节水龙头、陶瓷阀芯水龙头和停水自动关闭水龙头。经评定，项目卫生器具用水效率评定等级为 1 级。

节水灌溉：为了达到室外场地的节水要求，项目采用微喷灌的节水灌溉方式（图9）；同时，设置土壤温湿度感应器和雨天关闭装置，根据降雨自动启停灌溉系统。

用水计量：为精确用水计量，辅助项目运行后节水工作的常态化开展，住宅管井安装智能远传水表分户计量装置，其余商户、公共活动区域、办公场所等均安装机械水表，放置于室外水表井内，各水表配备专用止回阀和锁闭阀。绿化灌溉、道路清洁等工作供水系统设置单独的计量方式。

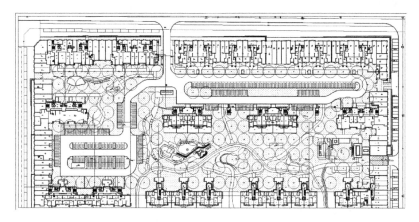

图9　室外灌溉示意图

（4）建筑节材设计

建筑主体钢筋混凝土工程400MPa级以上的受力构件钢筋用量为19684.31t，占比达到98.42%。使用材料总重量为383666.86t，其中23734.87t为可循环材料，占比为6.19%。本项目大量使用装配式预制构件，该技术的节材、节能、环保优势已有大量文献证实，因此在此不做重复介绍。

（5）室内环境质量控制

建筑室内环境主要影响业主对空调、供暖系统的需求，优化室内环境质量相当于间接开展节能降耗工作，且带来的绿色经济效益也非常可观。

项目住宅楼主要是高层及小高层建筑，为避免各建筑体之间相互遮挡、影响室内采光，项目总体规划设计依照地块形状，环布设置住宅楼位置，以提高建筑室内采光及通风效果。试验证明，大寒天气建筑内持续日超时长可达到2h以上，满足有关要求。另外，本项目不会对周围其他建筑设施的采光造成影响。建筑功能性空间，包括起居室、卧室、书房等的窗地面积比均达到1/5。通过模拟分析（图10），发现功能性空间的最低采光系数也能达到1%。建筑不同户型功能空间的通风口与底板面积比达到5%，且通风换气次数在2次/h以上，室内空气流动良好，不存在明显涡旋，风速可控制在1.5m/s，符合非空调状态下的风速要求。

卫生间区域安装变压室防回流防火型排气道，顶部安装吊顶排气扇，地下室设计为机械通风形式，内安装换气扇，并将排风口及送风口设置在过道处。厨房安装防火型变压式防回流排油烟风道，业主可将自购烟机接入排气道。地下车库同样采用机械通风的方式，避免出现气流死角；同时，地下车库采用CO监测系统，对车库内的空气监测并与排风系统联动，当CO超标后自动开启排风（图11）。

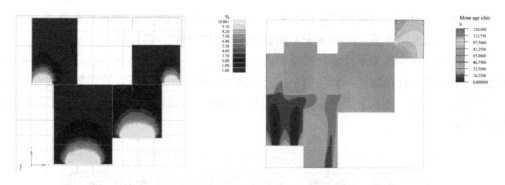

图 10 室内环境采光与自然通风模拟图

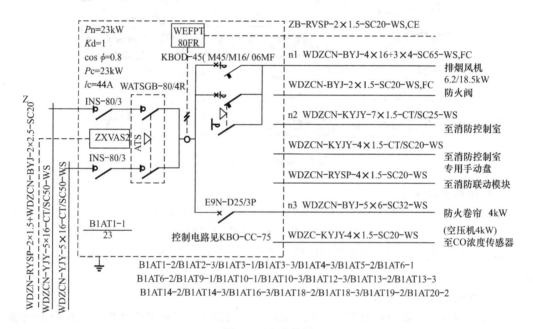

图 11 CO 监控图

4 住宅项目绿色建筑管理方案

　　除科学、接力运用绿色建筑设计策略外，住宅项目后期运营管理也是提高项目环保性的重要方式，通过环境管理、物业管理等措施，可提高项目业主方、管理人员的节能环保意识，长效发挥绿色建筑环保效益。

4.1 环境管理

　　例如，在业主方办理装修管理登记时，积极向其宣传、推荐节能环保类材料和设备，定期查看、记录住宅区的计能表数值，总结后汇报；在住宅区内进行节能环保宣传，要求相关技术人员定期查看管辖范围内供水系统运行情况，及时排除漏水、滴水等问题，并检查是否存在违规用能行为，如私接水管、私接电线等；定期组织开展节能教育宣传活动，如向业主发放"家庭节能小贴士"，传递基本的节能降耗方法，提高居民节能环保意识及能力；定期检修与不定期巡检相结合，查看项目区域内各类机电设备的运行状态，避免因零部件磨损老化或运行故障导致其运行能耗增加，填写巡检维修台账。

4.2 物业管理

物业管理主要针对物业工作人员进行。物业管理人员应以身作则，自觉承担节能环保工作，积极落实上级领导部门及省市、国家下发的节能环保政策及制度要求，为项目节能减排工作的有效开展出谋献策，且能够通过有效的物业服务，对业主用能习惯进行合理引导。例如，执行物业管理人员绩效考核制度，若其在某工作阶段内，为住宅区节能环保改造做出突出贡献，或因日常工作严谨认真，所辖范围内未出现任何能源浪费、环境污染等问题，可发放节能奖金。相应，若物业管理人员工作出现较大纰漏，导致严重的资源浪费及环境污染问题，需受到惩处。

5 结论

烟台中海国际社区 A5 区项目前期绿色建筑设计方案使用得当，后期节能环保管理工作高效开展，创造出较高的经济及环境效益，且项目在当地取得优良的社会反响。住宅项目绿色建筑设计可从节地、节能、节水、节材、内部环境质量优化等方面入手，将更多先进建筑工艺技术及生活、生产性工具融入住宅项目当中，长期发挥节能环保效果，并为绿色建筑行业发展积累更多宝贵经验。

参考文献

[1] 王妙. 房地产住宅项目绿色建筑设计要点分析 [J]. 建材发展导向（下），2019，17（3）：88.

[2] 杨云. 绿色建筑设计理念在住宅建筑设计中的体现——以南京栖庭项目设计为例 [J]. 城市住宅，2018，25（12）：92-94.

[3] 钱城，李奕南. 某住宅项目绿色建筑设计实施方案研究 [J]. 建筑技术开发，2017，44（9）：27-28.

[4] 王岚. 绿色住宅建筑设计的探讨——无锡金匮里小区项目技术探索 [J]. 中小企业管理与科技，2018，（13）：138-139.

重庆地区高星级绿色居住建筑的建设实践

黄荣波 唐 偲 文灵红 李 朦

摘 要：绿色建筑应有浓厚的地域特色，能为当地人们提供健康、舒适、高效的居住空间。重庆是典型的山地城市，有名的雾都，夏季闷热，冬季湿冷，如何高度契合住户需求，为其提供高品质住宅空间，是企业在进行项目建设需要重点考虑的内容之一。本文介绍了中海集团重庆寰宇天下（B03-2/03）项目从策划、设计、实践落地及运营的全过程绿色建筑建设经验，项目获得国家三星级绿色建筑设计标识证书和重庆市居住建筑首个铂金级竣工标识证书。其绿色建筑开发模式有较高的推广价值和参考意义。

关键词：绿色建筑；全过程；高星级

CONSTRUCTION OF CHONGQING HIGH-STAR RESIDENTIAL BUILDING-PRACTICES IN THE PROJECT OF CHONGQING HUAN YU TIAN XIA

Huang Rong Bo Tang Si Wen Ling Hong Li Meng

Abstract：Green buildings should have strong regional features，and should provide a healthy，comfortable and high-efficiency residential space for local people. Chongqing is a typical mountain city and a famous foggy capital，which weather is sultry in summer，cold and humid in winter. To provide a high-quality residential space，it is one of important issues to be considered. This paper introduces the experience of green building construction in the whole process from planning，designing，construction and operation of Chongqing Huan Yu Tian Xia (B03-2/03)，the project has obtained the design logo certificate of national three-star green building and the first platinum grade completion logo certificate for residential buildings in Chongqing. The green building development model has high popularization value and reference significance.

Key words：Green Building；Whole Process；High-Star

1 引言

作为拥有国家一级房地产开发资质和物业管理资质的全国性地产品牌、中国绿色建筑委员会绿色房地产学组组长单位，中海地产致力于运用前沿的科技手段，推动国内绿色建筑设计和实践，从试验探索阶段走向战略化、规模化、精细化的技术实践，企业建立了以苏州＋无锡为代表的绿色建筑实践基地，开展绿色建筑技术体系的研发；同时，对绿色建筑进行战略部署，无论认证与否，所有新开发项目都必须进行绿色建筑专题设计，持有物业的绿色建筑认证达100％。截至2017年底，中海地产共有68个项目取得绿色建筑认证。

通过大量的绿色技术实践，总结经验，制定出流程化、模板化的设计管理办法来实现绿色控制过程，从建造绿色建筑走向更深层次的全生命周期开发模式，由此增强企业在绿色地产方面的核心竞争力。

2 项目概况

中海寰宇天下（B03-2/03）项目位于重庆市江北城CBD商务中心的东侧，毗邻重庆大剧院和重庆科技馆，总用地面积约1.28万 m^2，总建筑面积约10.55万 m^2，含两栋超高层住宅建筑、住宅底部商业及地下车库。

2012年项目启动，定位为绿色建筑高星级，并在管理层面和技术层面制定绿色建筑实施方案，探索绿色建筑全生命周期开发模式。项目于2012年10月获得全国人居经典建筑规划设计方案综合大奖，2015年3月获得国家三星级绿色建筑设计标识证书，2015年6月获得重庆市三峡杯优质结构工程奖，2018年5月获得重庆市居住建筑首个铂金级竣工标识证书，目前正在进行运营标识的申报。图1为项目的外围实景，图2为项目内部实景。

图1　项目外围实景图　　　　　图2　项目内部实景图

3 技术方面

3.1 技术筛选原则

1）重庆是典型的山地城市，场地的建筑布局和竖向设计对建设工程投资、工期、安全和生态环境影响较大，所以更需要精心规划，在满足各项使用功能和保护现状生态资源的基础上，充分利用现状地形地貌，进行合理的竖向设计[2]。

2）重庆属于夏热冬冷地区，且全年平均湿度多在70％～80％，属高湿区；年日照时数1000～1400h，日照百分率仅为25％～35％，为日照最少的地区之一；夏季闷热、太阳辐射强、冬季湿冷、日照稀少。所以，在尽可能降低资源消耗的情况下营造住区舒适的室内外环境，也是需要重点考虑的内容之一。

3）项目定位为高星级绿色建筑，在一定程度上应起到对未来绿色生活的探索，以及引领地区高质量和高品质绿色建筑发展的作用。

基于以上原则，本项目主要采取了山地集约化利用、自然通风、自然采光等被动式技术，以及全精装设计施工、中水系统、餐厨垃圾处理系统、智慧景观、车库智能控制等主动式技术，形成了重庆地区后续项目可推广、可复制的解决方案。

3.2 被动式技术

（1）山地集约化利用

本项目设计了两栋超高层住宅，建筑高度 145m，地上 45F。根据地形高差特点，设置三层地下车库，不同标高上设置三个车库出入口；设置景观台阶消化场地的高差，避免土石方大开挖，避免出现高大挡墙，场地内尽可能做到土石方平衡。

（2）场地热舒适

通过设置建筑底层架空区域和室外凉亭，为自然风流通创造条件，夏季为业主提供舒适的室外休闲空间；通过精心布置常绿和落叶高大乔木，夏季室外活动场地和人行道绿荫成片，为业主提供凉爽的室外休闲空间；通过合理选择场地铺装的材质和颜色，尽量选用浅色、反射率高的铺装，减轻夏季地面蓄热情况，降低场地热岛强度。

（3）自然通风

本项目包括两栋超高层住宅建筑。一方面，在进行建筑布局时，充分考虑超高层风影区的滞风影响，结合重庆主导风向，采取错列式建筑布局，避免一栋建筑处于另外一栋建筑的风影区，从而影响室内自然通风效果；另一方面，建筑开窗设计时，充分考虑超高层风压过大的安全性因素，结合室内自然通风需求进行开窗设计。

（4）日照采光

重庆日照匮乏，特别是冬季，阳光稀少；重庆属于 V 类光气候区，在满足节能要求的基础上，主要功能房间尽量朝南向设置，且窗地面积比例不低于 24%，尽可能更大。

3.3 主动式技术

（1）全精装设计施工

项目居住户数 500 多户，公区和户内均采用整体精装修设计和施工，精装内容包括户内土建、家电、橱柜、卫浴，项目整体交付，相对于毛坯房，减少近 2000t 建筑垃圾，避免了业主自行装修过程中的施工噪声和环境污染。

项目整体采购健康、环保的装修材料且经权威部门检测，装修工程竣工后室内游离甲醛、苯、氨、氡和 TVOC 等空气污染物浓度均低于满足现行国家标准《室内空气质量标准》GB/T 18883 规定限值的 70%，可为业主提供安全、健康、可靠的居住空间。

项目土建和设备系统整体设计施工，并实施"多联机户式集中空调＋地板辐射采暖＋新风系统"空调供暖系统。一方面，为业主节省空调电费，并提供舒适的居住空间；另一方面，为户（间）内隔墙、楼板隔声提供了良好的解决方案。

项目整体采购节能家电和节水器具，包括超一级空调、二级燃气热水供暖炉、二级冰箱、二级灶具、节能灯、二级节水器具。预计每年可为业主节省约 10%～20% 的水、电、燃气费。图 3～图 7 为项目部分户内实景图。

图 3　厨房及餐厅　　　　　　　　图 4　户内分户墙

图 5　卧室　　　　　图 6　燃气热水器　　　　图 7　灶具

（2）中水系统

项目包括 1 号和 2 号两栋超高层住宅，且每栋楼均配置一套处理能力 130m³/d 的中水处理系统，通过收集住宅沐浴及洗衣机排水，后经过预处理＋平板 MBR 膜工艺处理后，回用于住宅塔楼冲厕、绿化浇洒、道路冲洗、地下车库冲洗，预计每年可至少节省约 30％的市政自来水。图 8 为项目中水系统实景图。

图 8　中水系统

（3）餐厨垃圾处理系统

项目对户内垃圾进行分类收集，并对户内餐厨垃圾进行封装后，经小区内配置的餐厨垃圾处理机集中物理压缩和生化处理后运走，从而减轻市政垃圾运输处理压力。图 9 为项目餐厨垃圾生化处理机实景图。

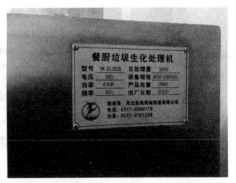

图 9　餐厨垃圾生化处理机

（4）智慧景观

项目室外绿化采用自动感应微喷灌系统，结合地形和植物类型设置微喷回路，并设置土壤湿度感应器进行自动控制。图 10 为微喷灌系统实景图。

图 10　微喷灌系统

图 11　车库智能控制实景图

（5）车库智能控制

为保障地下车库室内空气品质，结合车库送排风系统设置一氧化碳监控装置，系统并入 BA 系统。当车库一氧化碳浓度超过 $30mg/m^3$ 后，风机自动开启进行车库换气。并在后期运营过程中根据作息进行控制调节，除了保证空气品质，还要保证车库不能湿度过大。图 11 为车库智能控制实景图。

4　管理方面

项目在策划、设计、施工及运营阶段，不同部门和单位参与到项目中来，如何落实绿色建筑全生命周期开发，则需从全局和各环节中制定相应的管理流程和管理制度，实现绿色建筑全过程管控和有效衔接。

4.1 设计管理

在设计阶段，本项目精装修存在多专业交叉内容和待精细化内容，采用 BIM 技术进行项目设计管理。

作为超高层精装修住宅项目，同时配置有地暖、中央空调、新风，在前期类似项目，出现过，土建与机电冲突、土建与装修冲突、装修与机电冲突，装修设计净高无法落地等情况，因此本项目对精装区域应用了 BIM 技术，以保障土建、机电、精装一体化落地。

具体工作内容主要包括三个方面：

1）项目为保障装修完成面净高，配置的新风套管、空调冷媒管及冷凝水套管均预留梁上，通过 BIM 碰撞分析，保障了预留准确性，减少后期结构梁后开孔造成的安全隐患；

2）通过对机电管线和装修碰撞，精准定位机电点位，减少砌筑乃至结构的剔打和开槽；

3）保障精装修呈现效果，解决顶棚吊顶标高以上装修与结构、管线碰撞问题，提高装修完成面净高。BIM 部分分析图详见图 12～图 15。

图 12　整体模型

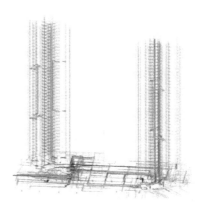

图 13　MEP

图 14　装修与结构、机电碰撞

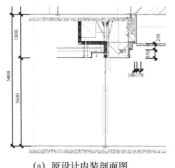 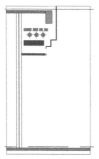 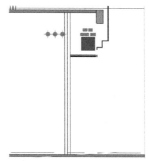

（a）原设计内装剖面图　　　　（b）原设计暖通剖面图　　　　（c）修改后暖通剖面图

图 15　装饰装修 BIM 深化

4.2 施工管控

施工项目部建立绿色建筑项目施工管理体系和组织机构，并落实各级责任人，制定施工全过程的环境保护计划和施工人员职业健康安全管理计划，并组织实施；项目现场采取有效的降尘、降噪、节能、节水及施工废弃物减量化资源化措施；优先选用节能环保绿色建材，并严控预拌混凝土和钢筋损耗率。材料运输工具适宜，装卸方法得当，防止损坏和遗洒。根据现场平面布置情况就近卸载，避免和减少二次搬运。

细化项目绿色建筑在施工阶段的具体要求，将重点内容约定在总包和分包的合约中，并要求总包单位定期上报绿色建筑要求落实情况，及时解决遇到的问题。

针对项目中需要采用的中水系统的处理设备、餐厨垃圾处理系统、智慧景观的土壤湿度感应器、地下车库一氧化碳探测系统等新产品新技术，如在公司集采目录中无相关供应商，则由招标部对行业现状进行专项考察，择优选择供应厂家，并由供应厂家确保后续施工和物业运营培训。

4.3 运营维护

中海物业对项目进行运营管理，制定并实施节能、节水、节材等资源节约与绿化管理制度，制定垃圾管理制度，有效控制垃圾物流，对废弃物进行分类收集，垃圾容器设置规范。实施能源资源管理激励机制，管理业绩与节约能源资源、提高经济效益挂钩。定期检查、调试公共设施设备，并根据运行检测数据进行设备系统的运行优化。对空调通风系统和照明系统按照相关规定进行定期检查和清洗。非传统水源的水质和用水量记录完整、准确。智能化系统的运行效果满足建筑运行与管理的需要。应用信息化手段进行物业管理，建筑工程、设施、设备、部品、能耗等档案及记录齐全。其中，中海物业节能奖励办法及本项目具体的资源节约管理制度部分内容详见图16、图17，项目部分运维记录详见图18，项目公共用电和用水能耗分析图详见图19。

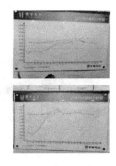

图16　中海物业节能　　图17　项目资源节约　　图18　项目运维记录　　图19　公共用电/
　　奖励办法　　　　　　管理制度　　　　　　　　　　　　　　　　　　水能耗分析图

根据物业客服、工程、绿化等不同岗位，细化项目绿色建筑在运营阶段的具体要求，一方面完善物业人员岗位工作内容和岗位职责，对其进行培训和考核；另一方面针对中水系统、餐厨垃圾处理系统、车库智能控制等新内容，组织厂家进行操作和运维的技能培训，并对其进行定期考核。

制定项目绿色建筑宣传册，并定期进行宣传。一方面，介绍项目绿色建筑方面的配置情况；另一方面，深入宣传绿色健康理念，业主深度参与到垃圾分类和中水循环利用中来，引导业主逐渐追求新的时尚绿色生活。项目部分宣传活动详见图20和图21。

图 20　垃圾分类部分宣传资料　　　　图 21　垃圾分类宣传活动

目前，小区垃圾分类管理要求在重庆地区仅存在某些垃圾分类示范小区，多数住宅小区均未严格执行垃圾分类要求，前期主要由于物业人员完成垃圾分拣工作，且业主自觉参与度并不高。针对该情况，物业定期开展垃圾分类宣传活动。一方面，介绍垃圾分类利国利民的政策及迫切性；另一方面，详细介绍本项目垃圾分类及处理设施的设置情况，并要求业主一并考察和监督，逐渐引导业主端进行垃圾分类，物业人员进行分类复检，最终希望能从业主端直接完成垃圾分类。分类之后的厨余垃圾经小区内配置的餐厨垃圾处理机集中物理压缩和生化处理后运走，从而减轻市政垃圾运输处理压力。

此外，本项目在进行住区中水系统实践时也遇到类似问题，前期主要是物业及物业管控范围内的公共公区使用中水系统，业主没有意愿自觉使用中水。针对该情况，物业通过定期开展中水系统宣传活动，并对中水水费收费给予优惠补贴等措施，引导业主逐渐转变对中水水质的顾虑以及对循环水质利用的观念。

5　结语

重庆寰宇天下（B03-2/03）项目是企业在重庆地区进行高星级居住建筑建设的实践，企业聚焦居住建筑建设及后期运营过程中可能存在的业主投诉、环境污染和资源浪费，基于重庆市气候特点及场地条件，以期为居民提供健康、舒适、高效的居住环境，提出了整套绿色建筑解决方案，并实践运营。形成了重庆后续项目可推广、可复制的解决方案。

参考文献

[1] 罗亮，张镝，魏纬，刘兰. 全生命周期绿色建筑技术实践及产业化 [A]. 中国土木过程学会. 中国土木工程学会 2016 年学术年会论文集 [M]. 北京：中国建筑工业出版社，2016.

[2] 重庆市建设技术发展中心. 绿色生态住宅（绿色建筑）小区建设技术标准. 重庆：重庆市城乡建设委员会，2018.

夏热冬暖地区大型居住建筑绿色建筑实践

钱 昇 刘大伟 吴烁熹

摘 要：本文以广州中海熙园项目为例，对绿色建筑在夏热冬暖地区大型居住建筑的实践进行讨论与分析。文章从节地与室外环境、节能与能源利用、节水与水资源利用、节材与材料资源利用、室内环境质量五个方面选用的相关技术进行阐述。项目通过各种适用技术的使用，最终达到绿色建筑的设计目标。
关键词：绿色建筑；夏热冬暖；居住建筑

PRATICE OF GREEN BUILDING DESIGN OF LARGE RESIDENTIAL BUILDINGS IN HOT SUMMER AND WARM WINTER ZONE

Qian Sheng Liu Da Wei Wu Shuo Xi

Abstract：This paper is using Guangzhou China Overseas Xiyuan Project as an example to practise green building design of large residential buildings in hot summer and warm winter zone. The technologies in land saving and outdoor environment，energy saving and energy utilization，water saving and water resource utilization，material saving and material resource utilization，indoor environment quality are analysed. With using of suitable technologies，the project achieves green building standard.
Key words：Green Building；Hot Summer and Warm Winter Zone；Residential Buildings

1 引言

中国绿色建筑的推广与实践已十年有余，绿色建筑由以前常规技术深化细化，逐渐向整体性能提高发展。大型居住建筑因其建筑规模较大，为达到绿色建筑目标，更需要将绿色建筑设计整合入整体规划设计中。本文以广州中海熙园项目为例，对夏热冬暖地区大型居住建筑绿色建筑的实践进行分析与论述，从绿色建筑的节地与室外环境、节能与能源利用、节水与水资源利用、节材与材料资源利用、室内环境质量五个方面选用的相关技术进行阐述，为夏热冬暖地区大型居住建筑绿色建筑的设计和实践提供参考与借鉴。

2 项目概况与定位

广州中海熙园项目位于广州市南沙新区东涌镇镇区吉祥北路西侧，金光大道东侧，东涌三路北侧，市南大道南侧。项目共分为三个地块，总用地面积 78951m²，总建筑面积 248713.46m²。其中，地块一建筑面积 165628.83m²，主要为高层住宅；地块二建筑面积 78243.39m²，主要为多层住宅；地块三建筑面积 4841.24m²，主要为配建幼儿园。项目效果图如图 1 所示。

图 1　广州中海熙园项目效果图

项目绿色建筑以《广东省绿色建筑评价标准》DBJ/T 15-83—2017 为标准进行设计，整个项目中约 10% 建筑面积楼栋达到三星级标准，约 43% 建筑面积楼栋达到二星 A 级标准，余下约 47% 建筑面积楼栋达到一星 A 级标准。目前，已部分取得绿色建筑三星级及一星 A 级设计标识，并正在进行余下的建筑标识申请。

3　绿色建筑设计

广州中海熙园项目从绿色建筑的节地与室外环境、节能与能源利用、节水与水资源利用、节材与材料资源利用、室内环境质量五个方面进行绿色建筑规划与设计。

3.1　节地与室外环境

（1）节约集约利用土地

居住建筑中，居住人口规模直接关系到公共服务设施的配套等级、道路等级和公共绿地等级，是决定各项用地指标的关键因素。居住人口规模与项目居住用地面积直接影响到人均居住用地指标。在绿色建筑设计中，考虑到当前我国各大城市建设中均出现了不同程度的用地紧张现象，人均居住用地不宜过高。本项目经方案初期合理规划，地块一主要为高层住宅，地块二主要为中高层住宅，人均居住用地面积达到 11.17m²/人，既满足国家相关规范要求，又能给住户留有舒适的室外空间。

（2）合理设置绿化用地

居住区绿地包含有公共绿地、专用绿地、道路绿地及宅旁和庭院绿地。其中，公共绿地指居住区内居民公共使用的绿地。为了保障居住区公共空间的环境与健康，提供给住户一个舒适的室外环境，一定数量的公共绿地是十分必要的。因此，绿色建筑设计中也对居住建筑绿地率与人均公共绿地做出了要求。本项目绿地率达到了 35%，人均公共绿地达到了 1.68m²/人。充足的室外公共绿地可以给住户提供一个放松的公共交流活动空间。

（3）场地内声环境

在大型居住建筑中，高层建筑密度相对较高，相对较高的楼层与较密的建筑布局会增加声音的反射次数，良好的居住区声环境是住户心理及生理健康的基础之一。因此，居住建筑的室外声环境设计尤为重要。本项目西侧为一条 30m 宽的主要交通干线，是外部的主要噪声来源。在道路与住宅之间间隔了约 20m 绿化带作为噪声屏障。经实地噪声检测，本项目场地四周环境噪声可满足《声环境质量标准》GB 3096 中 2 类声环境的标准。场地内建筑布局由西向东方向排列整齐，减少因声音反射造成的过大的噪声。经软件模拟，建筑表面最高噪声为昼间 56dB，夜间 47dB，也可满足《声环境质量标准》GB 3096 中 2 类声环境的标准。项目场地噪声分布如图 2 所示。

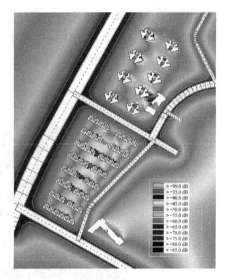

图 2　项目场地噪声分布图

（4）场地内风环境

项目建筑布局合理，整体自然通风情况良好。在夏季东南偏南风作用下，本项目整个室外人行高度 1.5m 区域风速约为 0.93～13.12m/s，区块内风路流畅，无明显无风区或漩涡区。人行高度风速放大系数约为 0.4～5.7。夏季迎风面风压平均值约为 1.25Pa，背风面风压为 -2.5Pa，前后压差约为 3.75Pa。室内外风压差大于 0.5Pa 的窗户占总窗户面积的 96.43%（室内压力默认为 0）。在过渡季东南偏南 30°风作用下，本项目整个室外人行高度 1.5m 区域风速约为 0.5～3.0m/s。区块内风路流畅，无明显无风区或漩涡区。人行高度风速放大系数约为 0.28～1.67。过渡迎风面风压平均值约为 2.4Pa，背风面风压为 -2.34Pa，前后压差约为 1.91Pa。室内外风压差大于 0.5Pa 的窗户占总窗户面积的 89.58%（室内压力默认为 0）。在冬季东北偏北风作用下，本项目整个室外人行高度 1.5m 区域风速约为 0.37～3.02m/s。区块内风路流畅，无明显无风区或旋涡区。人行高度风速放大系数约为 0.14～1.12。冬季迎风面风压平均值约为 2.29Pa，背风面风压为 -2.18Pa，前后压差约为 4.47Pa。项目场地风速分布如图 3 所示。

图 3　项目场地风速分布图

（5）海绵城市设计

当今，中国正面临着水资源短缺，水质污染，洪涝灾害，水生物栖息地丧失等多种水问题。这些水问题综合症是系统性、综合的问题，亟须一个更为综合全面的解决方案。"海绵城市"理论的提出正是立足这一背景。海绵城市指城市能够像海绵一样，在适应环境变化和应对自然灾害等方面具有良好的"弹性"，下雨时吸水、蓄水、渗水、净水，需要时将蓄存的水"释放"并加以利用。本项目主要使用了下凹式绿地、透水铺装、雨水调蓄池等海绵城市设施。屋面雨水经雨落管断接引入下凹式绿地及调蓄池，地面雨水经由场地高差引导径流如下凹式绿地及调蓄池。下凹式绿地大样图见图4。经核算，项目最终年径流总量控制率达到78.28%，污染物削减率达到62.62%，满足了海绵城市当地规划要求并取得了良好的效果。

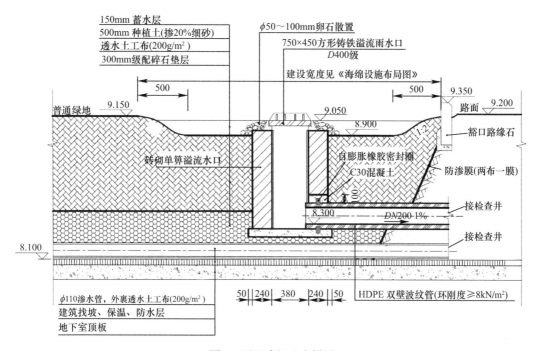

图4　下凹式绿地大样图

3.2　节能与能源利用

（1）围护结构热工性能优化

围护结构的热工性能对建筑的空调负荷和能耗有很大的影响。对于夏热冬暖地区，透明围护结构的遮阳系数对建筑的空调负荷和能耗影响更大，因此在适用于广东地区的绿色建筑标准《广东省绿色建筑标准》DBJ/T 15-83—2017中，针对围护结构热工性能的5.2.3条也仅对透明围护结构的遮阳系数做出进一步降低的要求，对围护结构的传热系数不做进一步的要求。因此，本项目针对围护结构热工性能的优化集中于对于外窗的优化。本项目外窗采用普通铝合金框＋6mmLow-E＋9mm空气＋6mm白玻与普通铝合金框＋6mmLow-E＋9mm空气＋6mm白玻，平均综合遮阳系数0.35，相较于节能标准有较大的提升，可有效降低建筑空调负荷与能耗。

（2）节能电气系统

本项目选用节能灯具，项目主要光源选用细管径直管形三基色荧光灯和 LED 等，居住建筑公共空间照明功率密度符合现行国家标准《建筑照明设计标准》GB 50034 中目标值的要求，可有效降低照明能耗。公共部位的照明系统采用分区集中控制的节能控制方式。项目还采用了节能三相配电变压器，三相变压器可满足现行国家标准《三相配电变压器能效限定值及能效等级》GB 20052 的节能评价值的要求。

（3）可持续能源应用

由于工业化和城市化的驱动，未来 20 年我国能源需求预计将显著增长，我国能源消费的特征为需求绝对量巨大、人均水平低和能源强度高。如果能源消费的模式不加以根本改变，未来的能源供应将会是不可持续的。可持续能源主要包含有太阳能、风能、地热能等。其中，在建筑设计中最广泛应用的有太阳能热水系统、太阳能光伏发电系统。本项目中，高层住宅与配套幼儿园均采用了太阳能热水系统，由太阳能作为集中热水系统主要热源可有效降低燃气的消耗，达到节约能源与保护环境的作用。项目热水系统图如图 5 所示。

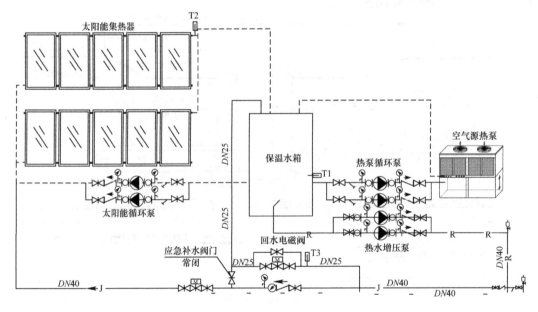

图 5　项目热水系统图

3.3　节水与水资源利用

（1）水系统节水优化

本项目合理规划水系统，由市政给水管接入一路 DN200 进水管，充分利用市政水压，2 层以下使用市政水压给水。生活泵房、供水区域分为住宅 1 区、住宅 2 区，住宅 1 区为住宅 2～11 层，由低区变频供水设备供水。住宅 2 区为住宅 12～22 层，由高区变频供水设备供水。使用分级计量水表，按使用用途对生活用水、绿化用水分别设置用水计量装置，分别计量用水量。按付费单元对每户设置用水计量装置，分别计量用水量。合理采用减压阀，给水系统无超压出流现象，入户管表前供水压力不大于 0.2MPa，且不小于用水器具要求的最低工作压力。采用一级节水器具，所有节水器具满足《节水型生活用水器具》CJ 164 和《节水型产品技术条件与管理通则》GB 18870 的一级节水器具要求。地下室及道路广场使用高压节水水枪冲洗。

（2）节水灌溉系统

本项目所有绿地灌溉均采用微喷灌的节水灌溉方式，可有效降低灌溉用水。项目微喷灌喷头如图6所示。

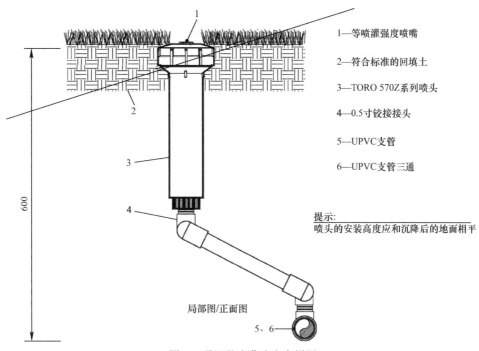

1—等喷灌强度喷嘴

2—符合标准的回填土

3—TORO 570Z系列喷头

4—0.5寸铰接接头

5—UPVC支管

6—UPVC支管三通

提示：
喷头的安装高度应和沉降后的地面相平

局部图/正面图

图6　项目微喷灌喷头大样图

（3）雨水回用系统

本项目两个地块及配套幼儿园共用一套雨水回用系统。收集屋面及地面径流雨水使用一个200m³雨水储水池，回用雨水主要用于绿化灌溉、道路冲洗及洗车用水。项目雨水收集池大样如图7所示。

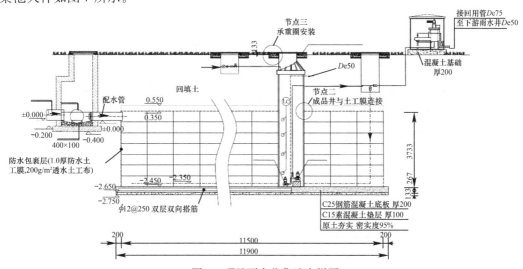

图7　项目雨水收集池大样图

3.4 节材与材料资源利用

（1）结构系统优化

本项目针对项目具体情况，针对地基基础、结构体系及结构构件进行定性定量比对分析，最终选定节材的结构方案。本工程桩竖向承载力检验采用单桩静载荷试验，桩身完整性检验应采用低应变动测法检测，并采用声波透射法抽检桩身完整性。检测按相关规范执行。本项目结构屋面板顶标高 24.850m，抗震设防烈度 7 度，根据《高层建筑混凝土结构技术规程》JGJ 3—2010 第 3.3 条规定，尚未超出一般剪力墙结构适用高度范围。该结构平面、竖向形体规则，荷载分布均匀。从体系节材角度考虑，结构体系采用剪力墙结构。本项目楼板均为现浇板，不采用空心楼盖。

（2）建筑材料使用

本项目不使用国家和地方禁止与限制使用的建筑材料及制品。所有砂浆使用预拌砂浆，所有混凝土使用预拌混凝土。

3.5 室内环境质量

（1）隔声性能设计

本项目外墙采用水泥砂浆（20mm）＋200mm 厚加气混凝土砌体＋水泥砂浆（20mm），隔声量达到 46dB；外窗使用 5mm 高透光玻璃＋9mm 空气＋5mm 透明玻璃，隔声量达到 30dB，起到了很好的隔声降噪效果。本项目主要功能房间的外墙、隔墙、楼板和门窗的隔声性能满足现行国家标准《民用建筑隔声设计规范》GB 50118 中的低限要求。楼板采用 30mm 厚隔声砂浆与木地板，撞击声隔声达到 68dB，达到国家标准《民用建筑隔声设计规范》GB 50118 中的高限与低限平均值要求。项目隔声楼板构造如表 1 所示。

项目隔声楼板构造做法表　　　　　　　　　　　　　表 1

部位	编号	建筑构造做法
客厅 餐厅 卧室 书房	楼-1（地砖、石材）	• 装饰面层详见装修设计
		• 30mm 厚隔声砂浆
		• 钢筋混凝土楼板
	楼-1a（木地板、地毯）	• 装饰面层详见装修设计
		• 20mm 厚 M10 水泥砂浆找平层，面层再做 30mm 厚隔声砂浆
		• 钢筋混凝土楼板

（2）室内环境优化

室内环境直接关系到住户的生活体验，天然采光与自然通风是其中比较重要的两项。

各种光源的视觉试验结果表明，在同样照度的条件下，天然光的辨认能力优于人工光，从而有利于人们工作、生活、保护视力和提高劳动生产率。并且，良好的天然采光可降低室内人工照明的需求，达到节能的效果。在居住建筑中，可将天然采光的检测简化为房间窗地比的核查。本项目主要功能房间窗地面积比达到 0.22 以上，且外窗可见光透过率大于 0.6，具有良好的天然采光。

自然通风可提高室内居住者的舒适感、提供新鲜空气，并可降低建筑空调的使用，同时达到节能的作用。在居住建筑中，可将自然通风的检测简化为房间可开启面积与地板面积比例的核查。本项目主要功能房间通风开口面积与房间地板面积比例达到 10% 以上，具有良好的自然通风。

4 结论

本文以广州中海熙园项目为例，从节地、节能、节水、节材及室内环境五个方面综合考虑，使用适用于夏热冬暖地区大型居住建筑的绿色建筑措施。该项目最终全部通过《广东省绿色建筑评价标准》DBJ/T 15-83—2017 的核查，有 50％以上的建筑面积达到二星 A 级的标准，有 10％以上的建筑面积达到了三星级的标准。该项目为夏热冬暖地区居住建筑的绿色建筑工作做出了一份贡献，也同时促进了绿色建筑工作在广东地区的促进与发展。

参考文献

[1] 中国城市科学研究会. 中国绿色建筑 2019 [R]. 北京：中国建筑工业出版社，2019.

[2] 中国城市规划设计研究院. 城市居住区规划设计规范 GB 50180—93（2016 年版）[S]. 北京：中国建筑工业出版社，2016.

[3] 贺敬敏. 浅谈居民小区的绿化 [J]. 河北：河北农业科技，2007（07）：26.

[4] 程雨濛. 高层居住区室外声环境研究 [D]. 哈尔滨：哈尔滨工业大学，2018.

[5] 俞孔坚，李迪华，袁弘. "海绵城市"理论与实践 [J]. 北京：城市规划，2015.

[6] 郑健超. 中国实现可持续能源供应的战略选择 [J]. 北京：中国电力，2005，38（9）.

酒店建筑绿色品质提升设计与实践

骆辰光 凌 晨 陈 湛

摘 要：酒店建筑能耗较高、舒适度品质要求高，具有巨大的绿色提升潜力。本文基于酒店建筑的功能需求与运行特点，从场地布局、建筑被动式节能与品质提升设计、节能节水与舒适度平衡的机电设计等方面探讨了酒店建筑中绿色品质提升的设计要点，并介绍了其在杭州某酒店设计实践中的应用。

关键词：酒店建筑；绿色设计；品质提升

DESIGN AND PRACTICE OF IMPROVING GREEN QUALITY OF HOTEL BUIDINGS

Luo Chen Guang   Ling Chen   Chen Zhan

Abstract：There is huge green promotion potential in the hotel building，which has high energy consumption，high comfort quality requirements. This paper discusses the key design points of green quality improvement in hotel buildings，based on the functional requirements and operation characteristics，through the design practice of a hotel in Hangzhou. It includes the aspects of landscape resource utilization，passive energy saving and quality improvement design，mechanical and electrical design of the balance of energy and water saving and comfort.

Key words：Hotel Buildings；Green Design；Quality Improvement

1 引言

2015 年，习近平总书记在巴黎峰会上明确提出"中国将通过发展绿色建筑和低碳交通来应对气候变化"。2017 年，第十九届全国人民代表大会会上，首次在政府工作报告中提出了我国要发展绿色建筑的明确要求。在此之前，很多地区已经全面强制实施绿色建筑设计，绿色生态已经是中国建筑发展的必然趋势。而随着 2019 年新版《绿色建筑评价标准》GB/T 50378—2019 的发布实施，将绿色建筑评价后移到竣工验收之后，我国绿色建筑从设计阶段的推行正式迈入实质落实发展阶段。

酒店建筑作为建筑中耗能较高的一类公共建筑，绿色酒店也是酒店未来行业发展的必然，一方面这是节能减排的必由之路，另一方面通过绿色设计也能够切实提升酒店的环境品质与舒适性，绿色品质提升将是未来高端酒店的一大名片。

2 酒店建筑功能需求与运行特点

酒店建筑由于其功能定位，具有很多独特的功能需求与运行特点。绿色设计首先要建立在满足其功能需求的基础上，寻找适应其运行特点的适宜技术，才能取得事半功倍的绿色品质与节能提升效果。

（1）功能需求多样

酒店建筑功能需求较多，特别是高端酒店，除了一般的住宿、餐饮，还有会议、宴请、健身、文化娱乐等多种功能。设计在满足不同功能需求的同时，也要考虑绿色技术应用与不同功能的适配性。

（2）环境品质要求高

酒店主要为入住的宾客提供高品质的住宿休闲空间环境。定位越高的酒店，对室内环境品质要求越高。因此，在酒店设计时，除一般的功能需求满足外，还需要特别关注室内环境品质，声、光、热、空气品质营造，创造宜人的居住环境。同时，入住宾馆的宾客对居住视野与周边景观也有较大需求，良好的景观视野对提升酒店品质、房价都有较大助益。

（3）能源消耗大

酒店建筑本身环境品质要求较高，为了保证服务水平与舒适性，公共区域的空调、照明基本上全年 24h 运行。除了为了维持室内舒适性的空调、照明能耗外，还有后勤区各种设备用能，如厨房、洗衣房等。随着酒店星级的提高，能耗也随之增加。据不完全统计，有些酒店类建筑的能耗费用已占年营业收入的 $10\%\sim15\%$[1]，有较大的节能潜力。

（4）用水多样且需求高

此外，与普通办公建筑用水用途单一不同，酒店类建筑除卫生间用水、饮用水外，还有泳池、洗衣、淋浴等用水，热水需求量也非常大。而且，宾客对用水的舒适性也有较高要求，比如热水出水时间、用水稳定性等，同时具有节水需求与用水舒适性的高要求。

3 酒店绿色品质提升设计探索

针对酒店建筑设计与运行特点，对降低酒店建筑的环境影响、降低酒店建筑能耗及提升酒店建筑品质的绿色设计要点进行分析，探索酒店适用的绿色技术。

3.1 室外环境营造

酒店为宾客提供良好的品质环境，不仅指良好的室内舒适性，还包括室外良好的微气候环境。建筑与环境的协调，可使建筑室外环境适宜人的活动，为建筑内部引入更多环境资源，并为建筑节能运行创造良好条件。

（1）场地风环境营造

酒店大堂入口、候车区、室外餐饮区、室外活动区等均是酒店建筑风环境营造的重点，需要保证这些人员活动区域夏季与过渡季有适宜的风速，而冬季风速不会过高而引起人员的不舒适；同时，减少门厅冬季的冷风渗透。

风环境营造首先需要通过建筑整体布局优化，如建筑通过退台、错位及与主导风向呈不同角度等方式减弱冬季寒风，而通过架空、迎向主导向等方式加强夏季通风；其次，配合场地乔灌木绿化与景观小品的设置优化，保证活动区域适宜的风环境；第三，需要注意的是建筑功能的布局，如建筑餐饮厨房尽可能布置在场地主导风向下风向，避免垃圾房、厨房排风对大堂等区域的气味影响。

（2）场地热环境控制

场地热环境会影响室外活动，并直接影响建筑能耗与室内舒适度。控制热岛效应是场地设计的重点。

一方面，尽可能提高场地绿化率。结合酒店建筑功能设计增加屋顶绿化（图1），既可以增加绿植面积、改善微气候，又能够提供室外活动、交流空间，同时为客房提供良好的景观视野，加强裙楼屋顶的隔热性能。

图1　屋顶绿化示意

另一方面，改善下垫面铺装。如图2所示，采用透水型地面铺装，使雨水能够快速入渗至周边土壤中。屋面、地面材料尽可能选择浅色铺装，也可以将太阳辐射热量尽可能多地反射。此外，乔木及构筑物的遮阴设计也可以减少地面热量的吸收，从而维持良好的场地热环境。

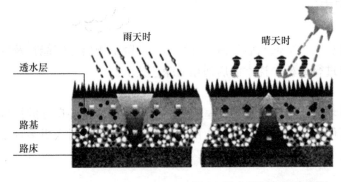 

图2　透水地面与绿化遮阴

（3）景观资源的引入

酒店建筑在整体布局时，还应充分利用周边景观资源，为建筑引入更多环境资源。如建筑造型时尽可能增加景观面的设计，功能布局时客房、餐饮等功能尽可能沿景观面设置，以争取良好的视野。

3.2 室内环境品质提升

酒店建筑对室内环境的高品质要求决定了绿色设计需要采取合理的技术措施，满足不同功能的品质需求。对于酒店使用者，尤为关注室内的光环境、声环境及空气质量。

（1）光环境营造

阳光是万物生存的基本条件，也对人体健康有很大的影响。良好的光照条件可以调控人体的生物钟，改善睡眠，调节的人体生理节律；良好、充足的自然采光也能够改善人们的心情，对于为宾客提供良好休憩活动为主要功能的酒店建筑而言尤为重要。

光环境的营造首先应结合酒店各种功能需求进行布局，将客房、会议、健身等对光环境需求较高的主要功能空间尽可能沿围护结构周边布置；在此基础上，通过立面窗墙比的优化、高透光性玻璃选择，为室内客房、健身房、会议室提供充足的自然采光。

必要时，可考虑通过设置反光板降低窗口眩光的同时将更多自然光反射到空间深处（图3），改善室内采光均匀度。对于设置在顶层、地下一层的功能空间，还可以设置采光天窗、导光管，引入自然光，改善内部光环境。

图3　反光板与导光管应用示意

（2）声环境控制

酒店建筑对声环境非常敏感。良好的声环境是酒店入住的宾客良好休息的保障，也是高品质环境的必备要素。而且，酒店还设有会议室等对声环境有较高要求的空间，也需要做好声环境设计。

声环境控制主要包括两个方面。一是对建筑内外空气声传播的噪声阻隔，如围护结构对室外交通噪声的屏蔽，做好内隔墙、楼板等对内部噪声的隔声，如阻断电梯等设备运转和客房之间的空气声噪声干扰。一般，五星级酒店客房要求外墙隔声量达到40dB，客房之间隔墙、楼板等构件隔声量要达到50dB。

二是设备振动噪声的控制。酒店中，空调、水泵等有很多设备都会产生振动噪声。振动噪声随建筑结构固体传声，可以传播很远，影响到整个建筑的声环境；而且，振动产生的噪声是低频噪声，对人来说更难忍受并能带来负面的健康影响。因此，需要对设备振动进行减振隔声的特别处理，包括设备设置减振条、隔振基础，设备机房进行隔声、吸声处理。此外，还应特别注意管道的减振与消声、穿墙管线应做隔声封堵等（图4）。

（3）空气品质控制

酒店建筑属于人员长期停留的场所，并且由于酒店自身品质要求等因素，对室内空气质量要求较高。保证室内空气的健康、清新，是酒店绿色设计的重点。

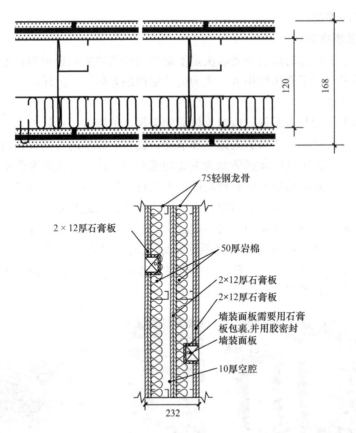

图 4 隔声墙体设计

室内空气品质主要从三方面提升。一是对室内装修、家具的污染物浓度进行严格控制。装修材料、家具是室内甲醛、苯、有机挥发物等有害气体的主要来源。因此，保证室内空气健康的重点就是控制装修材料、家具的有害物质释放量和含量。目前，地板、涂料、织物、家具、木制品、纸制品等装修材料与家具均有相应的绿色产品评价标准，高品质酒店在装修材料与家具采购时应严格把控，尽可能采购经绿色产品认证的材料与产品（图5）。

图 5　绿色产品
认证标识

第二方面，即通过安装等级较高的新风过滤系统，以减少引入室内的室外污染物。如粗中效过滤，乃至设置空气净化装置对室内空气进行消毒杀菌。

第三方面，是设置空气质量监控系统，监控 CO_2、PM2.5、PM10、甲醛等污染物浓度，以确保室内的空气质量品质。在有条件的情况下，可在电梯厅、大堂等公共区域或客房室内布置室内空气质量发布装置，将实时监控的空气质量数据向入住访客公布（图6），可大幅提升入住访客对室内空气品质的感知度。

3.3　建筑能耗降低

（1）被动式节能设计

降低建筑能耗首先应考虑建筑被动式节能。通过建筑本体的优化设计降低建筑负荷，为建筑能耗的降低确立基础。主要措施包括控制建筑体形系数、窗墙比，在此基础上的自然采光、自然通风、建筑遮阳等被动式设计，以及围护结构热工性能的提升。

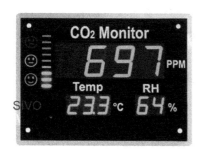

图 6　空气质量监控系统

通过优化可开启窗的位置、面积、形式，通高空间外窗开启形式与面积等组织风路措施，加强自然通风，可大大减少过渡季空调的开启时间。而对于夏热冬冷地区建筑，建筑遮阳则可以减少夏季太阳得热，提升室内舒适性，减少空调能耗。对于酒店建筑，可以结合客房功能利用阳台、挑檐等充分进行建筑自遮阳设计（图 7）。

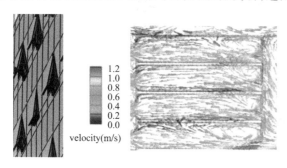

图 7　通风与遮阳

（2）空调系统高效节能

由于酒店舒适度要求高且长时间运行，因此空调节能尤为重要。首先，需要选择高效的空调冷热源；其次，应优化空调输配系统设计，选用高效节能水泵、变频变流量等措施降低输配系统能耗；最后，应采取节能措施，保证部分负荷下的节能运行。

此外，根据酒店运行特点，充分利用冷却塔费用供冷技术，在常规空调水系统基础上增设部分管路和设备。当室外湿球温度降低到某个值以下时，关闭制冷机组，利用流经冷却塔的循环冷却水直接或间接向空调系统供冷。通过变频变风量在过渡季节实现全新风运行，降低空调能耗。此外，还可以利用酒店运行余热回收利用，以减少常规能源消耗。

（3）高效照明与智能控制

酒店建筑 24h 不间歇运行，因此选用节能灯具并针对公共区域设置适宜的智能照明控制措施，对于节约照明能耗有显著的意义。首先，应选用节能灯具，控制照明功率密度；其次，公共区域宜设置定时、感应及相关场景设定的智能控制；最后，自然采光区域宜独立控制并设置自动调光控制，能够根据自然光调整人工照明，以减少白天的照明能耗。

3.4　酒店节水与用水舒适性提升

酒店泳池、淋浴等功能用水量较大，为了节省用水，一方面需要采用节水型器具；但另一方面也需要保证宾客的使用舒适感受，设计时需要做好节水与用水舒适性的平衡。根据实际实践经验，一级节水型淋浴器不能满足星级酒店的淋浴使用舒适性要求，一级节水型马桶也往往受到用户诟病，因此在酒店建筑的绿色设计中，一般选择满足二级节水要求的卫生器具。一方面有一定节水效果，另一方面可以兼顾宾客需求（图8）。本项目选用用水效率为2级的节水器具（坐便器冲水量为5L，水嘴流量0.125L/s，小便器冲水量3L，淋浴器流量0.12L/s）。其中，淋浴器选择带恒温控制和温度显示功能的产品，从而减少调温过程中的无效冷水消耗。并通过热水系统循环方式的设计，确保热水系统最不利点的出水时间在10s以内。

不过，随着技术的发展，也有部分一级节水型器具通过压力、气泡等设计，可以兼顾节水量与舒适性使用要求。随着绿色建筑的发展，产品性能肯定也会进一步提升并得到推广应用。

图8　节水器具示意

此外有关数据显示，水压过高造成的酒店客房无效水达到30%以上。因此，酒店建筑应特别注意控制供水压力，通过设置减压阀、减压孔板等装置的方法，控制供水压力在0.20MPa以内，避免超压出流造成的水资源浪费。

在充分平衡节水与用水舒适性基础上，可采用雨水调蓄与回用系统，控制场地径流的同时，回用雨水用于室外绿化浇灌、道路与地库冲洗，以进一步减少常规水源消耗。

4　某酒店绿色设计实践

以杭州市某酒店建筑的绿色设计为例，探讨酒店建筑绿色品质提升设计方法的应用。

4.1　景观资源利用与营造

该酒店选址位于杭州市滨江区商务中心，紧临钱塘江滨江绿地，拥有一线的江景资源。建筑设计充分利用该景观资源，酒店塔楼平面设计为L形，靠近江景布置，将最大的景观面布置为客房，为入住宾客争取到最佳景观资源（图9）。

同时，在塔楼无江景一侧设计裙楼，并在裙楼屋顶上设置屋顶绿化花园，为无江景一侧客房提供花园城景，并为酒店的休闲健身与餐饮等功能提供良好的户外活动场所和环境氛围。

图9　景观资源利用

4.2 室内空间品质提升

（1）光环境设计

客房、健身、会议等功能均沿外立面布置，并通过性能分析不断优化平衡立面窗墙比的节能与采光效果，使主要功能空间满足自然采光标准的面积比例达到93.4%，减少照明能耗的同时改善室内人员的感受（图10）。

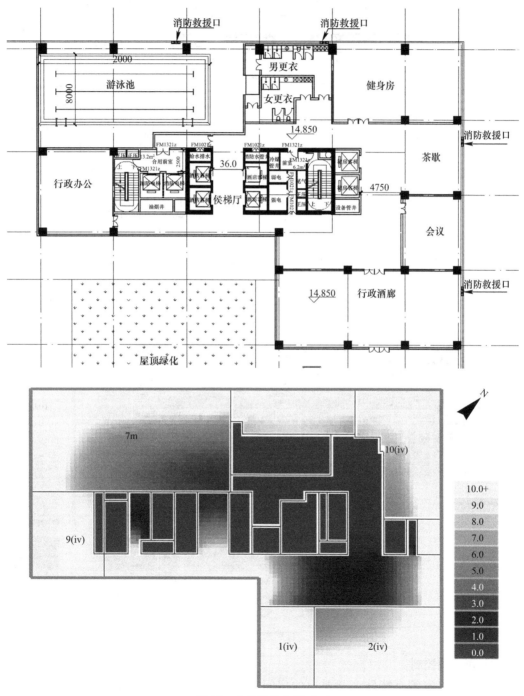

图 10　自然采光分析（一）

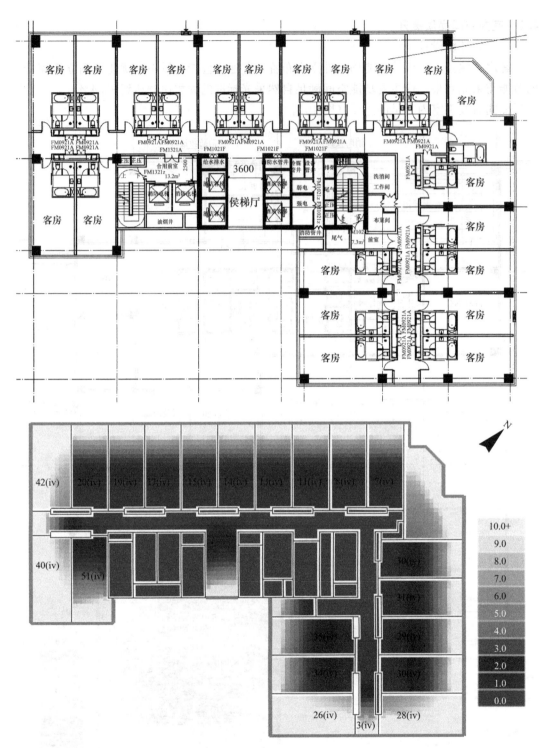

图 10　自然采光分析（二）

（2）声环境控制

项目对会议室等有特殊声学要求的房间加强隔声设计。对机房风管出风口，设置 25mm 变形量外置式弹簧减振器；空调机组加装进出风消声器，对于采用回风短管回风的，则采用 U 形管道并内衬吸声棉。落地安装的风机，进、排风机组根据设备转速的不同采用隔振台座＋橡胶或者弹簧隔振器形式，安装隔声罩和消声器，并对可能引起串声的管道做隔声包扎。对于电梯机房，安装合适的弹性隔振垫，解决机器运转时的振动；利用高效的减振漆和减振胶，控制机器和相连金属结构的振动及噪声（图 11）。

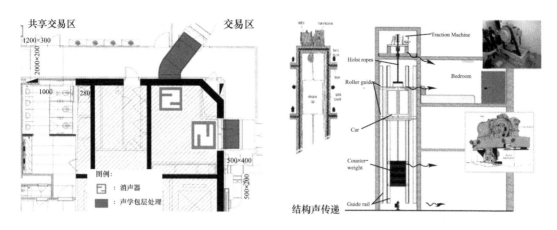

图 11　隔声隔振降噪处理

（3）空气品质控制

新风采用了初效＋中效的两级过滤措施，并设置 CO_2 监控装置，对室内空气品质进行实时监控。当 CO_2 超标时，能够自动联动新风启动，也可以在入住人数较少或实际在房人员不多的情况下，降低系统新风量，从而保证室内空气品质的前提下大幅减少新风系统能耗并保证室内舒适度。

4.3　节能设计

（1）高效冷热源机组及输配系统

本项目空调冷源选用 2 台 600RT 离心冷水机组和 1 台 350RT 螺杆机组，其性能参数先行节能设计标准基础上提高 6％以上；空调输配系统采用一次泵、变流量控制措施且选用达到节能评价值要求节能型水泵，进一步降低输配系统能耗。

（2）部分负荷与过渡季节能运行

项目冷却塔、水泵及风扇均采用变频技术，如空调机功率大于等于 4kW、水泵为变流量或变压力运行的，均使用变频器（VSD），提高机电系统低负荷运行效率。

大堂、宴会厅、餐厅等区域空调箱变频，便于调整风量，减小运行能耗，可在过渡季节实现全新风运行，降低空调能耗。

采用冷却塔供冷技术，在常规空调水系统基础上增设部分管路和设备。当室外湿球温度降低到某个值以下时，关闭制冷机组，利用流经冷却塔的循环冷却水直接或间接向空调系统供冷。

（3）余热回收

充分利用酒店运行余热，采用蒸汽冷凝水回收、排风热回收技术，对余热进行回收利用，减少常规能源的消耗（图 12）。

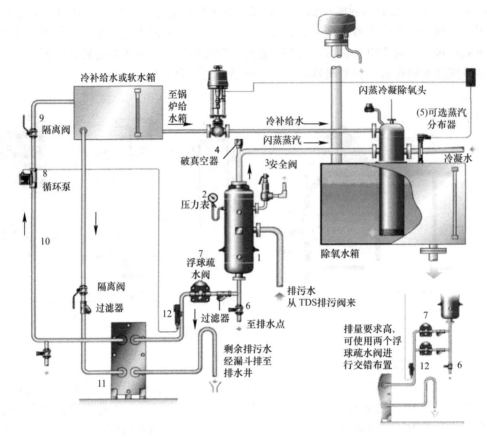

图 12　蒸汽冷凝水回收

（4）节能灯具及智能照明控制

选用 LED 节能灯具，各房间和场所的照明功率密度值需达到现行国家标准《建筑照明设计标准》GB 50034 中的目标值规定。走廊、门厅、大堂、中庭等场所的照明系统采取分区、分组控制（含智能照明控制系统）；电梯厅、楼梯间等场所的照明系统采取声光控制、延时自熄措施；地下车库的车道、车库出入口等设分组控制，停车位采用红外感应开关自动控制、延时自熄措施；每间（套）客房均设置节能控制型总开关。通过智能化的照明控制，最大限度地节省照明能耗。

4.4　雨水回用和场地径流控制

杭州地区降雨量丰富，因此本项目通过设置雨水回用系统收集场地雨水，经沉淀、过滤处理后供绿化灌溉、道路浇洒和地下车库冲洗，不仅有效减少自来水的用量，还能在雨峰来临时有效控制场地的雨水径流，减少市政管网的雨水排放压力（图 13）。

4.5　根据酒店热水需求充分利用可再生能源

浙江省鼓励建筑采用空气源热泵系统，将其纳入到可再生能源中。本项目酒店的最高日热水用量为 273m³/d，热水需求较大。通过设计优化，充分利用空气源热泵提供泳池用热水，可在确保稳定供应热水的基础上，大大降低热水供应的能量消耗；同时，能营造一个安全、无污染的热水用水环境。

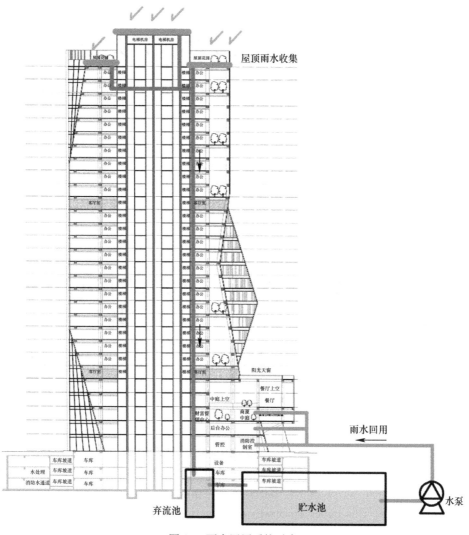

图 13　雨水回用系统示意

5　结语

　　本项目从建筑整体布局、平立面设计、机电设计等各方面全面探索了绿色设计对酒店建筑品质的提升，围绕酒店建筑功能特点与用能特点，通过各专业的紧密配合，选择适用的绿色设计与技术措施，实现建筑绿色三星设计。

　　后续，随着项目的进一步深化，将更深入的探讨不同绿色措施的落实与运营管理，切实在酒店项目中践行绿色理念，并通过绿色理念的应用实现酒店建筑舒适与健康的环境、生态与高效的运营，为绿色建筑的践行贡献力量。

参考文献

［1］　谭志宜，孙一坚. 饭店节能技术及应用实例［M］. 北京：化学工业出版社，2006.
［2］　顾文，谭洪卫，庄智. 我国酒店建筑用能现状与特征分析［J］. 建筑节能，2014 年第 6 期：56-62.
［3］　郝俊勇. 酒店建筑能耗特点以及节能案例分析［J］. 建设科技，2016.16：104-105.

浅析绿色建筑理念在长租公寓设计实践中的运用

戴　超　陈晓鹤　梁　山　傅　瓣

摘　要： 长租公寓租赁市场中，建筑的品质和绿色属性越来越受到人们的关注。将绿色的理念运用到公寓开发的各环节十分必要，本文结合某长租公寓项目的实践经验，从绿色建筑标准体系即节地与室外环境、节能与能源利用、节水与水资源利用、节材与材料资源利用、室内环境质量、运营管理六大方面，探讨绿色建筑整合设计的实践经验。

关键词： 绿色建筑；长租公寓；整合设计

ON THE APPLICATION OF GREEN BUILDING CONCEPT IN THE DESIGN PRACTICE OF LONG RENT APARTMENT

Dai Chao　Chen Xiao He　Liang Shan　Fu Ban

Abstract： In the long-term apartment rental market，people pay more and more attention to the quality and green attribute of buildings. It is necessary to apply the green concept to all aspects of apartment development. Based on the practical experience of a long-term rental apartment project，this paper discusses the practical experience of green building integrated design from six aspects of green building standard system，namely，land saving and outdoor environment，energy saving and energy utilization，water saving and water resource utilization，material saving and material resource utilization，indoor environment quality and operation management.

Key words： Green Building；Long Rental Apartment；Integrated Design

1　引言

在"房住不炒"的政策措施实行以来，以长租公寓为代表的住房租赁市场得到蓬勃发展，各地政府纷纷出台了各项"租售并举"的政策措施，也有越来越多的企业和机构关注和布局长租公寓市场。

虽然长租公寓因为其装修时尚、换房方便等优势受到市场的青睐，但因为缺乏市场监管和相关法规约束，室内不环保、能耗严重等问题屡见不鲜。如何通过设计和管理为市场提供高品质的绿色公寓产品，倡导健康舒适的生活模式，成为长租公寓的新课题。

2 苏州长租公寓项目介绍

2.1 项目概况

苏州中海海棠公寓，位于苏州工业园区，项目建筑面积 7914m²，建筑地上为 18 层酒店式公寓，地下一层为地下车库和设备用房。

该项目为苏州工业园区首个在土地出让条件中明确由竞得人持有并经营的长租公寓项目，也是房地产企业自主运营长租公寓品牌的新尝试。

2.2 绿色建筑设计方法运用

绿色建筑理念是在建筑的全寿命周期内，最大限度地节约资源，包括节地、节能、节水、节材等，室内外环境保护，减少各种污染，为人们提供健康、舒适和高效的使用空间，实现与自然和谐共生的建筑。绿色建筑所关注的经济、环保、低耗、高效，与长租公寓所倡导的共享理念不谋而合，不仅能够为居住者提供更高品质的生活环境，也能够有效地保护环境，担负社会责任。

绿色建筑理念的落地涉及全专业配合，在方案设计之初就要整合多业务线共同协作。海棠公寓项目实践中，将建筑、结构、景观、机电、暖通、室内专业有效整合，取得了较好效果，项目最终获得绿色三星标识。

3 绿色建筑整合设计方法

3.1 节地与室外环境

建筑规划与景观整合设计，才能因地制宜地采用绿色技术，使室内外达到和谐、统一。空间规划和场地径流控制是该项的重点：

（1）合理的空间规划：住区建设尽可能保护周边生态环境，住区内乔、灌、草结合形成复层绿化，能为住户提供优美的居住环境。建筑尽可能南北布局，建筑之间间距舒适，保证采光充足、通风良好。

（2）雨水径流控制技术：通过绿地入渗、下凹式绿地、透水铺装等雨水径流控制措施，在暴雨期间增加雨水入渗量、提供雨水蓄存，延缓市政雨水管网压力，降低地块雨水浸泡、出行困难的风险。

3.2 节能与能源利用

建筑与机电是节能的主要战场，通过整合设计优先采用被动式节能技术，减少建筑用能负荷；再通过机电节能技术和可再生能源利用技术，可以减少项目能源消耗，实现建筑低能耗。以海棠公寓为例：

（1）围护结构节能：外墙保温采用 30mm 厚的岩棉板，屋面保温采用 70mm 厚的挤塑聚苯板，外窗采用 Low-E 中空推拉窗，中置百叶遮阳。围护结构节能措施为室内提供舒适的环境，减少暖通空调负荷。

（2）高性能空调机组：每户采用 VRV 多联机系统，VRV 多联机系统的性能系数 IPLV 值高达 7.3。相较于传统的中央空调，VRV 多联机系统占用空间少、性能高效、控制先进、运行可靠，特别适合酒店式长租公寓使用。

（3）节能照明灯具：户内均采用 LED 节能灯具，公共区域多采用 T5 节能荧光灯。照明系统采用分区控制、定时控制、照度调节等节能控制措施。

（4）全热回收型新风净化系统：新风系统具有全热回收和空气净化功能，全热回收效率达到 57%，空气净化单元可处理新风雾霾，PM2.5 的净化效率达到 99.9%。

（5）太阳能热水系统：集中式太阳能热水系统能够为住户提供生活热水。太阳能集热器集中布置在建筑屋顶，集热面积达到 78m²，每天可提供 4.3m³ 的生活热水。

通过以上措施完善建筑性能，提高设备质量，能够有效降低建筑能耗，改善经济效益，提高绿色科技属性。

采用绿色建筑设计后公寓能耗对比表项目　　　　　　　　　　　　　　　表 1

耗能量	围护结构	暖通空调	照明	太阳能系统
传统建筑	391430kW·h/a	543130kW·h/a	142452kW·h/a	156kW·h/d
绿色建筑	268429kW·h/a	355700kW·h/a	118710kW·h/a	0

3.3　节水与水资源利用

规划、景观设计是节水的源头，选择节水型用水器具，降低建筑住户生活用水量；种植适应当地气候的本地植物，减少景观用水量；通过非传统水源的利用，可实现水资源的循环利用。

（1）节水型用水器具：采用一级节水型用水器具，在不影响建筑用户的使用需求的基础上，水龙头、坐便器、花洒等节水型用水器具的使用，能大大节约建筑用水量；

（2）高效节水灌溉系统：采用高效节水灌溉系统，并设置土壤湿度感应器，实现景观绿化的自动化、均匀灌溉，促进景观植物的茁壮生长；

（3）雨水回用系统：雨水回用系统既实现暴雨期间的雨水径流控制作用，又能保障雨水资源的再利用。

采用绿色建筑设计后项目耗水量对比表　　　　　　　　　　　　　　　表 2

耗水量	节水器具	节水灌溉	雨水回收
传统建筑	43.2m³/d	1857m³/年	2438m³/年
绿色建筑	28.1m³/d	1114m³/年	0

3.4　节材与材料资源利用

节材先从建筑方案、结构优化设计着手，减少建筑结构材料使用量，再通过土建装修一体化、可循环材料利用等措施，可达到建筑节材与材料资源利用的目标。

（1）结构优化设计：建筑地下室顶板的楼盖体系采用框架梁加大板体系，其地库顶板的用钢量最优，而且在施工工艺、模板工程量以及施工进度等方面，框架梁加大板体系都优于其他体系。

（2）工业化预制构件：工业化预制构件可在工厂中大批量生产，材料受气候制约小，施工效率高，产品质量过硬（图 1）。

（3）土建装修一体化：土建装修一体化设计施工既能保证结构的安全性，又减少了噪声和建筑垃圾，还可减少扰民和材料消耗并降低装修成本（图 2）。

（4）建筑信息模型（BIM）技术：建筑信息模型（BIM）技术通过建立虚拟的建筑工

程三维模型，项目各参与人员可以基于 BIM 进行协同工作，有效提高工作效率、节省资源、降低成本。

图 1　工业化预制构件　　　　　图 2　土建装修一体化

3.5　室内环境质量

建筑室内环境质量决定了使用者室内的生活品质，是建筑品质最核心要素，也是长租公寓产品在市场上的立身之本。

（1）隔声降噪措施：外窗采用 Low-E 中空推拉窗，楼板采用实木地板隔声，卫生间采用同层排水，都能够降低室内外各种噪声对室内的影响，提高住户居住品质。

（2）室内光环境与视野控制：建筑间距充裕，日照采光充足，视野开阔。室内装修建议采用浅色饰面，外窗中置百叶遮阳，能有效控制眩光影响。

（3）室内热湿环境控制：如图 3 所示，VRV 多联机空调系统和全热回收型新风净化系统控制室内温湿度、新风量，提高了室内热湿环境的舒适性。新风净化系统和 CO_2 监控系统联动，根据室内 CO_2 浓度调节新风量，通过空气净化单元可处理进入室内的新风中的 PM2.5 浓度（图 4）。

图 3　空调控制面板　　　　　图 4　室内环境

3.6　运营管理室内环境质量

机电系统是后期长租公寓运营管理主要使用的功能板块，是现代化管理水平的体现，能让管理者和居住者同时获益。

（1）建筑智能化系统：采用先进的楼宇智能化系统，为建筑运营管理提供便利，为住户提供安全、可靠、舒适的建筑管理环境。

（2）能源管理平台：设置能源监测管理平台，记录和监测各用能系统的能源使用情况，为后期的能源管理改造提供基础分析数据，强化了能源管理水平。

4　启示

通过项目实践，我们有以下启示：

（1）开发商要在理念和思维上保持创新意识，不局限于建造活动本身，对绿色建筑全生命周期各阶段的管理和维护进行探索研究。

（2）绿色建筑设计理念真正落实到设计和建设的过程需要多专业的协调配合，多学科前沿科技的有效利用能够减少建筑能耗，提升居住品质，同时增强了建筑后期的可变性和适应性。

（3）绿色建筑的本质是回归人性，创造一个环境宜人、自然友好、生态环保的人居环境。这也与我国目前的社会发展情况相契合，是未来建筑行业发展的方向。

（4）绿色建筑这一概念不仅能在前期的产品宣传中获得客户的良好青睐，形成品牌效应，后期企业在运营中也能够高效管理，节能降耗，实现口碑与效益的双赢局面。

参考文献

[1] 绿色建筑评价标准 GB/T 50378—2019 [S]. 北京：中国建筑工业出版社，2019.
[2] 张利军，母传伟，张军宁. 绿色建筑设计理念和设计方法 [J]. 建筑技术开发，2016，43（01）：19-20.

第二篇
绿色建筑技术研究与实践

第一节　绿色建筑技术应用概述

全生命周期绿色建筑技术实践及产业化

罗 亮 张 镝 魏 纬 刘 兰

摘 要：强化生态绿色理念，以地产行业全过程开发角度，阐述绿色建筑的技术实践成果，结合优秀的经验形成绿色建筑可持续发展的制度化标准。通过地产上游的绿色开发推进，形成整个绿色地产行业转型，实现产业化发展。

关键词：全生命周期；绿色建筑；技术化；制度化

THE PRACTICE AND INDUSTRIALIZATION OF GREEN BUILDING TECHNIQUE FOR BUILDING'S LIFECYCLE

Luo Liang   Zhang Di   Wei Wei   Liu Lan

Abstract：In order to strengthen the concept of green ecology，this paper demonstrates the achievement of technology practice，and the standardized construction method of sustainable development in green building project. The green development from the developer will effectively improve the green real estate business's transformation and industrialization.

Key words：Lifecycle；Green Building；Technicalization；Standardization

1 引言

十八大宣示将生态文明建设与经济建设、政治建设、文化建设、社会建设并列，"五位一体"地建设中国特色的社会主义。生态文明建设在十八大会议上提到了很高的高度上，国家大力关注生态文明城市建设，建设生态城市、建设绿色建筑成为生态文明建设的重点。积极响应国家号召，地产行业也将转型为绿色，带动下游产业化的升级。

建筑能耗与房地产行业能耗息息相关。有关统计显示，在社会资源消耗中，全世界总能源的 40％ 为建筑所用。房地产耗用了大量的原材料、木材和清洁水，带来大量的碳排放。而在中国，由于房地产行业的重要地位，产业关联度强、产业链长，更是消耗了大量的能源和资源。对于旧有房屋数量众多、新建房屋规模巨大的中国来说，建筑节能工作显得尤为重要。从整个行业的角度看，承担了巨大的社会责任和压力。节能减排，强化绿色与生态，中国正在走向绿色发展大踏步的阶段。

2 全生命周期绿色建筑体系

构建节能型社会，房地产企业的优势在于对生产全过程的自主把控，可以对建筑产品及其全生命周期实现全过程介入。过去，中海地产坚持"过程精品"的开发理念；现在，更强调"绿色过程、绿色精品"。全过程打造绿色地产需要以资金为保障，强化技术化与制度化发展。

2.1 规划设计阶段

我们的项目都要经历基于自然条件、社会条件与项目定位相结合的绿色设计评审，并分绿色等级展开规划设计。规划设计的因地制宜、巧妙设计、提高科技含量，往往能达到事半功倍的绿色效应。例如，深圳中海香蜜湖一号，对建筑平面、剖面的设计，令许多家庭在炎炎夏日可以少用，甚至不用空调；针对济南中海国际社区位于泉城济南地下水补给区的特点，通过顺应地质条件的地下工程、加大地面植被覆盖等技术与手段，保持并提升了项目所在区域的水源涵养能力；众多中海地产项目的电梯厅、地下停车库采用自然采光、自然通风设计处理，被客户称为"阳光清风停车场"。

2.2 施工阶段

我们要求施工单位更多采用绿色新工艺与新技术，制定节省材料与资源利用的定量指标，学习香港地区项目的环保经验，建立施工现场环境保护制度并实时督导。我们已经在多个项目对施工单位实施绿色过程评分制度，取得了良好效果。

2.3 材料采购方面

我们持续加大集中采购力度，集约利用资源，加大材料招投标中绿色、环保的评分权重，支持绿色产品与绿色供应商。例如，自 2005 年以来我们集中采购的电梯，都是较传统电梯节能 30％以上的新型节能电梯。

2.4 加大精装修比例

有效避免了零散家装对建筑的结构性伤害、资源浪费与环境污染。目前，中海地产住宅产品的精装修比例行业领先。通过多年的绿色实践，我们建立了别墅、集合住宅、商业楼宇的绿色技术组合，实现部分绿色技术模块的标准复制。

2.5 绿色效益

工科中海的市场口碑正在增添更浓郁的绿色，这一附加价值亦获得市场高度认可，进而推动中海地产经济效益的提升。自正式启动绿色地产开发以来，2005～2013 年，中海地产的销售额、净利润年均复合增长率均超过 40％，净利润连续多年保持行业第一，实现了有质量的规模增长，巩固了行业综合实力第一的市场地位。绿色材料、设施、技术的创新应用，也逐渐体现为产品竞争力与产品溢价。

对于计划长期持有的商业物业，我们坚持在开发建设期增加绿色投入，转化为长期高回报的开发运营思路。例如，北京中海广场采用多种类、多层次的绿色技术与设施，获 LEED 金级认证，吸引了富有社会责任感、注重绿色形象的知名跨国公司入驻，如迪士尼、丰田中国、法国航空、BBC 等。目前，北京中海广场出租率达 98％，租金达到 15 元/(m² · d)，达到国内甲 A 级写字楼的一流租金水平。对于中高端住宅项目，我们坚持以绿色应用获取更高产品溢价。例如，苏州中海国际社区 199-3 项目，获国家绿色建筑三星级认证，项目平均售价高出周边同档次楼盘 10％以上。

3 绿色建筑集成技术化

经过多年来的开发建设经验积累，中海地产将被动式节能为主要出发点的绿色建筑理念逐步引入项目开发体系中，使其成为企业核心竞争力的重要组成部分。先后进行了以绿色建筑三星级标识、国家"科技示范项目"、美国 LEED 金级认证为目标的多个居住及办公项目实践。其中，苏州国际社区 199-3 项目和北京中海地产广场获得国家绿色建筑设计标识三星级认证，北京中海广场获得 LEED（CS）金级认证，成都城南 1 号商业一期和上海建国东路 65 街写字楼项目获得 LEED（CS）金级预认证。

通过对技术研究成果实践反馈后再研究的形式，达到绿色集成技术的研究目标。形成中海地产重点技术：五大系统十大技术标准。

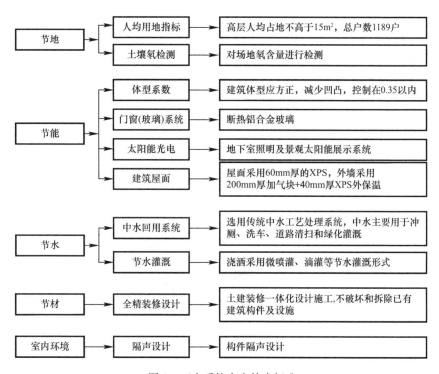

图 1 五大系统十大技术标准

以苏州中海海悦四区项目为例，该项目位于苏州中新工业园区方洲公园周边居住区，总体规划以高层住宅为主的中高档居住区，总建筑面积 159447m²。该项目主要设计采用传统中水工艺处理系统回用中水、节水灌溉、建筑体型系数控制、太阳能光伏发电、户式中央新风系统等设施和手段，做到节能、节地、节水、节材和环保，并于 2011 年获得绿色建筑设计标识三星级认证。

3.1 节地与室外环境

（1）绿色建筑用地指标

根据《绿色建筑评价标准》GB/T 50378—2019 要求，高层居住建筑的人均用地指标需≤15m²。项目用地面积约 57056m²，根据标准进行计算，该项目居住总户数不低于1189 户，在规划设计中以一梯三户小户型为主，在满足舒适度的前提条件下，尽量控制户均住宅面积指标，减少建筑占地面积。

（2）绿化景观设计

利用周边绿化资源，合理配置绿地、美化环境。达到资源最大化利用，集约土地使用。项目的绿地率为 53.85%，达到绿色建筑要求。

（3）日照分析

项目按照日照要求和建筑间距的规定进行布局，优化建筑布局及朝向，并采用专业的日照分析软件进行分析，以保证建筑主要活动空间获得良好的日照，满足住户舒适度要求。

（4）场地声环境

采用平行布局，最大限度地阻挡了场地周边交通噪声对小区内部的影响。采用密封性好的中空外门窗，也有效降低了噪声对住户的影响。

（5）场地风环境

根据电脑模拟分析（图 2、图 3），小区设计采用板点结合、平行布局方式，有效地避免了冬季风害，提高了热舒适度，为室内自然通风提供了有利条件。

部分建筑底层架空，使通风流线更加顺畅。项目还采用种植高大树木的方法减弱来流风速，避免区域风速超标。在冬季，由于建筑立面风压差达 15Pa，项目关注门窗防风的处理。外窗气密性达到 8 级，抗风压 9 级，避免冷风渗入。

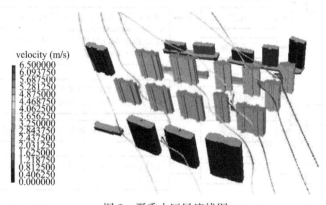

图 2　夏季小区风流线图

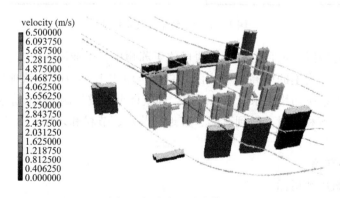

图 3　冬季小区风流线图

（6）热岛强度

确定适宜的建筑密度和布局，合理利用景观植栽遮挡建筑表面和硬质地面；外墙采用浅色饰面减少吸热；在热环境不利的地方布置雾森系统、局部水景进行降温；单体设计合理的空调外机和厨房排热装置，减少排热对住区热环境造成的不良影响。

3.2 节能与能源利用

（1）外围护节能

外围护结构采用节能材料。建筑单体设计充分考虑体型对能耗的影响，形体尽量方正，减少凹凸。北向窗墙比控制在 0.3 以内，体型系数控制在 0.35 以内。满足采暖或空调能耗不高于国家批准或备案的建筑节能标准规定值 80% 的要求。

（2）节能照明系统

住宅公共部位及商业、物业管理用房照明采用高效光源、高效灯具和低损耗镇流器，设置照明声控、光控、定时、感应等自控装置。在自然采光区域配置定时或光电控制设施；通过智能系统根据环境亮度或自身要求，对室外景观照明进行开关与亮度调节；公用大堂、楼电梯间、车库等室内部位采用感应照明系统。

（3）太阳能光伏系统

在对太阳能光伏发电系统、工艺、成本、维护等研究后，在发电形式上选用离网发电形式，用于单体门厅、地下室、入户过道处，日用电量约为 12kW·h，节约能源。

3.3 节水与水资源利用

（1）节水器具选用

用节水器具和设备，采用减压限流措施。达到行业标准《节水型生活用水器具》CJ/T 164—2014 要求。节水率达 10%。

（2）非传统水源利用

非传统水源利用系统是绿色建筑设计标识三星级技术要求中较为重要的一项。通过对自身特点、区域内水资源情况、绿色建筑的水资源利用要求综合考虑，选用中水回用系统，在技术和经济合理的前提下，尽可能提高非传统水源利用率；通过污水的循环利用，降低污水排放量，减缓市政污水管网的压力；实现水系统投资与运行的合理化和减排效果的优化。

（3）雨水回用

将雨水通过设备收集，作为小区景观灌溉之用。

（4）节水灌溉

项目采用喷灌或微灌等高效节水灌溉方式，有效达到节水的目的。

3.4 节材与材料资源利用

（1）就地取材

90% 的建筑材料产于距施工现场 500km 范围内。

（2）预拌混凝土

现浇混凝土全部采用预拌，部分砂浆采用干混砂浆，混凝土或砂浆中加入高性能的外加剂，有效提高了产品质量，保证了性能稳定性，也避免了现场拌制的扬尘和噪声污染。

（3）高性能材料

墙体材料采用加气混凝土砌块，外墙采用岩棉保温，屋面采用泡沫玻璃板；外窗窗框采用隔热铝合金型材，达到节能效果；给水排水管采用绿色、环保的化学管材，不锈蚀。

（4）循环再利用

选用具有可再循环使用性能的建筑材料，如金属材料、玻璃、铝型材、木材等，项目建筑材料总质量约257078t，可循环材料总质量约20821t，可循环材料比例约为8.10%。

（5）以废弃物为原料生产的建材利用

项目在建筑施工过程中制定绿色施工方案，进行绿色施工管理，制定废品回收计划和方法。对施工、旧建筑拆除和场地清理产生的垃圾、废弃物在现场进行分类处理，并对各类材料进行合理的再利用或回收处理。

（6）精装修

项目采用土建一体化设计，根据最终建筑装修面材料尺寸调整建筑物尺寸，最大限度地保证装修面层材料使用整料，减少边角部分半料的切割和浪费。预先统一进行建筑构件上的孔洞预留和装修面层固定件的预埋，防止在装修施工阶段对已有建筑构件大凿、穿孔。

3.5 室内环境质量

（1）室内空气质量控制

室内空气品质控制强调事前预测、事中控制、事后检验，实施全过程的有效监督。项目从工程的规划设计开始，就全程严格控制各种污染因素。

把室内空气品质最差的厨房、卫生间纳入设计重点，扩大面积，对开窗的明厨、明卫，安装抽烟排气、除湿设备，实行管线统一暗设等，使其成为通风、采光良好、清洁、美观的空间。

（2）室内光环境

通过扩大开窗面积，保证采光效果良好。当次卧室等因客观原因开窗面积较小时，采光欠佳。采用浅色涂料（如白色、米色等）增强室内光感。

（3）室内声环境

根据模拟分析，西向建筑临近主要交通干道，建筑立面声压级分布较大。外窗设计采用铝型材单框断热桥中空充惰性气体玻璃，中空玻璃的隔声量大于25dB，可以满足在关窗状态下隔声的要求。

（4）室内风环境

自然通风可以提高居住者的舒适感，有助健康。在室外气象条件良好的条件下，加强自然通风还有助于缩短空调设备的运行时间，降低空调能耗。绿色建筑特别强调自然通风。

中海海悦花园四区等10多个小区被住房和城乡建设部认证为设计标识三星、二星、一星，还将根据标准化建造、推广绿色建筑并不断总结绿色建筑经验，实现绿色建筑开发标准化的操作模式。通过对多个项目技术研究总结，形成绿色建筑集成化技术研究，形成行业标准，指导项目实践。

4 绿色建筑制度化

在房地产行业，中海地产最早将绿色地产研发成果，转化为企业执行的技术准则与制度。2007年，我们结合我国《绿色建筑评价标准》与美国LEED标准，推出了《中海地产绿色建筑技术导则》，对绿色地产的开发理念、实施技术细则等予以详细规范，获得住房和城乡建设部的高度评价；结合自身运营管理特点，发布了《中海地产绿色建筑推行实施办法》，包括绿色地产项目实施过程控制管理体系、成本控制体系、外部资源平台三大部分。这两份标准与制度，成为全公司贯彻的绿色制度。

4.1 管理办法

《中海地产绿色建筑推行实施办法》结合房地产住宅项目开发的特点，制定了操作性强的项目开发管理程序，建立了适用于绿色住宅的技术实现控制流程及要点，为在项目开发中全面、广泛地运用成熟绿色建筑技术，创造更加优质、环保的居住环境提供有力的管理制度保障。

绿色建筑具体实施办法分为项目实施过程控制管理体系、项目成本控制体系、外部资源平台三大部分。其中，项目实施过程控制管理体系包括前期策划、项目设计、施工管理、运行管理、项目后评估及示范项目申报流程五个部分；项目成本控制体系分绿色建筑项目成本管理流程和绿色建筑项目成本控制对象两个部分；外部资源平台则主要是针对设计单位、施工单位、物业单位、认证单位方的管理工作办法。

4.2 技术导则

《中海地产绿色建筑技术导则》将我国《绿色建筑评价标准》GB/T 50378—2019与美国LEED标准相结合，作为房地产企业绿色建筑标准的制定基础，建立一套系统、可实施的房地产绿色建筑技术导则。主要框架分总则、中海地产绿色建筑技术要点、附表及附录三部分。

作为主要内容的绿色建筑技术要点部分包括了节地、节能、节水、节材、室内环境和施工运营六大方面，即按照绿色建筑评价标准相关条文划分对应指标，同时从目的、LEED与绿色建筑评价标准要求、技术要点三方面做出具体要求和阐述。该技术导则的应用方法是先判断控制项要求，明确项目目标，再选择技术并判断成本，最后确定厂家和技术支撑。

该成果在不同区域和地区的20多个项目中实施运用、完善与修订，成为房地产住宅开发领域绿色建筑实施与运用的系统工具，并且在项目实施的同时，推动分区域绿色建筑技术标准化体系的建立。

5 自身建设与规划目标

作为中国建筑股份有限公司的地产板块企业，中海地产要从建筑产业的起始端开始，做好城市开发建设、设计管控、施工质量管控、物业管理等等工作。前期做好绿色建筑计划，使后期各项工作提高效率，减少不必要的浪费。

中海地产还与住房和城乡建设部节能中心、中建设计集团、中国建筑科学研究院、深圳市建筑科学研究院、上海市建筑科学研究院等国内专业机构长期合作，开展绿色地产前沿研究，并被推举为中国绿色建筑委员会绿色房地产学组组长单位。

未来，我们将秉承绿色建筑的理念，遵循财政部与住房和城乡建设部联合发布的《关于加快推动我国绿色建筑发展的实施意见》，力争到2020年我公司绿色建筑占开发量的比重超过国家提出的30%的要求。同时，我们将积极发挥行业标杆示范效应，带动同行大力推进绿色地产，助推上下游企业围绕绿色技术、绿色产品的研发与生产，实现转型升级。

"十三五"期间，我们将进一步加强绿色地产研究，在已有的研究成果、制度规范、绿色实践的基础上，全面总结、提高、完善，自主研发一套系统的绿色地产开发规范与标准。在总公司的指导与支持下，通过自身的努力研发与实践，持续保持中国绿色地产引领者的地位。

当前，持续的房地产调控正在牵引房地产行业的发展转型与格局重构，中国房地产行业正朝着城镇化、调控常态化、民生住宅保障化、开发精细化、利润平均化方向发展。我们必须顺应市场发展趋势，才能持续巩固并提升行业领先地位。绿色地产将是未来中海地产进一步提升核心竞争力的重要手段，需要更加努力与创新。我们期盼中建集团在更高层面呼吁、推动对绿色地产的鼓励与优惠配套政策，实现企业、客户、合作伙伴、社会的和谐共赢。

中海地产将持续坚持绿色建筑开发，建设绿色生态示范性工程，以点带面地大力开展绿色建筑申报，"十三五"期间打造完成绿色建筑品牌系列产品。

参考文献

[1] 绿色建筑评价标准 GB/T 50378—2019 [S]. 北京：中国建筑工业出版社，2019.
[2] 严玲，尹贻林. 工程造价导论 [M]. 天津：天津大学出版社，2004.
[3] 林其标. 建筑防热 [M]. 广州：广东科技出版社，1997.
[4] 董士波. 建设项目全生命周期成本确定与控制研究 [D]. 哈尔滨工业大学管理科学与工程，2006.
[5] 孙璐. 从寿命周期的角度看绿色建筑设计 [J]. 城市环境设计，2003，3：97-99.
[6] 张倩影. 绿色建筑全生命周期评价研究 [D]. 天津：天津理工大学，2009.

绿色建筑设计与施工全过程的量化评价体系

潘树杰 何 军 王 勇 张瑞甫 曾荣裕

摘 要：本文通过分析新建筑在设计与施工全过程中绿色环保评价的核心要素，结合中国建筑工程（香港）有限公司在香港推广绿色建筑的丰富实践经验，参考国内外主流绿色建筑评价工具的设计，充分考虑定性和定量指标综合作用，研究了评价指标的内容与权重，提出创新性和可操作性强的绿色建筑评价体系，供业内人士及研究人员参考，希望能为绿色建筑在中国的持续快速发展做出贡献。

关键词：绿色建筑；设计与施工；评价体系；指标权重

QUANTITATIVE EVALUATION SYSTEM FOR THE WHOLE PROCESS OF DESIGN AND CONSTRUCTION OF GREEN BUILDING

Pan Shu Jie　He Jun　Wang Yong　Zhang Rui Fu　Zeng Rong Yu

Abstract：Based on the analysis of the core elements of green environmental protection evaluation in the whole process of design and construction of new building, combined with the rich practical experience of promoting green building in Hong Kong by China State Construction Engineering (Hong Kong) Limited, makes reference to the design of the mainstream green building evaluation tools at home and abroad, and studies the content and weight of the evaluation index, this paper puts forward the innovative and operable green building evaluation system, which can be used for reference by the industry and researchers, hoping to contribute to the continuous and rapid development of green building in China.

Key words：Green Building; Design and Construction; Evaluation System; Content and Weight

1 引言

1.1 绿色建筑的概念及评价核心要素

2004 年 8 月，建设部将"绿色建筑"明确定义为："为人们提供健康、舒适、安全的居住、工作和活动的空间，同时在建筑全生命周期中实现高效率地利用资源、最低限度地影响环境的建筑物。"

1.2 国内外绿色建筑评价背景

世界范围已应用的绿色建筑评价体系有：LEED/Green Globes（美国）、BREEAM（英国）、CASBEE（日本）、NABERS（澳大利亚）、GB/Tool（加拿大）、HQE（法国）、HKBEAM（中国香港地区）、CONQUAS（新加坡）等。中国于 2006 年出台第一部绿色建筑评价国家标准《绿色建筑评价标准》，用于评价住宅建筑和办公建筑、商场、宾馆等公共建筑的绿色环保水平。

2 新建筑绿色评价体系的设立

新评价体系包含一级评分大类、二级评分单项指标，每一个单项指标归入三个指标类，以便于评分大类及单项指标的权重分析。通过权重分析，可得到各评分大类的权重及单项指标间的权重分配。进而加权求和，可得评价项目总分（图 1）。

结合香港地区项目实际情况和发展理念、香港地区绿色建筑推广具体要求，并参考国内外主流评价体系的指标设定，本评价体系确定 6 个评分大类并提出若干评分单项指标。

单项指标分成 3 个指标类：M1 定量分析指标、M2 环境体验指标、M3 规范性指标。

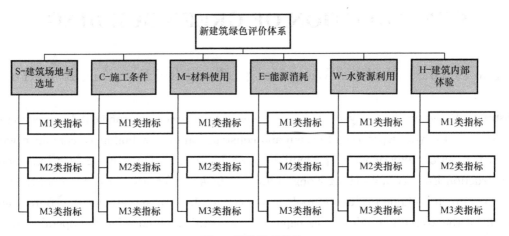

图 1 评分体系结构

本体系将采用"定量及定性指标权重分离"原则进行分值分配。各大类的 M1 指标类权重及大类中各 M1 指标权重可通过碳排放总量分析法得到；各大类 M2 指标类权重及大类中 M2 指标权重可由层次分析法得到。

3 评分大类的 M1 指标类权重的计算

全局指标 M1 是定量分析指标，故各评价大类 M1 的权重完全基于量化计算。

3.1 各大类 M1 指标的设定

经过对绿色建筑评价内容的具体研究及工程实际考察，本文提出所设定的各评价大类应包含的归于 M1 指标类的单项指标如表 1 所示。

各评价大类的 M1 单项指标　　　　　　　　　　　　　　　　　　　表 1

代码	评分单项指标	代码	评分单项指标
S	园林和植被覆盖率		设计采用节水设施
C	施工过程水污染		提升园林灌溉效率
M	推广使用预制构件		中水回收利用
E	积极采用节电设计	W	减少污水排放
	地下空间自然采光		施工过程节约用水
	地下空间自然通风		施工过程废水回收利用
	使用节能设备		施工过程采用节水设备
	推广新能源系统		室内自然采光设计
	施工过程节电	H	室内自然通风设计
	使用节能施工设备		室内温度调节系统
	施工过程节油		

3.2 评分大类 M1 指标类权重计算的原理

M1 类指标均是直接促进建筑节能减排的措施，因此先将各单项指标所影响的建筑资源消耗进行分类，再将各资源消耗类别视为碳排放源，通过分析碳排放源对于总碳排放的贡献率，得到各类资源消耗对碳排放的影响程度。

3.3 碳排放源（资源消耗）分类

（1）单项指标减碳系数 λ

对同一类碳排放源存在影响的单项指标，在所属类别中对碳排放的减少贡献存在差异，因此需为每一单项指标赋予在相应碳排放源分类中的碳排放所占该分类排放总量的百分比——减碳系数 λ。参考香港特别行政区政府及公营机构发布的数据，并结合香港地区的几个代表性工程统计数据，确定各单项指标的减碳系数。

（2）碳排放源的碳排放量计算

各碳排放源的碳排放量的计算方法如下：

$$E(a_i) = Q_i \cdot \gamma_i \tag{1}$$

式中　$E(a_i)$——碳排放源的碳排放量（吨 CO_2-e）；

Q_i——碳排放源量度数量（1 单位）；

γ_i——CO_2 排放系数（kg(CO_2-e)/单位）。

根据香港政府部门统计数据及相关研究结论[4,5,7]，可以得到各碳排放源的 CO_2 排放系数 γ_i。

（3）碳排放源的排放贡献率 K

通过香港地区已建的 5 个项目的数据分析，可得到每个项目的 9 个碳排放源的碳排放量，据此计算各碳排放源的排放贡献率 K_i

$$K_i = \frac{E(a_i)}{\sum E(a_i)} \tag{2}$$

5 个代表性项目的碳排放源排放贡献率 K_i 如表 2 所示。经分析，相关性很强，均值较可靠。

碳排放贡献率	项目 1	项目 2	项目 3	项目 4	项目 5	平均值 $\overline{K_i}$
K_1	−0.02	−0.02	−0.01	−0.02	−0.04	−0.02
K_2	89.88	84.88	88.17	86.13	87.46	87.30
K_3	4.49	4.24	4.41	4.51	4.32	4.39
K_4	3.75	4.87	5.57	5.45	5.70	5.07
K_5	0.53	0.57	0.52	0.61	0.54	0.55
K_6	0.18	0.18	0.18	0.20	0.19	0.19
K_7	0.03	0.08	0.05	0.06	0.08	0.06
K_8	0.07	0.07	0.01	0.06	0.02	0.05
K_9	0.01	0.02	0.01	0.02	0.01	0.01
K_{10}	1.05	5.09	1.03	2.94	1.72	2.37

（4）M1 单项指标的分值权重 p_j 计算

各 M1 单项指标占所有 M1 单项指标的权重可由下式计算：

$$p_j = \overline{K_i} \cdot \lambda_j \tag{3}$$

（5）各评分大类的 M1 指标类权重

将各 M1 单项指标分值权重根据所属评价大类重新分类合计，可得评价大类的 M1 指标类权重，如表 3 所示。

各评分大类的 M1 指标类权重 表 3

评价大类	大类指标权重代号	大类指标权重（%）
S	w_{s1}	0.02
C	w_{c1}	0.01
M	w_{m1}	2.37
E	w_{e1}	62.39
W	w_{w1}	0.31
H	w_{h1}	34.93

4 评分大类的 M2 指标类权重的计算

4.1 各大类 M2 指标的设定

同样地，结合工程实际及绿色环保需求，设定各大类 M2 单项指标。篇幅所限，表 4 仅示意性列举部分单项指标。

各大类 M2 单项指标设定（部分） 表 4

代码	评分单项	代码	评分单项
S	污染源影响及危害评估	E	减少用电高峰期需求
	文化遗产保护与保育		节能措施维护更新
	建筑周边遮阳、通风微气候影响		建立能耗监测体系
C	制定施工阶段环境保护计划	W	建立用水量监测体系
	施工噪声控制		水资源的开源节流综合措施

代码	评分单项	代码	评分单项
M	构件模数化和标准化	H	建筑智能化及安全保障
	使用环保木材		给水排水系统清洁度
	减少远距离材料运输		室内空气质量控制

4.2 评分大类 M2 指标类权重的计算方法

M2 指标类是定性分析指标，因此需要利用层次分析法（T. L. Saaty）计算各大类 M2 指标类权重及评分单项在大类内的权重。

（1）标度方法的选取

层次分析法的标度方法大体分为指数标度和分数标度两种，经过国内外学者的广泛研究，传统的九段标度法在一致性与标度权重拟合度方面具有缺陷。对于多准则下的排序问题，建议应采用 e0/5-e8/5 指数标度进行计算，以保证精度。

（2）判断矩阵 A

采用上述标度方法，通过对各评分大类的具体评价内容及绿色环保价值的分析，继而进行大类间重要性等级两两比较，即可得到比较判断矩阵。本文中重要性比较的过程采用德尔菲法，以 10 位香港地区资深的绿色建筑研究专家及工程人员的共识结果作为判断矩阵的构造来源。专家对于评分大类的重要性比较结果如表 5 所示。

评分大类重要性比较结果　　　　　　　　　　　　　　　表 5

	S	C	M	E	W	H
S	同样重要	十分重要	明显重要	同样重要	更为重要	同样重要
C		同样重要	十分不重要	更强烈不重要	强烈不重要	更强烈重要
M			同样重要	强烈不重要	明显不重要	更强烈重要
E				同样重要	更为重要	微小不重要
W					同样重要	十分不重要
H						同样重要

因此，6 个评分大类的判断矩阵为：

$$A = \begin{bmatrix} 1 & 2.718 & 2.226 & 1 & 1.822 & 1 \\ 0.3679 & 1 & 0.368 & 0.247 & 0.301 & 0.247 \\ 0.449 & 2.646 & 1 & 0.301 & 0.449 & 0.247 \\ 1 & 4.049 & 3.322 & 1 & 1.822 & 0.819 \\ 0.549 & 3.322 & 2.227 & 0.549 & 1 & 0.368 \\ 1 & 4.049 & 4.049 & 1.221 & 2.717 & 1 \end{bmatrix}$$

（3）一致性检验

a. 判断矩阵最大特征根 λ_{max} 计算

计算得到 $\lambda_{max} = 6.1632$，精度达到要求。

b. 一致性比率 CI 计算

$$CI = (\lambda_{max} - n)/(n-1) = (6.1632 - 6)/(6-1) = 0.0326$$
$$（n = 判断矩阵阶数 = 6）$$

c. 随机一致性比率 CR 计算

由平均随机一致性指标 RI 取值，有 $RI = 1.24$，故

$$CR = CI/RI = 0.0326/1.24 = 0.0263 < 0.10$$

综上，判断矩阵通过一致性检验，判断数据来源可靠，可进行权重计算。

4.3 求解各大类 M2 指标类的权重

进行权向量归一化，得到各大类 M2 指标权重，如表 6 所示。

各大类 M2 指标类权重　　　　　表 6

评价大类	指标类	M2 指标类权重代号	大类 M2 指标类权重（%）
S	M2	w_{s2}	21.27
C	M2	w_{c2}	5.37
M	M2	w_{m2}	8.56
E	M2	w_{e2}	23.14
W	M2	w_{w2}	13.85
H	M2	w_{h2}	27.81

5　评分大类的综合权重 W 计算及评分方法

5.1　各大类综合权重 W 的计算规则

基于上述分析，评分大类分值的综合权重 W 的计算，将以 M2 指标类权重为主体，在主要相关组内根据 M1 指标类权重进行比例修正；而对次要相关组的评分大类，大类综合权重将使用 M2 指标类权重，而可量化评分单项在大类内的权重则使用 M1 指标权重。此权重分配规则可平衡各大类在定性与定量评价上的显著偏向，充分将定性与定量分析结果结合，得到各大类更接近于实际情况的综合权重。

故主要相关组中 E-能源消耗及 H-建筑内部体验的综合权重 W_e 和 W_s 为：

$$W_e = (w_{e2} + w_{h2}) \cdot \frac{w_{e1}}{w_{e1} + w_{h1}}$$

$$W_h = (w_{e2} + w_{h2}) \cdot \frac{w_{h1}}{w_{e1} + w_{h1}} \tag{4}$$

各评分大类综合权重 W　　　　　表 7

组别	评分大类	M1 及 M2 指标类权重		评分大类综合权重 W（%）
主要相关组	E	w_{e1}	62.39	$W_e = 32.67$
		w_{e2}	23.14	
	H	w_{h1}	34.93	$W_h = 18.29$
		w_{h2}	27.81	
次要相关组	S	w_{s1}	0.02	$W_s = 21.29$
		w_{s2}	21.27	
	C	w_{c1}	0.01	$W_c = 5.39$
		w_{c2}	5.37	
	M	w_{m2}	2.37	$W_m = 8.51$
		w_{m1}	8.56	
	W	w_{w1}	0.31	$W_w = 13.86$
		w_{w2}	13.85	

5.2 评分方法与评分等级

本评价体系的总评分由下述步骤获得：

1）根据各大类中评分单项的达标与否，累加得到大类 M1 指标的总分及 M2 指标的总分。

2）将各大类 M1、M2 指标的总分平均，得到大类平均总分。

3）对各大类平均总分赋予权重分值并计算总评分。

计算公式如下：

$$总分 = \sum \frac{(大类 \text{M1} 总分 + 大类 \text{M2} 总分) \cdot W}{2}$$

总评分的等级设置结合最低总分要求和最低大类分值要求，规定总分必须达到最低总分值要求，对评价影响较大的 S-建筑选址与场地、E-能源消耗、H-建筑内部体验三个大类的最低分数也做出要求，设置如表 8 所示。

三个大类的最低分数要求值 表 8

评价等级	总分值	S 大类分值	E 大类分值	H 大类分值
一	80	75	75	75
二	70	65	65	65
三	60	55	55	55
四	50	40	40	40

5.3 评价算例

基于上述评分体系框架，我们对将军澳消防训练学校项目（以下称"项目"）进行了持续评分。经过评分组对项目的分析论证，对项目在评分大类中 M1、M2 评分单项指标分数的加总，得到评分结果如表 9 所示。

项目评分结果 表 9

评分大类	M1 指标总分 （%）	M2 指标总分 （%）	大类平均总分 （%）	权重分值 （百分制）	总评分 （百分制）
S	80	85	82.5	21	17.3
C	85	90	87.5	5	4.4
M	79	83	81	9	7.3
E	82	87	84.5	33	27.9
W	91	95	93	14	13.0
H	85	82	83.5	18	15.0
总分	—	—	—	—	84.9

故项目绿色建筑评价等级为一级，结合项目采取多种措施努力实现"建设全亚洲最具环保品质的消防学校"的目标，评价指导性较强。

绿色建筑发展的推进不仅仅因为自然资源的逐渐匮乏及人们环境保护意识的增强，绿色建筑所带来的经济推动力同样是绿色建筑在世界范围迅速发展的原因。就绿色建筑评价体系的设计而言，能否在评价指标设定及权重分配的指向性方面与指标的经济效益取得一致，也是评价体系是否可行、科学的评价标准之一。

6 总结

本文通过总结中国建筑工程（香港）有限公司推广绿色建筑设计及施工的丰厚经验，结合香港本地实际情况，提出了实用、全面、操作性强且发展空间大的绿色建筑评价体系的新设计，并已成功地应用于将军澳消防训练学校等项目。

1）着重关注建筑先天特性

评价体系中，S-建筑选址与场地及 H-建筑内部体验两个大类的评分单项指标，着重评估建筑的自然环境及设计能否减少对能源消耗的过多依赖。据相关机构测算，经过优化的建筑充分利用自然采光、通风及微气候分析，能源消耗减少 30％～50％。

2）以碳排放集中的能源消耗为主线

从对于 M1 指标类的权重分析可见，电、油等消耗量大的资源在建筑全生命周期所产生的碳排放是惊人的，合理节电的成本，一般在建筑生命周期中间即可收回。

3）以人的舒适度体验为中心

从建筑的功能性和人的满足程度而言，在与自然融合、交通便利、安全舒适方面做得更好的建筑，将会更受青睐。

参考文献

[1] 中华人民共和国建设部. 全国绿色建筑创新奖管理办法. 北京，2004.
[2] 中华人民共和国水利部. 2011 年中国水资源公报. 北京，2011.
[3] 美国环境保护局网站.
[4] 香港生产力促进局. 伙伴共创低碳经济. 中国香港，2012.
[5] 香港生产力促进局. 碳审计培训材料. 中国香港，2012.
[6] 香港特别行政区政府. 香港统计年刊. 中国香港，2011.
[7] 香港特别行政区环境局，可持续发展委员会. 纾缓气候变化：从楼宇节能减排开始. 中国香港，2011.
[8] 王祎等. 国外绿色建筑评价体系分析 [J]. 建筑节能，2010，38（2）.
[9] 程凯. 建筑绿色度评价指标体系及评价方法研究 [D]. 重庆：重庆大学，2010.
[10] 王宁添. 香港的供水耗供节水情况和意义 [D]. 中国香港：香港理工大学，2011.
[11] 郑雪晶，王霞. 张欢. 天津节能住宅建筑生命周期碳排放核算 [J]. 中南大学学报（自然科学版）. 第 43 卷增刊 1，2012（04）.
[12] 骆正清. 杨善林. 层次分析法中几种标度的比较 [J]. 系统工程理论与实践，2004（09）.
[13] 陈晓红. 基于层次分析法的绿色施工评价 [J]. 施工技术. 第 35 卷第 11 期：85～89.
[14] 田军等. 基于德尔菲法的专家意见集成模型研究 [J]. 系统工程理论与实践，2004.
[15] 李涛. 刘丛红. LEED 与《绿色建筑评价标准》结构体系对比研究 [J]. 建筑学报，2001.
[16] BEAM Society. BEAM Plus 1.2 for new buildings. Hong Kong，2009.
[17] 吴国华. 化石能源消费的二氧化碳排放量计算与分析 [J]. 理论学刊. 第 3 期，2012.
[18] 张倩影. 绿色建筑全生命周期评价研究 [D]. 天津：天津理工大学，2008.
[19] Rebecca C. /Retzlaff AICP. Green Building Assessment Systems：A Framework and ComParison for Planners. Journal of the American Planning Association. Volume 74，Issue 4，2008.
[20] Wayne B. Trusty，atc. Integrating LCA Tools in Green Building Rating Systems. USGBCGreenbuilding International Conference，2003.
[21] Carbon Audit Toolkitfor Small and Medium Enterprises in Hong Kong，HKU & HK PolyU.

基于大型房地产开发的绿色建筑技术方案研究与应用

罗 亮 李 剑 刘 兰 王 抒 林 灏

摘 要：本文从地产开发者的视角，探讨了一套基于国标《绿色建筑评价标准》（GB/T 50378—2014）的各星级绿色建筑技术方案。研究从"经济优选"和"技术优选"两个维度，通过"增量成本"与"实施难易度"两个指标对新国标各条款进行评价，并结合两者优势及项目实践经验，总结出集指导性、规范性与实用性于一体的各星级绿色建筑"综合优选"方案。该套方案可为绿色建筑降低开发成本、提供技术指导，并为绿色建筑的推广提供借鉴。

关键词：绿色建筑；地产开发；技术方案

1 背景

绿色建筑源于建筑对环境问题的响应。从 20 世纪六七十年代开始，人们逐渐重视能源问题，一步一步地全面审视建筑活动对居住生活环境、周边生态环境乃至全球生态环境的影响，进而开始以全生命周期的视角，思考绿色建筑对全社会的意义。

我国尚处于经济快速发展阶段。建筑业作为大量消耗资源、影响环境的主要产业之一，实现从节能建筑到绿色建筑的跨越式发展，对可持续发展有重大意义。绿色住宅建筑代表我国目前住宅建筑产业的最高水平和发展方向，也是人类社会住宅建筑发展的必然趋势。

2 案例调研

2.1 主要省市的绿色住宅建筑发展现状与趋势

自 2008 年以来，每年全国绿色住宅建筑项目数量不断增加，特别是 2010 年以后，增加速度呈指数增长趋势，如图 1 所示。此外，经统计，全国绿色建筑项目数量排在前 15 位的省份中，绝大部分省份绿色住宅建筑项目所占比重接近甚至高于 50％，如图 2 所示。其中，典型夏热冬冷地区绿色住宅建筑项目所占比重均在 50％左右，如图 3 所示。由此可见，夏热冬冷地区绿色住宅建筑项目仍有巨大的发展潜力。

2.2 绿色住宅建筑的常用技术

经对夏热冬冷地区 14 个不同星级的典型绿色建筑项目深入调研，现有绿色住宅建筑多采用技术成熟、易实施的绿色技术体系。不同项目的绿色定位，直接关系着绿色技术的应用情况。一般来说，绿色建筑定位星级越高，绿色技术集成越多。绿色建筑技术应用情况统计如图 4 所示。

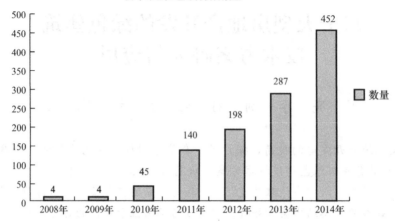

图 1　全国历年绿色住宅建筑项目数量

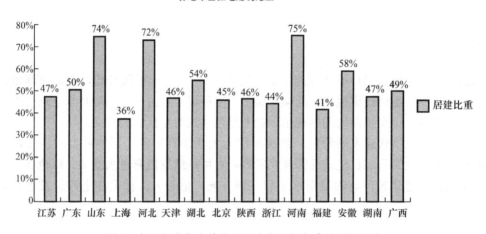

图 2　各地绿色住宅建筑项目占当地绿色建筑项目比重

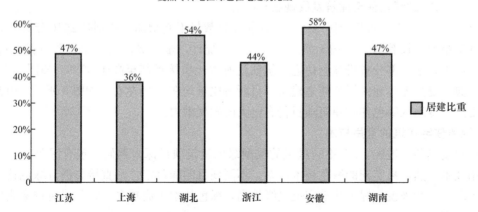

图 3　典型夏热冬冷地区绿色住宅建筑项目占当地绿色建筑项目比重

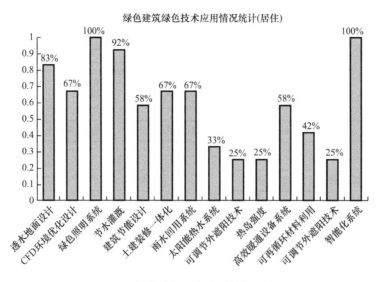

图 4　绿色建筑技术应用情况统计

经过绿色建筑技术体系应用统计分析得知，绿色住宅建筑设计过程中常采用的"十大绿色住宅建筑技术"如表 1 所示。

绿色住宅建筑常采用的"十大绿色住宅建筑技术"体系　　　　　　表 1

序号	十大绿色住宅建筑技术	实施措施
1	透水地面设计	乡土植被、植草砖、透水砖
2	CFD 环境优化设计	借助 CFD 数字模拟手段，优化建筑室内外环境
3	建筑节能设计	体型、朝向、窗墙比设计和节能保温设计
4	太阳能热水系统	常设置在屋顶或阳台立面
5	绿色照明系统	高效节能灯具以及声、光控制措施
6	雨水回用系统	收集屋面、路面等雨水，用于绿化浇灌、道路冲洗
7	节水灌溉	喷灌、滴灌
8	土建装修一体化	精装修设计、多种装修户型方案
9	高效暖通设备系统	采用高效能暖通设备，如 VRV 等
10	智能化系统	门禁安全系统、通信网络系统等

3　各星级绿色建筑推荐方案

3.1　技术路线

基于上述夏热冬冷地区绿色建筑项目调研的统计，通过对新国家标准条文进行解读，以及针对绿色建筑技术体系增量成本和增量效益的分析研究，制作各星级绿色建筑推荐方案。以某一住宅项目为例，分别从经济性和技术效果两个角度出发，选取不同的技术组合，制定各星级绿色建筑推荐方案，并进行量化分析。其中，经济优选方案主要考虑住宅建筑的经济性，技术优选方案主要考虑各项技术的可操作性。技术路线如图 5 所示。

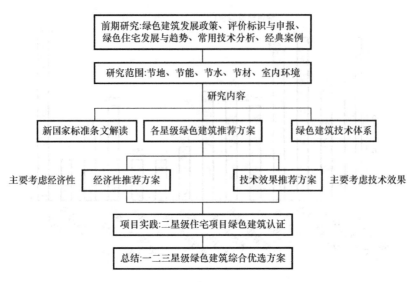

图 5 研究技术路线图

3.2 各星级绿色建筑经济优选与技术优选推荐方案

本套推荐方案以夏热冬冷地区某高层住宅小区为分析模板，由 10 幢住宅楼和地库组成。项目总用地 4 万 m²，占地 0.8 万 m²，建筑面积 12 万 m²，地下建筑面积 3.5 万 m²，绿化面积 1.4 万 m²，无集中采暖系统、冷却水系统。以此模板计算每项绿色建筑措施的增量成本并排序，由最终排序制定各星级绿色建筑经济优选推荐方案（表 2）；根据技术效果及可操作性赋予每项绿色建筑措施操作难度系数并排序，由最终排序制定各星级绿色建筑技术优选推荐方案（表 3）。

（1）各星级绿色建筑经济优选推荐方案

各星级绿色建筑经济优选推荐方案表　　　　　　表 2

大类	条款	评价总分值	技术措施	增量成本	一星	二星	三星
节地与室外环境	4.1.1	控制项	合理规划	0	○	○	○
	4.1.2	控制项	氡污染检测报告	200 元/点（包括检测）	○	○	○
	4.1.3	控制项	合理规划	0	○	○	○
	4.1.4	控制项	常规设计	0	○	○	○
	4.2.1	19	合理规划	0	√	√	√
	4.2.2	9	常规设计	0	√	√	√
	4.2.3	6	合理设计	0	√	√	√
	4.2.4	4	合理设计	0	√	√	√
	4.2.5	4	噪声检测	100 元/点	√	√	√
	4.2.6	6	室外风环境模拟分析报告	3~10 万元/报告	×	√	√
	4.2.7	4	热岛模拟分析报告	3~10 万元/报告	×	√	√
	4.2.8	9	合理规划	0	√	√	√
	4.2.9	3	常规设计	0	√	√	√
	4.2.10	6	常规设计	0	√	√	√
	4.2.11	6	合理规划	0	√	√	√
	4.2.12	不参评		—	—	—	—

大类	条款	评价总分值	技术措施	增量成本	一星	二星	三星
节地与室外环境	4.2.13	9	蓄水功能的绿地和水体	250 元/m²	×	×	√
			雨水收集利用系统	60 万/套	×	×	√
			透水硬质铺装	150 元/m²	×	×	√
	4.2.14	6	合理设计	0	×	×	√
	4.2.15	6	合理搭配乔木、灌木和草坪	0	√	√	√
			居住建筑绿地配植乔木不少于 3 株/100m²	30 元/株	×	√	√
	实际得分		本部分参评项满分 97，加权系数 0.21		58	68	83
	指标得分		要求：≥40		59.8	70.1	85.6
节能与资源利用	5.1.1	控制项	合理设计	0	○	○	○
	5.1.2	控制项	合理设计	0	○	○	○
	5.1.3	控制项	合理设计	0	○	○	○
	5.1.4	控制项	合理设计	0	○	○	○
	5.2.1	6	优化设计报告	300～5000 元/报告	×	×	×
	5.2.2	6	合理设计	0	√	√	√
	5.2.3	10	以能耗模拟计算	100～180 元/m²	√	√	√
	5.2.4	6	供暖空调系统的冷、热源机组能效	6300 元/户	√	√	√
	5.2.5	6	合理选择空调输配系统	0	√	√	√
	5.2.6	10	优化报告	3～6 万元/报告	√	√	√
	5.2.7	6	合理设计	0	√	√	√
	5.2.8	9	合理设计	0	√	√	√
	5.2.9	5	合理设计	0	√	√	√
	5.2.10	8	合理设计	0	√	√	√
	5.2.11	3	合理设计	0	√	√	√
	5.2.12	5	节能型电气设备	10%～20%（原成本增加）	×	√	√
	5.2.13	3	排风能量回收系统	5 元/m³（新风量）	×	×	√
	5.2.14	不参评	—	—	—	—	—
	5.2.15	不参评	—	—	—	—	—
	5.2.16	10	合理利用可再生能源	2800～6000 元/户	×	×	√
	实际得分		本部分参评项满分 93，加权系数 0.24		52	63	76
	指标得分		要求：≥40		59.8	72.4	87.4
节水与水资源利用	6.1.1	控制项	合理设计	0	○	○	○
	6.1.2	控制项	合理设计	0	○	○	○
	6.1.3	控制项	合理设计	0	○	○	○
	6.2.1	不参评	—	—	—	—	—
	6.2.2	7	避免管网漏损	2.01 元/m²	×	×	×
	6.2.3	8	给水系统无超压出流	0.25 元/m²	√	√	√
	6.2.4	6	用水计量装置	1.4 元/m²	×	√	√
	6.2.5	不参评	—	—	—	—	—

169

大类	条款	评价总分值	技术措施	增量成本	一星	二星	三星
节水与水资源利用	6.2.6	10	较高用水效率等级的卫生器具	3.5 元/m²	√	√	√
	6.2.7	10	节水灌溉	3.86 元/m²	×	√	√
	6.2.8	10	空调设备或系统采用节水冷却技术	1.01 元/m²	√	√	√
	6.2.9	5	其他用水采用节水技术或措施	1.01 元/m²	×	×	√
	6.2.10	15	采用非传统水源	27.77 元/m²	×	×	√
	6.2.11	8	冷却水系统	0	√	√	√
	6.2.12	7	合理设计	0	√	√	√
	实际得分	本部分参评项满分86，加权系数0.2			44	54	71
	指标得分	要求：≥40			51.2	62.8	82.6
节材与材料资源利用	7.1.1	控制项	常规设计	0	○	○	○
	7.1.2	控制项	合理设计	0	○	○	○
	7.1.3	控制项	合理设计	0	○	○	○
	7.2.1	9	合理设计	0	√	√	√
	7.2.2	5	合理设计	0	×	√	√
	7.2.3	10	合理设计	0	√	√	√
	7.2.4	不参评	—	—	—	—	—
	7.2.5	5	预制构件	1～5 元/m²	×	×	×
	7.2.6	6	整体化厨房、卫浴间	0	×	×	√
	7.2.7	不参评	—	—	—	—	—
	7.2.8	10	常规设计	0	√	√	√
	7.2.9	5	常规设计	0	√	√	√
	7.2.10	10	高强建筑结构材料	0.05～0.28 元/m²	×	√	√
	7.2.11	5	高耐久性建筑结构材料	7～9 元/m²	×	×	×
	7.2.12	10	可再利用和可再循环建筑材料	0～1 元/m²	√	√	√
	7.2.13	不参评	—	—	—	—	—
	7.2.14	不参评	—	—	—	—	—
	实际得分	本部分参评项满分75，加权系数0.17			33	46	60
	指标得分	要求：≥40			44.0	61.3	80.0
室内环境质量	8.1.1	控制项	常规设计	0	○	○	○
	8.1.2	控制项	常规设计	0	○	○	○
	8.1.3	控制项	常规设计	0	○	○	○
	8.1.4	控制项	常规设计	0	○	○	○
	8.1.5	控制项	常规设计	0	○	○	○
	8.1.6	控制项	常规设计	0	○	○	○
	8.1.7	控制项	常规设计	0	○	○	○
	8.2.1	6	室内噪声预测报告	1.5 万元/报告	√	√	√

大类	条款	评价总分值	技术措施	增量成本	一星	二星	三星
室内环境质量	8.2.2	9	常规设计	0	√	√	√
			防隔声垫	12 元/m²	×	×	√
	8.2.3	4	建筑平面、空间布局合理	0	√	√	√
			降低排水噪声的有效措施	0.28 元/m²（同层排水） 5 元/m²（有旋降噪PVC排水管材）	×	×	√
	8.2.4	不参评	—	—	—	—	—
	8.2.5	3	常规设计	0	√	√	√
	8.2.6	8	常规设计	0	√	√	√
	8.2.7	14	合理的控制眩光措施	0	√	√	√
			内区采光系数	0	√	√	√
			地下空间平均采光系数	3 万元/报告（采光计算） 50 元/m²（导光筒）	×	√	√
	8.2.8	12	可控外遮阳	500~2000 元/m²	×	×	√
	8.2.9	不参评	—	—	—	—	—
	8.2.10	13	常规设计	0	√	√	√
	8.2.11	7	气流组织模拟报告	4 万元/报告	×	√	√
			避免空气和污染物串通	0	√	√	√
	8.2.12	不参评	—	—	—	—	—
	8.2.13	5	一氧化碳监测器	1000 元/个	×	√	√
实际得分		本部分参评项满分 81，加权系数 0.18			45	58	69
指标得分		要求：≥40			55.6	71.6	85.2
提高与创新		—					
最终得分		总分评价标准：一星≥50，二星≥60，三星≥80			54.6	68.0	84.4

注：各星级方案推荐：○（控制项，必选），√（参评项，应选），×（参评项，不选），—（不参评，不选）。

各星级绿色建筑技术优选推荐方案表 表 3

大类	条款	评价总分值	技术措施	实施难易度	一星	二星	三星
节地与室外环境	4.1.1	控制项	合理规划	易	○	○	○
	4.1.2	控制项	氡污染检测报告	易	○	○	○
	4.1.3	控制项	合理规划	易	○	○	○
	4.1.4	控制项	常规设计	易	○	○	○
	4.2.1	19	合理规划	易	√	√	√
	4.2.2	9	常规设计	易	√	√	√
	4.2.3	6	合理设计	易	√	√	√
	4.2.4	4	合理设计	易	√	√	√
	4.2.5	4	噪声检测	易	√	√	√
	4.2.6	6	室外风环境模拟分析报告	易	√	√	√
	4.2.7	4	热岛模拟分析报告	中等	×	√	√
	4.2.8	9	合理规划	易	√	√	√
	4.2.9	3	常规设计	易	√	√	√
	4.2.10	6	常规设计	易	√	√	√

大类	条款	评价总分值	技术措施	实施难易度	一星	二星	三星
节地与室外环境	4.2.11	6	合理规划	易	√	√	√
	4.2.12	不参评	—	—	—	—	—
	4.2.13	9	蓄水功能的绿地和水体	难	×	×	√
			雨水收集利用系统	难	×	×	√
			透水硬质铺装	易	√	√	√
	4.2.14	6	合理设计	难	×	×	√
	4.2.15	6	合理搭配乔木、灌木和草坪	易	√	√	√
			居住建筑绿地配植乔木不少于3株/100m²	中等	×	√	√
	实际得分		本部分参评项满分97，加权系数0.21		67	71	83
	指标得分		要求：≥40		69.1	73.2	85.6
节能与资源利用	5.1.1	控制项	合理设计	易	○	○	○
	5.1.2	控制项	合理设计	易	○	○	○
	5.1.3	控制项	合理设计	易	○	○	○
	5.1.4	控制项	合理设计	易	○	○	○
	5.2.1	6	优化设计报告	易	×	×	×
	5.2.2	6	合理设计	易	√	√	√
	5.2.3	10	以能耗模拟计算	易	√	√	√
	5.2.4	6	供暖空调系统的冷、热源机组能效	易	√	√	√
	5.2.5	6	合理选择空调输配系统	难	×	×	×
	5.2.6	10	优化报告	难	√	√	√
	5.2.7	6	合理设计	易	√	√	√
	5.2.8	9	合理设计	易	√	√	√
	5.2.9	5	合理设计	易	√	√	√
	5.2.10	8	合理设计	易	√	√	√
	5.2.11	3	合理设计	易	√	√	√
	5.2.12	5	节能型电气设备	中等	×	√	√
	5.2.13	3	排风能量回收系统	难	×	×	√
	5.2.14	不参评	—	—	—	—	—
	5.2.15	不参评	—	—	—	—	—
	5.2.16	10	合理利用可再生能源	难	×	×	√
	实际得分		本部分参评项满分93，加权系数0.24		52	63	76
	指标得分		要求：≥40		59.8	72.4	87.4
节水与水资源利用	6.1.1	控制项	合理设计	易	○	○	○
	6.1.2	控制项	合理设计	易	○	○	○
	6.1.3	控制项	合理设计	易	○	○	○
	6.2.1	不参评	—	—	—	—	—
	6.2.2	7	避免管网漏损	难	×	×	×
	6.2.3	8	给水系统无超压出流	易	√	√	√
	6.2.4	6	用水计量装置	易	√	√	√

大类	条款	评价总分值	技术措施	实施难易度	一星	二星	三星
节水与水资源利用	6.2.5	不参评	—	—	—	—	—
	6.2.6	10	较高用水效率等级的卫生器具	易	√	√	√
	6.2.7	10	节水灌溉	中等	×	√	√
	6.2.8	10	空调设备或系统采用节水冷却技术	易	√	√	√
	6.2.9	5	其他用水采用节水技术或措施	难	×	×	√
	6.2.10	15	采用非传统水源	难	×	×	√
	6.2.11	8	冷却水系统	易	√	√	√
	6.2.12	7	合理设计	易	√	√	√
	实际得分	本部分参评项满分86，加权系数0.2			43	54	71
	指标得分	要求：≥40			50.0	62.8	82.6
节材与材料资源利用	7.1.1	控制项	常规设计	易	○	○	○
	7.1.2	控制项	合理设计	易	○	○	○
	7.1.3	控制项	合理设计	易	○	○	○
	7.2.1	9	合理设计	易	√	√	√
	7.2.2	5	合理设计	中等	×	√	√
	7.2.3	10	合理设计	易	√	√	√
	7.2.4	不参评	—	—	—	—	—
	7.2.5	5	预制构件	难	×	×	√
	7.2.6	6	整体化厨房、卫浴间	难	×	×	√
	7.2.7	不参评	—	—	—	—	—
	7.2.8	10	常规设计	易	√	√	√
	7.2.9	5	常规设计	易	√	√	√
	7.2.10	10	高强建筑结构材料	易	√	√	√
	7.2.11	5	高耐久性建筑结构材料	难	×	×	×
	7.2.12	10	可再利用和可再循环建筑材料	中等	×	√	√
	7.2.13	不参评	—	—	—	—	—
	7.2.14	不参评	—	—	—	—	—
	实际得分	本部分参评项满分75，加权系数0.17			33	46	60
	指标得分	要求：≥40			44.0	61.3	80.0
室内环境质量	8.1.1	控制项	常规设计	易	○	○	○
	8.1.2	控制项	常规设计	易	○	○	○
	8.1.3	控制项	常规设计	易	○	○	○
	8.1.4	控制项	常规设计	易	○	○	○
	8.1.5	控制项	常规设计	易	○	○	○
	8.1.6	控制项	常规设计	易	○	○	○
	8.1.7	控制项	常规设计	易	○	○	○
	8.2.1	6	室内噪声预测报告	易	√	√	√

大类	条款	评价总分值	技术措施	实施难易度	一星	二星	三星
室内环境质量	8.2.2	9	常规设计	易	√	√	√
			防隔声垫	中等	×	√	√
	8.2.3	4	建筑平面、空间布局合理	易	√	√	√
			降低排水噪声的有效措施	易	√	√	√
	8.2.4	不参评	—	—	—	—	—
	8.2.5	3	常规设计	易	√	√	√
	8.2.6	8	常规设计	易	√	√	√
	8.2.7	14	合理的控制眩光措施	易	√	√	√
			内区采光系数	易	√	√	√
			地下空间平均采光系数	难	×	×	√
	8.2.8	12	可控外遮阳	难	×	×	√
	8.2.9	不参评	—	—	—	—	—
	8.2.10	13	常规设计	易	√	√	√
	8.2.11	7	气流组织模拟报告	易	√	√	√
			避免空气和污染物串通	易	√	√	√
	8.2.12	不参评	—	—	—	—	—
	8.2.13	5	一氧化碳监测器	易	√	√	√
	实际得分	本部分参评项满分81，加权系数0.18			56	59	69
	指标得分	要求：≥40			69.1	72.8	85.2
提高与创新	—						
最终得分	总分评价标准：一星≥50，二星≥60，三星≥80				58.8	68.8	84.4

注：各星级方案推荐：○（控制项，必选），√（参评项，应选），×（参评项，不选），—（不参评，不选）。

（2）成果应用实践

选取中海地产无锡 XDG-2011-86 号地块 C 区 1 号～17 号楼项目（图6）对上述"经济优选"及"技术优选"两套方案进行效果验证。验证结果如下：

1）技术选择上，实际项目试评与研究成果的推荐方案契合度较高，研究成果具备指导意义。

2）但实际项目操作时因地制宜，部分技术选择上也存在一定差异。

3）研究成果的推荐方案计算得分，在满足二星级评分标准上，高于实际项目，可以再优化以降低成本。

4）技术优选方案比经济优选方案的得分略高。

总体而言，无锡 XDG-2011-86 号地块 C 区 1～17 号楼项目与推荐方案整体契合度较高，推荐方案的研究成果适用于住宅产品；同时，建议在实际项目选用中，结合项目自身情况适当调整技术组合。

本研究的成果效益，即在新国家标准提升了申报难度的同时，通过本研究的技术方案，采取有针对性的措施降低了项目开发过程中单方绿色增量成本。对比未应用本方案的中海地产苏州 616 号地块项目，可以看出无锡 86 号 C 地块项目绿色建筑单位面积增量成本大幅降低。对比结果如表4所示。

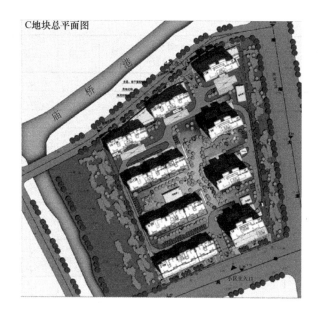

图 6 无锡 XDG-2011-86 号地块 C 区项目

应用课题研究成果后绿标认证增量成本对比 表 4

	苏州 616 号地块	无锡 86 号 C 地块
适用标准	GB/T 50378—2006	GB/T 50378—2014
星级认证	二星级	二星级
绿色建筑技术增量总成本	2420 万元	506.83 万元
申报建筑面积	27.12 万 m²	11.69 万 m²
单位建筑面积增量成本	89.2 元/m²	43.35 元/m²

4 各星级绿色建筑综合优选方案

综合考虑经济指标优选、技术效果指标优选、项目验证结论，制定出一、二、三星级共三套指标综合优选推荐方案（表5）。此三套方案的大部分推荐条文对于住宅项目具有通用性，同时对于实际情况存在差异的项目，个别条文可进行调整及优化。调整优化建议分别按照经济优选和技术优选进行说明。

各星级绿色建筑综合优选方案 表 5

大类	条款	评价总分值	技术措施	增量成本	实施难易度	得分功效排序	一星	二星	三星
节地与室外环境	4.1.1	控制项	合理规划	0	易	0	○	○	○
	4.1.2	控制项	氡污染检测报告	200 元/点（包括检测）	易	0			○
	4.1.3	控制项	合理规划	0	易	0			
	4.1.4	控制项	常规设计	0	易	0	○	○	○

大类	条款	评价总分值	技术措施	增量成本	实施难易度	得分功效排序	一星	二星	三星
节地与室外环境	4.2.1	19	合理规划	0	易	1	√	√	√
	4.2.2	9	常规设计	0	易	1	√	√	√
	4.2.3	6	合理设计	0	易	1	√	√	√
	4.2.4	4	合理设计	0	易	1	√	√	√
	4.2.5	4	噪声检测	100元/点	易	1	√	√	√
	4.2.6	6	室外风环境模拟分析报告	3万～10万元/报告	易	1	√	√	√
	4.2.7	4	热岛模拟分析报告	3万～10万元/报告	中等	2	×	√	√
	4.2.8	9	合理规划	0	易	1	√	√	√
	4.2.9	3	常规设计	0	易	1	√	√	√
	4.2.10	6	常规设计	0	易	1	√	√	√
	4.2.11	6	合理规划	0	易	1	√	√	√
	4.2.12	不参评	—	—	—	—	—	—	—
	4.2.13	9	蓄水功能的绿地和水体	250元/m²	难	3	×	×	√
			雨水收集利用系统	60万元/套	难	3	×	×	√
			透水硬质铺装	150元/m²	易	2	×	√	√
	4.2.14	6	合理设计	0	难	3	×	×	√
	4.2.15	6	合理搭配乔木、灌木和草坪	0	易	1	√	√	√
			居住建筑绿地配植乔木不少于3株/100m²	30元/株	中等	2	×	√	√
	实际得分	本部分参评项满分97，加权系数0.21					57	64	76
	指标得分	要求：≥40					58.8	66.0	78.4
节能与资源利用	5.1.1	控制项	合理设计	0	易	0	○	○	○
	5.1.2	控制项	合理设计	0	易	0	○	○	○
	5.1.3	控制项	合理设计	0	易	0	○	○	○
	5.1.4	控制项	合理设计	0	易	0	○	○	○
	5.2.1	6	优化设计报告	300～5000元/报告	易	4	×	×	×
	5.2.2	6	合理设计	0	易	1	√	√	√
	5.2.3	10	以能耗模拟计算	100～180元/m²	易	1	√	√	√
	5.2.4	6	供暖空调系统的冷、热源机组能效	6300元/户	易	1	√	√	√
	5.2.5	6	合理选择空调输配系统	0	难	3	×	×	√

大类	条款	评价总分值	技术措施	增量成本	实施难易度	得分功效排序	一星	二星	三星
节能与资源利用	5.2.6	10	优化报告	3万～6万元/报告	难	3	×	×	√
	5.2.7	6	合理设计	0	易	1	√	√	√
	5.2.8	9	合理设计	0	易	1	√	√	√
	5.2.9	5	合理设计	0	易	1	√	√	√
	5.2.10	8	合理设计	0	易	1	√	√	√
	5.2.11	3	合理设计	0	易	1	√	√	√
	5.2.12	5	节能型电气设备	10%～20%（原成本增加）	中等	2	×	√	√
	5.2.13	3	排风能量回收系统	5元/m³（新风量）	难	3	×	×	√
	5.2.14	不参评	—	—	—	—	—	—	—
	5.2.15	不参评	—	—	—	—	—	—	—
	5.2.16	10	合理利用可再生能源	2800～6000元/户	难	4	×	×	×
	实际得分	本部分参评项满分93，加权系数0.24					42	47	68
	指标得分	要求：≥40					45.2	50.5	73.1
节水与水资源利用	6.1.1	控制项	合理设计	0	易	0	○	○	○
	6.1.2	控制项	合理设计	0	易	0	○	○	○
	6.1.3	控制项	合理设计	0	易	0	○	○	○
	6.2.1	不参评	—	—	—	—	—	—	—
	6.2.2	7	避免管网漏损	2.01元/m²	难	4	×	×	×
	6.2.3	8	给水系统无超压出流	0.25元/m²	易	1	√	√	√
	6.2.4	6	用水计量装置	1.4元/m²	易	1	√	√	√
	6.2.5	不参评	—	—	—	—	—	—	—
	6.2.6	10	较高用水效率等级的卫生器具	3.5元/m²	易	1	√	√	√
	6.2.7	10	节水灌溉	3.86元/m²	中等	2	×	√	√
	6.2.8	10	空调设备或系统采用节水冷却技术	1.01元/m²	易	1	√	√	√
	6.2.9	5	其他用水采用节水技术或措施	1.01元/m²	难	3	×	×	√
	6.2.10	15	采用非传统水源	27.77元/m²	难	3	×	×	√
	6.2.11	8	冷却水系统	0	易	1	√	√	√
	6.2.12	7	合理设计	0	易	1	√	√	√
	实际得分	本部分参评项满分86，加权系数0.2					41	48	66
	指标得分	要求：≥40					47.7	55.8	76.7

大类	条款	评价总分值	技术措施	增量成本	实施难易度	得分功效排序	一星	二星	三星
节材与材料资源利用	7.1.1	控制项	常规设计	0	易	0	○	○	○
	7.1.2	控制项	合理设计	0	易	0	○	○	○
	7.1.3	控制项	合理设计	0	易	0	○	○	○
	7.2.1	9	合理设计	0	易	1	√	√	√
	7.2.2	5	合理设计	0	中等	2	×	√	√
	7.2.3	10	合理设计	0	易	1	√	√	√
	7.2.4	不参评	—	—	—	—	—	—	—
	7.2.5	5	预制构件	1~5 元/m²	难	4	×	×	×
	7.2.6	6	整体化厨房、卫浴间	0	难	4	×	×	×
	7.2.7	不参评	—	—	—	—	—	—	—
	7.2.8	10	常规设计	0	易	1	√	√	√
	7.2.9	5	常规设计	0	易	1	√	√	√
	7.2.10	10	高强建筑结构材料	0.05~0.28 元/m²	易	1	√	√	√
	7.2.11	5	高耐久性建筑结构材料	7~9 元/m²	难	4	×	×	×
	7.2.12	10	可再利用和可再循环建筑材料	0~1 元/m²	中等	1	√	√	√
	7.2.13	不参评	—	—	—	—	—	—	—
	7.2.14	不参评	—	—	—	—	—	—	—
	实际得分	本部分参评项满分 75，加权系数 0.17					36	41	51
	指标得分	要求：≥40					48.0	54.7	68.0
室内环境质量	8.1.1	控制项	常规设计	0	易	0	○	○	○
	8.1.2	控制项	常规设计	0	易	0	○	○	○
	8.1.3	控制项	常规设计	0	易	0	○	○	○
	8.1.4	控制项	常规设计	0	易	0	○	○	○
	8.1.5	控制项	常规设计	0	易	0	○	○	○
	8.1.6	控制项	常规设计	0	易	0	○	○	○
	8.1.7	控制项	常规设计	0	易	0	○	○	○
	8.2.1	6	室内噪声预测报告	0	易	1	√	√	√
	8.2.2	9	常规设计	0	易	1	√	√	√
			防隔声垫	12 元/m²	中等	2	×	√	√
	8.2.3	4	建筑平面、空间布局合理	0	易	1	√	√	√
			降低排水噪声的有效措施	0.28 元/m²（同层排水）5 元/m²（有旋降噪 PVC 排水管材）	易	2	×	√	√

大类	条款	评价总分值	技术措施	增量成本	实施难易度	得分功效排序	一星	二星	三星
室内环境质量	8.2.4	不参评	—	—	—	—	—	—	—
	8.2.5	3	常规设计	0	易	1	√	√	√
	8.2.6	8	常规设计	0	易	1	√	√	√
	8.2.7	14	合理的控制眩光措施	0	易	1	×	√	√
			内区采光系数	0	易	1	√	√	√
			地下空间平均采光系数	3万元/报告（采光计算）50元/m²（导光筒）0元/m²（无地下室）	难	2	×	√	√
	8.2.8	12	可控外遮阳	500~2000元/m²	难	4	×	×	×
	8.2.9	不参评	—	—	—	—	×	×	√
	8.2.10	13	常规设计	0	易	1	√	√	√
	8.2.11	7	气流组织模拟报告	4万/报告	易	1	√	√	√
			避免空气和污染物串通	0	易	1	√	√	√
	8.2.12	不参评	—	—	—	—	—	—	—
	8.2.13	5	一氧化碳监测器	1000元/个	易	1	√	√	√
	实际得分	本部分参评项满分81，加权系数0.18					46	58	72
	指标得分	要求：≥40					56.8	71.6	88.9
提高与创新	11.2.1	2	围护结构热工性能或供暖空调计算负荷	—	—	3	×	×	√
	11.2.2	1	供暖空调冷热源机组能效	—	—	3	×	×	√
	11.2.3	不适用	分布式热电冷联供技术	—	—	—			
	11.2.4	1	卫生器具用水效率	—	—	3	×	×	√
	11.2.5	1	资源消耗少的建筑结构	—	—	4	×	×	×
	11.2.6	1	功能房间空气处理	—	—	3	×	×	√
	11.2.7	1	室内空气污染物浓度	—	—	4	×	×	×
	11.2.8	2	考虑气候环境资源场地	—	—	4	×	×	×
	11.2.9	1	废弃场地建设	—	—	4	×	×	×
	11.2.10	2	应用BIM技术	—	—	3	×	×	√

179

大类	条款	评价总分值	技术措施	增量成本	实施难易度	得分功效排序	一星	二星	三星
提高与创新	11.2.11	1	碳排放计算	—	—	2	×	√	√
	11.2.12	2	其他创新	—	—	4	×	×	×
	指标得分						0	1	7
最终得分	总分评价标准：一星≥50，二星≥60，三星≥80						51.1	60.3	83.9

注：1. 各星级方案推荐：○（控制项，必选），√（参评项，应选），×（参评项，不选），—（不参评，不选）。
2. 得分功效排序：0—必选，1—一星及以上选用，2—二星及以上选用，3—三星选用，4—不建议选用。

通过研究，绿色建筑各星级综合优选技术方案具有以下一般性特征：

首先，星级越高，增量成本增加速度越快。例如，通过合理设计，节地指标部分达到一星级的增量成本可以为零，而从二星级提升到三星级的增量成本就非常可观。

其次，不同指标对技术因素与成本因素的敏感程度不同。例如，在考虑节材指标时，应当优先考虑技术优选，而不是成本优选，因为节材指标成本增量小，在部分地区甚至可以做到零增量成本的三星级推荐方案。

再次，同星级项目"绿色成本"差异相对较小，而"绿色效益"差异却相对较大。不同星级的推荐方案能为实际项目带来多大的效益，需根据当地法规政策、产品定位、使用者的认可程度等综合考虑。

5 结语

此研究成果集指导性、规范性与实用性于一体，可为绿色建筑降低开发成本、提供技术指导，并为绿色建筑的推广提供借鉴。但在实际应用中，仍需适当变通，依据地域差异、法规政策、小区档次、开发需求、使用者的接受程度、增量成本等综合考虑，合理评价绿色建筑产生的社会经济效益，选取最适合具体项目的绿色优选组合，从而最终达到推广绿色建筑的目的。

参考文献

[1] 崔海军. 绿色建筑整合设计理论及其应用研究 [J]. 建筑知识，2016，(13)：8.
[2] 杜萧翔. 绿色建筑设计的技术选择探讨 [J]. 工程建设与设计，2016，(18)：8-9.
[3] 李明伟. 绿色建筑的设计方法和措施探讨 [J]. 建材与装饰，2016，(53)：90-91.

绿色建筑技术在住宅产业化中的应用

魏　纬　蒋勇波　张瑞华　张锰洋　田　文　王　健

摘　要：从本质上说，装配式住宅是符合绿色建筑"四节一环保"的要求的，绿色建筑技术如何标准化，如何结合 BIM 技术应用在住宅产业化中是本文研究的主题，本文通过对装配式住宅建设技术及住宅全装修应用实例的研究，将住宅产业化技术与绿色建筑理念相结合，能够最大限度地实现节约资源、保护环境和减少污染的目的，对于提高我国住房建设的品质与性能、促进节能减排、降低住房建设的经济成本等方面具有重要的推动作用。

关键词：绿色建筑；建筑产业化；标准化；BIM

APPLICATION OF GRENN BUILDING TECHNOLOGY IN THE HOUSING INDUSTRIALIZATION

Wei Wei　Jiang Yong Bo　Zhang Rui Hua　Zhang Meng Yang
Tian Wen　Wang Jian

Abstract：In essence，the assembly-type residential buildings are in line with the requirements of "four saving and environmental protection" for green buildings and how to standardize the green building technologies. How to use BIM technology in housing industrialization is the subject of this article. In this paper，Residential construction technology and residential full decoration application examples of the study，the residential industrialization technology and green building concepts combine to maximize resource conservation，environmental protection and reduce pollution purposes，to improve the quality and performance of China's housing construction，Promote energy conservation and emission reduction，reduce the economic cost of housing construction and other aspects play an important role in promoting.

Key words：Green Building；Construction Industrialization；Standardization；BIM

1　我国建筑产业化发展现状及趋势

1.1　我国建筑产业化的发展现状

我国的建筑工业化发展始于 20 世纪 50 年代，在我国发展国民经济的第一个五年计划中就提出借鉴苏联和东欧各国的经验，在国内推行标准化、工厂化、机械化的预制构件和装配式建筑。20世纪60～80年代是我国装配式建筑的持续发展期，尤其是从20世纪70年代后期开始，我国多种装配式建筑体系得到了快速的发展。然而，从20世纪80年代末开始，我国装配式建筑的发展却遇到了前所未有的低潮，结构设计中很少采用装配式体系，大量预制构件厂关门转产，其主要原因在于预制装配式的单层工业厂房在唐山大地震中破坏严重，导致当时的人们对预制装配的建造方式持怀疑态度；其次，随着我国的经济发展和人们审美水平的提高，现浇整体体系更能适应多样、复杂的建筑平面和立面；第三，农民工作为我国建筑建造的主要劳动力，其较低的文化知识水平决定了粗放式的现场湿作业成了混凝土施工的首选方式。

但最近几年来，传统的现浇整体式的施工方式是否符合我国建筑业的发展方向，再次得到业内的审视。首先，劳动力成本的迅速提升和农民工对工作环境要求的日益增高，传统的现浇整体式的施工方式已不能满足要求；其次，传统施工方式对环境造成的污染，诸如水资源的浪费、噪声污染和建筑垃圾问题越发引起人们的不满；第三，从可持续发展角度考虑，对传统的建筑业也急需得到产业转型与升级。因此，反映建筑产业发展的建筑工业化再一次被行业所关注，中央及全国各地政府多个建筑工业化创新战略联盟，共同研发、建立新的工业化建筑结构体系与相关技术，积极推动我国建筑工业化的进一步发展。住房和城乡建设部科技与产业化发展中心在全国设立江苏、辽宁2个试点地区，沈阳国家级建筑产业现代化示范城市及北京、深圳、合肥、绍兴等10个综合试点城市、近50个国家住宅产业化基地，积极推行我国的建筑产业化的发展；但总体来说，我国的产业化之路与发达国家相比还有很大差距。

1.2 建筑产业化的特点及发展趋势

（1）标准化程度高

各国在发展建筑工业化中均注重部品部件的标准化，瑞典是世界上建筑工业化最发达的国家之一，其80％的住宅建筑采用以通用部件为基础的住宅通用体系。日本住宅建筑部件化程度很高（图1），由于有齐全、规范的住宅建筑标准，建房时从设计开始，就采用标准化设计，产品生产时也使用统一的产品标准。因此，建房使用部件组装应用十分普及。

目前，日本各类住宅建筑部件（构配件、制品设备）工业化、社会化生产的产品标准十分齐全，占标准总数的80％以上，部件尺寸和功能标准都已成体系。只要厂家是按照标准生产出来的构配件，在装配建筑物时都是通用的。所以，生产厂家不需要面对施工企业，只需将产品提供给销售商即可。

图1 日本装配式住宅工地

（2）与智能化、新技术结合紧密

为了促进智能建筑的发展，1988年日本专门成立了"住宅信息化推进协会"，提出了"住宅信息系统计划"，其目标是"将家庭中各种与信息相关的通信设备、家用电器和家庭保安装置，通过家庭总线技术，连到一个家庭智能化系统上，进行集中的或异地的监视、控制和管理，以达到安全、便利、舒适以及多元化信息服务的目的"。由于日本资源短缺，日本住宅也十分重视节能问题，太阳能的利用比较普遍。住宅的建造还采用新型的绿色节能材料，以减少采暖和空调的费用与节省能源。

日本住宅的高智能化是与日本高科技的发展相吻合的。目前，在日本新建的建筑物中60％以上是智能型的，如自动热水冲洗坐厕、最新家用电器和IT信息化通信产品、可视电话家庭监控系统和GIS卫星地理信息系统等，基本上都已在智能住宅内得到应用。

（3）注重质量和提高建筑性能

近年来，随着科学技术的不断提高，社会对建筑的需求经历了一个"注重数量→数量与质量并重→质量第一→个性化、多样化、高环境质量"的发展阶段，许多西方国家的建筑工业化生产又达到了高潮。在美国，现在有34家专门生产单元式建筑的公司；从住宅建筑的结构体系上，国外也已开发出木结构、钢结构、钢筋混凝土结构的工厂化生产体系，并不断使住宅产品的性能指标得到提高。在英国，1998年的"衣根报告"更进一步推动了这场运动。目前，英国在建筑产业化生产方面的研究已进入对建筑体系灵活性、多变性的研究，以扩大适应面和产生规模效应。

2 绿色建筑技术在住宅产业化中的应用策略

2.1 绿色建筑技术与住宅产业化的联系

美国联邦环保署（Environmental Protection Agency，EPA）对绿色建筑的定义是"在全生命期中通过更好的选址、设计、施工、运行、维护及拆除方案，提高建筑及其场地的能源、水源及材料利用率，减少对环境和人们身体健康的影响"。我国对绿色建筑的定义有其自身特点："提供健康、舒适、安全的居住、工作和活动的空间，同时在建筑全生命周期中实现高效率地利用资源（节能、节地、节水、节材）、最低限度地影响环境的建筑物"。可见，国内外对绿色建筑的看法基本一致。其核心理念是在全生命周期中，以新技术为手段来最终达到人、建筑和自然这三者之间的互相协调发展。

建筑产业的产业化于传统建筑建造方式相比主要有以下特点。首先，外墙板、内墙板、叠合板、阳台、空调板、楼梯、预制梁、预制柱等建筑构件在车间生产加工完成，现场仅进行装配作业，大大减少对环境的污染；其次，可采取建筑、装修一体化设计、施工的方法，使装修工程随主体施工同步进行，进而大大减少工期；第三，随着设计的标准化和管理的信息化水平的不断提升，必然会带来生产效率的提高和相应构件成本的下降，配合工厂的数字化管理，对建筑材料的节约会日益明显，整个装配式建筑的性价比会越来越高。

由此可以得出结论，住宅产业化和绿色建筑的要求是协调、统一的。

2.2 绿色建筑技术体系在住宅产业化中的应用策略

（1）标准化体系的建立

标准化是科技成果转化为生产力的纽带，也是推进建筑产业化的基础。发达国家对建筑标准化的研究较早，各国在发展建筑工业化方面首先开展材料、设备、制品标准、住宅性能标准、结构材料安全标准等方面的研究。发达国家的"标准化先行"的经验为我们提供了集成应用策略的首要方向。

在我国，多家房地产企业均有其相应的标准化住宅平面体系和标准化住宅立面体系，但缺乏的是针对产业化健康建筑的标准化机电设备体系、标准化精装修体系、标准化景观环境体系、标准化部品部件体系、标准化材料体系等。对于产业化的标准体系，首先应能实现模数化、标准化，以方便工厂生产并尽可能降低成本，也方便工程项目设计与施工企业的施工安装工作。模数化、标准化在工业建筑中能很好实现，产业化技术使用最多的建筑类型依次为医疗建筑（49%）、教育建筑（42%）、厂房（42%）、低层与多层办公楼（40%）、高层办公楼（30%），意味着发达国家有49%的医疗建筑采用了预制装配式设计。

但在居住建筑中如何做好模数化、标准化，将是我们应大力研发的一项工作，特别是当前，住宅在我国每年的建设量中战略很大的比例。因此，推进产业化绿色建筑技术体系，首先要加强装配式建筑的主体结构和围护结构的技术研究，主体建筑需要加强装配式剪力墙结构体系的研究，以及钢结构、钢-混凝土结构、木结构等其他装配式结构。我国土地资源紧张，高层与超高层住宅是我国住宅发展的倾向于要求，相应地对装配式剪力墙结构体系的研究是产业化研究的重点。

（2）提升建筑部件的绿色性能

绿色建筑对建筑及建造过程的要求不仅仅体现在"节约资源（节能、节地、节水、节材）、保护环境、减少污染"等方面，更多的是从以人为本的角度出发，在满足建筑基本使用功能的基础上为人们创造健康的建筑环境。

产业化建筑是绿色建筑的典型代表，而建筑构件及基本设施又是产业化建筑的具体体现，所以提升产业化建筑部品部件的标准化和绿色性能是将产业化建筑技术与绿色建筑技术融合的有效路径。

从某一角度来说，建筑基本构件的绿色健康性能是住宅产业化与绿色建筑结合的关键点所在，绿色和健康是建筑的性能要求，就其如何实现，建筑的部品部件应当具备怎么样的物理属性是理应被重视的。结构支撑部件、围护部件、建筑装饰部品、内装部品、机电设备部品、小区配套部品等形成了装配式建筑的主要部品部件系统（图2、图3）。部品部件的标准化自身的特点已经包含了节能、节地、节材、节水、环保的绿色建筑性能。从这一点来说，住宅产业化与绿色建筑的要求也是和谐、统一的。

图2　钢筋陶粒轻质隔墙板-隔热、隔声、防火　　图3　外墙板隔热、保温、防水、装饰一体化

（3）BIM 技术的应用

如何有效地将装配式结构体系、建筑维护体系、机电设备系统、一体化装修技术协同管理、进行集成运用需要寻找一个有效的接口。这个有效接口就是 BIM 信息平台。

建筑信息模型（简称 BIM）是基于数字化和信息化技术发展起来的新型建造技术，它是在三维数字技术的基础上将建筑工程项目的物理信息和功能特性整合为一个整体，通过将建设项目从规划阶段、设计阶段、施工阶段直至运营维护阶段项目全生命周期内产生的工程信息集合在一个统一的三维信息模型上，使得工程信息资源能够得到项目参与各方充分的共享和利用，从而有效地消除了传统工作模式下工程信息在传递过程中出现大量缺失的现象，提高了工作效率，为各参建单位协同工作提供了保障基础。

通过建立 BIM 信息库，形成产业化健康建筑 BIM 信息系统，进行信息整合，最终形成通用的 BIM 系统服务平台。BIM 模型化呈现的优势，可进行包含研发、设计、生产、施工以及运维全生命周期的建筑综合效益评价（经济效益、社会效益、环境效益评价）。使任何设计信息的修改及其对建筑全过程的影响，都将直观地呈现在设计师、开发商、生产商、施工方、使用者等的面前，这就使得建造及维护成本可视化，方便设计师综合比较不同设计方案的优劣，从而选择出最合理、最优化的方案。从设计、生产、建造、管理等各方面提高建筑绿色、健康综合效益，确保建筑产业现代化的可持续发展。

根据不同建筑性质采用不同的装配式结构体系和围护体系，同时加快装配式建筑通用化、标准化、模块化、系列化部品部件技术体系发展，积极采用叠合楼板、内外墙板、楼梯、阳台、建筑装饰及遮阳板等部品部件的标准化生产与应用，完善装配式建筑部品部件标准体系建设。加强室内装修、机电系统的工厂化生产技术体系研究，重点引导内装工业化技术体系的研究。实现内装部品的标准化设计、工业化生产、现场进行装配的工业化建造体系。

3 绿色建筑技术在住宅产业化中的应用实例——中海合肥万锦花园项目

3.1 项目概况

中海合肥万锦花园位于合肥市政务区东侧，南侧为龙川路，东侧靠近宿松路，是包河区十五里河及高铁站片区核心区域，为承接老城区与滨湖区、经开区的门户位置。项目总用地面积约为 6.73 万 m^2，总建筑面积约 13.99 万 m^2，绿地率为 40%（图 4）。

本项目主要采用的绿色技术包括土建装修一体化技术、50% 围护结构节能技术、预制装配式结构体系、雨水回用技术、节水灌溉技术、高效节能照明技术、自然采光优化技术、自然通风优化技术、BIM 技术等。

3.2 基于产业化的设计施工体系

项目采用装配式剪力墙结构体系，实施可有效实现高预制率，减少 80% 的脚手架和模板使用量，节省 1/3 的工期。

由预制混凝土剪力墙墙板构件和现浇混凝土剪力墙构成结构的竖向承重和水平抗侧力体系，通过整体式连接形成的一种钢筋混凝土剪力墙结构形式；结构整体性能基本等同现浇，具有与现浇

图 4 中海万锦花园总平面图

剪力墙结构相似的空间刚度、整体性、承载能力和变形性能；预制剪力墙的墙板通过灌浆套筒连接，确保了可靠连接；通过设计的标准化、施工和生产的专业化、管理的规范化，来保障工程质量。

（1）装配整体式剪力墙

本项目采用"预制剪力墙＋灌浆套筒＋叠合楼板＋保温复合构件＋现浇段"的技术方案。由预制混凝土剪力墙墙板构件和现浇混凝土剪力墙构成结构的竖向承重和水平抗侧力体系，通过整体式连接形成的一种钢筋混凝土剪力墙结构形式（图5、图6）。

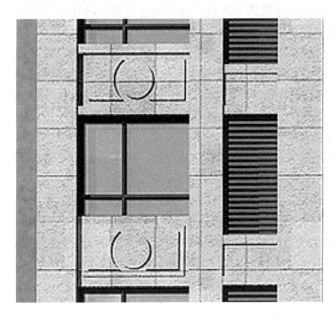

图5　竖向突出线脚　　　　　　　　图6　PC构件突出线脚实现

外墙为PC外墙，为一次成型，工厂生产过程中如何保证建筑外立面造型是设计生产的困难点，设计中将装饰线条一体化集成于构件之中，实现一体化。

（2）装饰保温一体化

本工程通过把保温、围护结构及装饰性线条一体化施工避免了后期的二次装修的过程，无湿作业；结构构件精度毫米级，现场定位精确，表面平整度高，无须抹灰（图7）；保温层与结构层之间通过专用的连接件连接（图8），整体性好，避免了传统建筑保温层易脱落的质量通病。

剪力墙、保温板、混凝土模板预制一体化，实现无外模板、无外脚手架、无砌筑、无粉刷的绿色施工；同时，保温体系与主体同寿命；模板用量、现场模板支撑及钢筋绑扎的工作量减少；一次性工厂化生产，公差小，统一度高，实现绿色施工。

水平构件采用叠合楼板（图9），保证良好的平整度，同时便于施工；无底模板，现场钢筋及混凝土工程量较少，板底无须粉刷；施工快捷，质量可控。

（3）铝合金窗一体化安装

传统的建筑窗户后装法施工，渗漏等质量通病明显，本项目采取窗框工厂化集成于构件中，从根本上杜绝了渗漏通道，彻底解决了外窗户渗水的问题；传统施工方式偏差大，门窗洞口尺寸每个都有偏差，造成实际施工时要逐一量测窗洞尺寸，工作量极大，且生产的窗种类繁杂,采用铝窗预埋的方式,门窗洞口尺寸统一,标准化生产,提升了整体品质,实现了绿色建造;外窗与保温层很好地衔接贯通,减少了冷桥。

图 7 预制外剪力墙

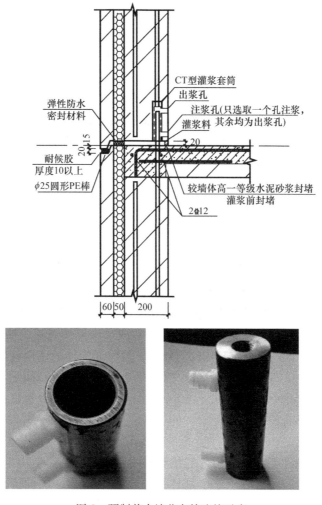

图 8 预制剪力墙分布筋连接示意

图 9　叠合楼板分布筋连接示意

（4）装修一体化

设计环节融合了精装修的要求，实现了装修、结构一体化。楼面板、墙板构件中机电线盒精确定位，装修过程无须现场开槽、打凿工作，极大地减少了垃圾的产生，同时避免结构的损伤风险；精细化的设计，把安装过程中的问题均在设计阶段充分考虑和采取相应对策，真正实现建筑、结构、装修一体化；采用预制结构墙板、保温、外饰面一体化外围护系统，满足结构、保温、防渗、装饰要求；项目室内装修与建筑结构、机电设备一体化设计，采用管线与结构分离等系统集成技术；机电设备管线系统采用集中布置，管线及点位预留、预埋到位（图 10）；具有完整的室内装饰装修设计方案，设计深度满足施工要求；装修设计与主体结构、机电设备设计紧密结合，并建立协同工作机制；装修设计采用标准化、模数化设计；各构件、部品与主体结构之间的尺寸匹配、协调，提前预留、预埋接口，易于装修工程的装配化施工；墙、地面块材铺装基本保证现场无二次加工。

3.3　提升建筑构件的绿色性能

（1）混凝土的生产控制

预制混凝土板或混凝土产品是各类型建筑不可缺少的构件。前文提到，建筑基本构件的绿色健康性能是住宅产业化与绿色建筑结合的关键点所在，故本项目在施工过程中对混凝土的质量和绿色性能进行了严格控制。

施工时，必须控制张拉力值和被张钢丝的伸长变形值。由于锚具变形、夹具磨损、钢丝应力松弛等原因，张拉应力值与实际建立起来的预应力值相差很多，易产生预应力不足的情况，所以在实际工程施工中要求张拉控制应力应比设计应力稍有提高，但不得超过 $0.056\sigma_{con}$。

预制混凝土产品在生产完成后需进行抽检。在成品堆置场地随机抽样 5%，且不少于 3 件的构件进行外观检查，通过控制构件的外观质量保证构件的使用性能，经常产生的外观缺陷有外伸钢筋松动、外形缺陷、外表缺陷、露筋等。构件外观质量和尺寸偏差合格点率小于 60% 的，该批构件不合格；大于 60% 而小于 70% 的，可以重复抽检。抽取同样数量的构件，对检验中不合格点率超过 30% 的项目进行第二次检验，并以两次检验的结果重新计算合格点率。

预制混凝土的结构性能是保障构件与建筑使用安全的基础，但由于比较费时、费力，所以规范规定的频率比较小，要求三个月且不超过 1000 件做一次抽检。这是要求生产厂家检验的，加上质量监督部门、主管部门的抽检，每年有 6 次左右的结构性能检验，基本能够反映一个厂的构件结构性能状况。检验指标一般有三项。对预应力构件，正常使用状

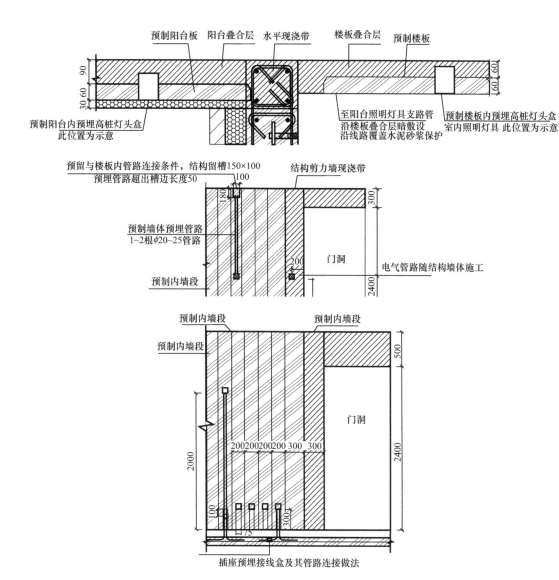

图 10 机电预埋示意

态下不要求开裂，则检验指标有抗裂度、挠度和承载力检验三项；对于非预应力构件，正常使用状态下可以有裂缝出现，但对裂缝宽度有要求，则检验裂缝宽度、挠度和承载力三项。

（2）木材的生产控制

本项目对木材的加工工序主要有以下要求：选料→烘干处理→入库→压刨→防腐处理→加工制作→出库→成品安装→验收。

1）为了防止木结构不因木材太湿而日后扭曲，或由于木材太干而损失强度，木质构件生产的第一步是进行水分检查。

2）合格的木材需放置在湿度适宜的加热仓库，确保不因湿度过大而产生霉菌；

3）提倡模具生产，保证木构件水平和垂直；

4）木材防腐剂需谨慎选择，不产生或挥发对人体健康有威胁的物质；

5）加工表面加工应平整，不留空腔或缝隙，以免微生物菌落的产生；

6）成品安装前需按 BIM 设计数据预先对木材进行穿孔，契合管线、电线等，以免二次装修中产生细小木屑；

7）出厂检查，合格产品应出具合格检测证明。

3.4 BIM 技术的应用

本项目在实施过程中充分利用 BIM 技术，通过将建设项目从规划阶段、设计阶段、施工阶段直至运营维护阶段项目全生命周期内产生的工程信息集合在一个统一的三维信息模型上，使得工程信息资源能够得到项目参与各方充分的共享和利用，从而有效地消除了传统工作模式下工程信息在传递过程中出现大量缺失的现象，提高了工作效率，为各参建单位协同工作提供了保障基础。

本项目的设计阶段大致可以分为整体设计和深化设计两部分工作，整体设计和传统设计阶段的工作基本一致，PC 住宅设计最大的特点在于增加了深化设计工作，建筑师通过将结构整体细分为若干个标准化构件，以便于其在工厂内预制生产。设计师们在进行项目整体设计工作时，在 BIM 技术的帮助下，各专业设计人员改变了以往各自为政的工作局面，在统一的三维数字建筑模型基础上各专业工种协同工作，减少了以往由于沟通不畅可能会导致的设计错误。同时，当设计人员对已有的设计模型进行修改时，软件会根据修改情况实时更新项目三维模型，并可以按照设计人员的要求自动生成二维图纸。这一技术上的改进，极大地消除了在设计阶段由于各专业人员间沟通不畅而产生错误的可能性。

在整体设计阶段的工作完成后，为了便于建筑构件在工厂的模块化生产，本项目还额外增加一个深化设计阶段。此时，设计师需要将前一阶段设计完成的连续结构体，以建筑物的梁、板、柱和墙为单元对象，拆分为尺寸相对较小的独立构件。在此基础上，再对各单元构件进行独立的配筋工作，并最终生成各单元构件的制造图纸。具体实施过程中，设计师通过 BIM 软件在保证结构物受力连续传递的前提下，将之前已经设计完成的项目整体模型按照模数协调原则进行进一步的细分，以满足生产、运输和吊装的要求。值得注意的是，设计师应尽量优化各独立单元的尺寸，以减少预制构件的种类，降低生产成本。在确定好构件尺寸之后，设计人员还需根据实际受力情况对各个预制构件进行配筋工作。传统工作方式下手动对每个构件依次配筋，这也将极大地耗费人力和时间。因此，借助 BIM 技术通过参数化建模的方式可以有效地解决减少构件配筋的工作量（图 11）。而且在构件配筋完成后，可以通过软件的碰撞检测功能，自动查找各个构件之间钢筋位置是否发生冲突，提前将设计错误消除在制造前。而传统设计方式下由于采用的是二维图纸表达，人工检查设计冲突是非常困难的，一旦发生错误，不管是现场更改还是重新制作构件都将带来经济和工期的浪费。

在建筑构件的制造阶段，设计人员借助 BIM 技术的帮助，通过三维建筑模型向生产人员展示构件设计细节，帮助其正确理解设计意图，避免以二维设计图纸为基础的交底过程中，由于交底不清或设计更改而可能导致的生产错误，进而避免经济损失和工期延误。在建筑构件生产完成后，工厂方面可以借助 BIM 技术与施工企业进行实时的资源需求信息共享（图 12），根据其施工进度计划和资源消耗计划编制具体的构件运输方案，以满足施工阶段现场装配的需要。

在现场施工阶段，管理人员运用 4D 仿真技术，可以在 3D 建筑模型的基础上附加时间属性，对整个施工过程进行动态管理，以达到优化施工方案、合理安排施工计划的目的。当建

图 11　BIM 模拟技术的应用

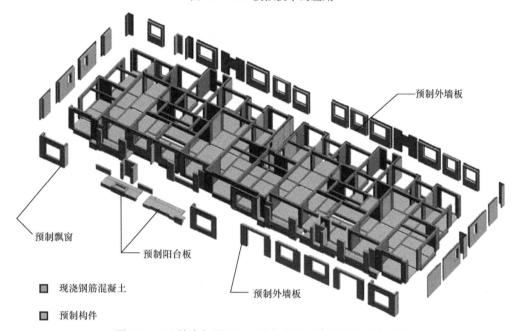

预制外墙板

预制飘窗

预制阳台板

■ 现浇钢筋混凝土

■ 预制构件

预制外墙板

图 12　BIM 技术与施工企业进行实时的资源需求信息共享

筑构件到达施工现场后，现场人员对各建筑构件进行数字编码，并通过无线技术将现场构件的存储和安装信息实时传递到 BIM 数据中心，以便管理人员将计划进度与对施工现场发生的实际进度情况进行对比分析，优化现场的资源配置，保证施工过程的顺利进行（图 13）。

图 13　BIM 技术对施工现场发生的实际进度情况进行对比分析

4 结语

目前，我国的住宅产业化正在处于快速发展的阶段，住宅产业化的发展前景乐观。面对可持续发展理念和生态保护发展原则，传统住宅的建造方式的必然会被时代所摒弃，建筑业的转型升级势在必行。以产业化的方式生产住宅，从而大力推动绿色建筑的发展，让建筑业走上可持续发展的道路是未来建筑行业的趋势，绿色建筑在建筑物的全寿命周期对成本、质量、工期、环保、能耗等方面去考虑建筑物的社会价值和生态价值，这也正说明了发展绿色建筑是一个多维度、全方位的研究课题，在这个领域仍然需要更多的专家学者和专业技术人员结合实际项目经验去拓展研究。

参考文献

[1]　王劼. 健康住宅的发展与技术应用初探——法国住宅建设的启示［D］. 华中科技大学，2003.
DOI：10.

[2]　A. Stadel，J. Eboli，A. Ryberg，J. Mitchell，& S. Spatari. "Intelligent Sustainable Design：Integration of Carbon Accounting and Building Information Modeling". ［J］Source：Prof Iss Eng Ed Pr. 2011；137（2），pp. 51-54.

[3]　A. M. Moncaster，& J. Y. A. Song. "comParative review of existing data and methodologies for calculating embodied energy and carbon of buildings". ［J］
Source：Sustainable Build. Technol. Urban Dev. 2012；3（1），pp. 26-36.

[4]　Athena ImPact Estimator for Buildings. ［V］4. 2 Software and Database Overview. Canada：Athena，2013.

[5]　朱伯忠. 基于物联网技术的智慧工地构建［J］. 四川水泥，2016（03）.

第二节 水泥搅拌及混凝土回收技术

海上深层水泥搅拌技术在香港的创新、实践与未来发展

潘树杰 张 伟 陈小强

摘　要：应香港地区空中货运及载客量的需求，香港地区机场管理局（以下简称机管局）正在兴建第三条跑道，相关工程被命名为三跑道系统。三跑道系统工程包括在现有机场岛以北填海拓地约650hm² 并建造13km海堤，其中有约四成面积位于污染泥料卸置坑之上。为了尽量将可能对环境造成的影响降至最低，机管局决定在这些范围采用免挖式填海，即深层水泥搅拌法（Deep Cement Mixing，以下简称DCM）。此方法相对于传统的疏浚工程，无须挖掘任何泥层，且能大大降低对环境的负面影响，亦能保护自然生态。是一种既能增加软土地基承载能力、提高边坡稳定性，又能减少沉降量的地基处理方法，特别适宜用作加固各种成因的饱和黏土。对于海堤或桩柱形地基亦能做到良好的防渗，因此被世界各地广泛应用。海上深层水泥搅拌首次于机场三跑道工程使用，通过多次的可行性测试，最终确定了该方法特别适用于改善三跑道工地的泥层，尤其是在特有的污泥层中。本文将详述海上深层水泥搅拌技术在香港机场三跑道系统的应用。

关键词：深层水泥搅拌；受污染的淤泥；三跑道系统

INNOVATION，IMPLEMENTATION AND FUTURE DEVELOPMENT OF MARINE BASED DEEP CEMENT MIXING IN HONG KONG

Pan Shu Jie Zhang Wei Chen Xiao Qiang

Abstract：In order to meet future air traffic growth and maintain Hong Kong's competitiveness as an international aviation hub, the Airport Authority is planning for the expansion of the existing two-runway system at Hong Kong International Airport into Three Runway System (3RS). It involves the non-dredging method for the formation of approximately 650 hectares of land and construction of 13km long seawall in the north of Lantau Island. There is about 40% of the purposed reclaiming land located in an area of contaminated mud pits (CMP) which contain heavy metals and organic compounds in the soil. In order to prevent leakage of contaminants during the construction, the Airport Authority has decided to adopt DCM in these areas to form the foundation for the land reclamation of the 3-Runway System. Marine Based Deep Cement Mixing (DCM) has been widely adopted in other parts of the world, as the ground improvement method for improving the strength of the marine sediments for seawall construction and land reclamation works. It is typically used when the dredging method can't be applied because of environmental concerns. Although this method has not previously been used in Hong Kong, DCM is the first time to be adopted in Hong Kong for the expansion of the 3-Runway System of Hong Kong International Airport. As well as, DCM is also used to form the foundation of the seawall along the boundary of the land reclamation because it is one of the best non-dredging methods to strengthen the low engineering capacity soil under the seawall. This paper presents the application of DCM in the expansion of the 3-Runway System of Hong Kong International Airport.

Key words：Deep Cement Mixing；Contaminated Mud Pits；Three-Runway System

1 引言

深层水泥搅拌法（Marine Based Deep Cement Mixing，以下简称 DCM）是一种地质改善技术，其目的是透过使用水泥与原土的搅拌，增强泥土的承载能力及减少相关沉降。此技术的好处是：可增加软土地基的承载能力，减少沉降量，提高边坡的稳定性，最适宜用作加固各种成因的饱和黏土，因此在世界各地受到广泛应用。将深层水泥搅拌技术应用在大型填海项目中的前期地基稳固工程，不单对于海堤或桩柱形地基能做到良好的防渗，还能对桩柱或板桩背后的软土加固以增加侧向承载能力，更重要的是无须挖掘任何泥层，相对传统疏浚工程，可以将对环境的影响降到最低。

在香港地区，类似的土质改善方法曾经在陆地使用过，如港珠澳大桥人工岛所使用的链刀设备土壤拌合法。而海上 DCM 技术则是首次于机场三跑道工程使用。透过多次的可行性测试，确定了此方法适用于三跑道工地的泥层，特别适用于特有的污泥层中的成效。

2 DCM 技术原理

深层水泥搅拌法是用于加固饱和软黏土地基的一种新方法，如图 1 所示，DCM 通过特制的深层搅拌机械，在地基深处将软土和水泥强制搅拌，利用水泥和软土之间所产生的一系列化学反应（水解及水化作用），使其与原土形成各种水化物，有的自身继续硬化，形成水泥结构骨架；有的则与其周围具有一定活性的黏土颗粒发生反应。当中，包括离子交换、团粒化作用、凝硬反应和碳酸化作用。最后，使原土结合成具有整体性、水稳性和一定强度的优质地基。

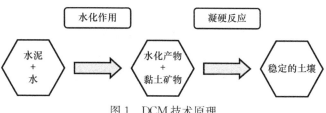

图 1　DCM 技术原理

3 海上 DCM 技术的特点

（1）施工快捷方便

深层水泥搅拌能直接将水泥混合物注射在指定深度的泥土层并加以搅拌，成为承载力更强的地基。一般而言，每支水泥桩大概能在两小时内完成。而当作业装置（如 DCM 船）能配备多个搅拌机械并同时工作时，效率将会大大提高。此外，这项技术能避免传统疏浚工程带来的麻烦，包括大量挖掘海床、倾倒已挖掘的淤泥及对海洋生态的灾难性影响。众所周知，在香港能倾倒淤泥的地方已寥寥可数，因此政府已在工程前期环评中禁止进行任何疏浚工序。

（2）船只就是流动工作台，作业行云流水

相对其他土质改善工程而言，海上 DCM 工程的主要机械与船只合二为一，整个施工流程并不需要额外搭建临时工作台，尤其是海上作业，搭建工作平台的成本和难度无法与陆地施工相比。DCM 船只能透过大型工作船的机理及概念，用船锚进行简单的移位和固定，使其工作流动性达至高效。

（3）施工环保，不挖掘淤泥

海上深层搅拌法能透过搅拌进入现存泥层，使用水泥浆作混合剂使原土加固并无需挖掘海床，大大降低对海洋的污染。换而言之，在整个 DCM 作业中并不涉及疏浚工序，大大降低对海洋生态的负面影响。

4 香港地区海上 DCM 技术的发展进程

其实，采用水泥、石灰等固化剂加固软弱地基的历史可追溯至古埃及和古罗马帝国时代。两者也曾使用不同比例的生石灰掺入水泥及火山灰，制成不同的固化剂用以加固建筑物地基的承载力。早在我国的春秋战国时代，就已经使用石灰、黏土和砂砾混合来修地。秦始皇时代的万里长城也是采用经石灰加固的土料建造。到了近代，1915 年日本在长崎县松岛煤矿竖井开挖工程使用水泥灌浆法进行止水。1917 年，美国开始用水泥拌合黏土作路基，效果显著。1960 年，日本开始将此概念放入浅层泥土进行原土改善，以增强地基承载力，如日本东京羽田机场，确定了 DCM 地基加固法的成效和概念。到了 1967 年，日本率先开始试用深层搅拌法来增强地基强度，从而直接在地基上进行上盖。直至 1975 年，深层水泥搅拌法才开始在韩国、新加坡等国家用在海床加固工程。

以上提及的工程实例中，水泥和石灰主要用于处理地基表层，如高速公路和机场跑道的路基。而 DCM 技术中所谓的"深层"搅拌法，是相对"浅层"搅拌法而言的。浅层意为 0.1～3m 深，深层意为 5～60m 深。

知道以上原理后，只要将工艺适当用于指定区域便能增加原土承载能力，并能在之上盖建其他基建或项目。就现时此工艺而言，成品可以是连续四方体的 DCM 墙又或是连续或断续的"梅花"形 DCM 柱体，而形状的取决基于各项不同参数及早期设计而定（图 2）。

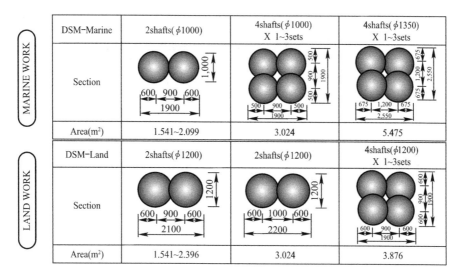

	DSM-Marine	2shafts(ϕ1000)	4shafts(ϕ1000) X 1~3sets	4shafts(ϕ1350) X 1~3sets
MARINE WORK	Section			
	Area(m²)	1.541~2.099	3.024	5.475
LAND WORK	DSM-Land	2shafts(ϕ1200)	2shafts(ϕ1200)	4shafts(ϕ1200) X 1~3sets
	Section			
	Area(m²)	1.541~2.396	3.024	3.876

图 2　DCM 典型设计布局

在日本及韩国和新加坡已成功使用 DCM 作地基巩固的先例之上，近年香港地区也尝试采用 DCM 作为原土改善工程。在面对史无前例及资料短缺的情况下，香港地区决定向世界各地借鉴，参考各地 DCM 技术成效及根据香港地区过往有关地质改善工程的经验而制定一套适用于香港地区本土的 DCM 标准。

深层水泥搅拌法于 2012 年在香港地区进行首次可行性测试。主要是：

1）测试深层水泥搅拌法在污染泥层的成效；

2）初步测试此方法对附邻近海域质量及生态的影响；

3）DCM 在香港地区的可行性。

测试结果证实，此方法能有效增加污泥层及原土承载力，并对附近海域质量及生态不造成负面影响，因此建议 DCM 土质改善法在香港地区大规模实行。

接着，于 2015 年进行第二次测试。其目的是实测单支搅拌装置及多支搅拌装置的实际成效；同时，亦测试低楼顶搅拌装置（因限高问题而设的极短装置）的成效。用以上装置生产不同形状的 DCM，包括梅花形状、DCM 墙、DCM 长方块等。

总之，第二次测试的重点如下：

1）测试不同 DCM 形状，以便用于不同的工地位置；

2）测试不同水泥份量与原土混合后的硬度，选定适合的混合剂量；

3）测试不同搅拌装置数量的工作船的成效。

经过 2012 年和 2015 年的两次 DCM 测试，证实了 DCM 在污染泥层的可行性及稳定性是正面并符合设计要求，因而决定正式在机场三跑道工程中推广使用。

透过以上测试，机管局总结出，深层水泥搅拌法能有效增强原土的承载能力并取代传统疏浚工程，对环境保护的贡献甚大。这大大减低了传统挖掘出的污泥及海床淤泥的额外处理，使三跑道能更快进行海堤建设及填海等施工，从而令三跑道能更快完成，符合香港地区政府发展计划和机场规划。在得出以上测试结果后，三跑道海上 DCM 工程最终在 2016 年 8 月正式展开（图 3）。

三跑道系统布局

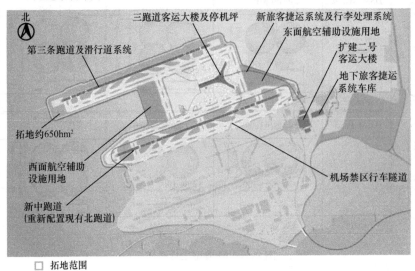

图 3　三跑道系统布局图

5　海上 DCM 施工流程

当 DCM 施工船到达指定位置后，DCM 工程方可正式开始。主要流程（图 4）包括：

1）钻探：使用低转速（19rpm）及稳定速度（1.0m/min）开始钻探，直至到达指定深度后，再将钻速放慢到 0.3m/min。在到达应力层钻至桩底深度后，检查所有数据包括电阻值（DCM 装置阻碍率）、深度及位置是否符合图则。

2）DCM 底部处理：到达桩脚后，DCM 装置会提高 3m 于应力层以上并开始使用 DCM 搅拌装置注射水泥浆进行水泥搅拌。该程序的指定搅拌速度为 38rpm/0.6m。

3）抽高 DCM 搅拌装置，注射及搅拌水泥浆：在到达桩底后，再用 DCM 搅拌装置进行注射水泥并向上抽高及搅拌，其抽高速度会因应不同泥层而定，规范为搅拌片旋转数不少于 450 次/（0.68m·min）。

4）完成 DCM：当搅拌装置上升回到人工铺沙层洗涤后，再上升至起点位置，于船上用高压水枪清洗搅拌装置。

6　香港地区海上 DCM 与国内外同类技术比较

香港地区国际机场三跑道海床面大概在 $-3.0\sim-5.0$mPD 之间，地质包括了海泥、冲积层及人工产生的污染泥层。当中，以在污染泥倾倒区域施工的难度及与水泥搅拌后的地基稳定性最为关键。深层水泥搅拌的设计深度一般由海床面开始计算，一般为 $15\sim30$m，形状采用"梅花"形设计。每个水泥桩大约使用 $20\sim50$t 水泥，这取决于其深度。施工时技术人员采用三维数字化海底 DCM 桩长设计技术，通过对 60 组深海土体原位试验数据进行分析、筛选及数值优化，在 6500000m^2 施工范围内得到准确的三维可视化地质条件分布图，实现深层水泥搅拌桩作业深度的精准设计。

第1步：DCM船到达工地

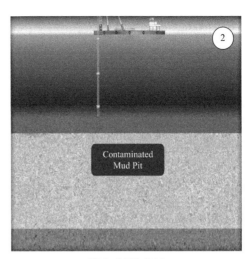

第2步：检测海床平水

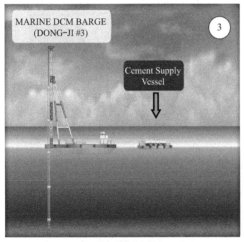

第3步：水泥供应船到达工地

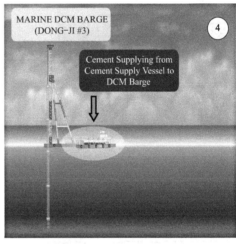

第4步：水泥船供应水泥给DCM船

第5步：用GPS对桩位进行定位

第6步：用锚索定位

图 4　DCM 施工船定位流程图及 DCM 施工流程图细则（一）

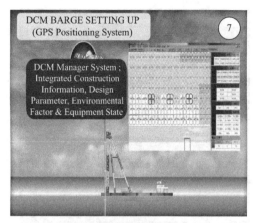
第7步：启动DCM操作管理系统

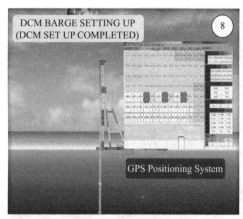
第8步：DCM船设置完成

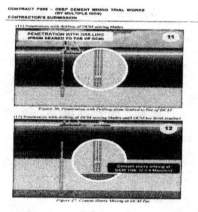
第9步：在DCM桩脚位置注入水泥浆

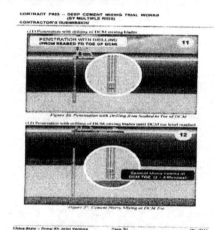
第10步：进行水泥搅拌

第11步：抽高DCM装置再次搅拌

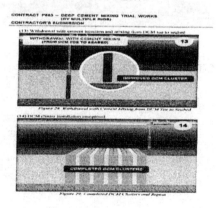
第12步：DCM桩搅拌完成

图4　DCM施工船定位流程图及DCM施工流程图细则（二）

　　整个三跑道工程主要由6个承建商共同施工，施工范围内的土壤层包含了最不稳定的污泥层，例如杂物、垃圾等。业主对质量要求非常严格，DCM搅拌桩柱的验收强度标准需要达到90％以上合格。对工程进度有较大影响的是水泥和海砂等原材料的供应。单日水泥和海砂的需求量极大。由于这些材料供应到香港地区受到国家海洋局、商务部和海关的出口指标限制，供应量远远不能满足工程需求。另一方面，海上 DCM 工艺是香港首次使用，需要引入大批海外专才，而所有的施工船只必须由香港海事处、机管局以及相关部门按照香港法例重新检测和改造，之后才能获发施工许可证在机场现有跑道禁区范围内施工。另外，在 DCM 施工过程中，杂物和过硬的土壤层令 DCM 无法建造。尤其在污泥层和垃圾堆填区，这些区域所包含的不只是污染泥，还包括大量非惰性垃圾，如船缆、钢筋、废弃胶胎等。另外，DCM 在建造时有机会遇上不同的阻碍物，缠绕搅拌刀具，造成搅拌装置的损坏，以致需要改位、重做、设计再评估等等。另一方面，香港地区政府对环保要求极为严格，由于施工范围位于香港地区海岸公园中华白海豚保育区，工作范围会有中华白海豚出没。施工期间不能对白海豚的健康和生存环境造成影响，因此必须采取保育措施进行实时的水质检测，聘用合乎资格的海豚观察员，在施工位置观察和评估海豚的健康状况。当海豚出现或者水质不达标时，及时做出应变行动。而且，在施工过程中还遇到了设计师更改图纸、移除废弃的海底输油管道、处理隆起的海床、台风天气紧急撤离等各种困难，因此在技术、质量和安全管理方面极具挑战性。此外，香港地区并没有用作海上 DCM 作业的船只和机械，三跑道项目中所使用的 DCM 工作船是通过外来船只改装而成。根据香港地区民航处规定，机场禁区范围的工程必须严格遵守机场高度限制。因此，DCM 工程船上的搅拌装置受限制于民航处及机管局所订下的最大高度。而且在机场范围附近施工，需清楚了解民航处及机管局订下的作业守则确保航空安全。海上施工亦必须遵守香港海事处相关条例方可进行。

面对上述一系列制度和规范的限制，使得传统 DCM 技术已经无法在香港三跑道工程中应用。必须既能满足民航处、海事署和机管局的规定，又对海洋环境不造成破坏，还能达到合约要求的强度，并且最大限度地节约水泥的使用量，减少损耗。因此，需要对现有施工机械进行改造，对传统技术进行提升和革新，着重对于海水质量、海洋生态的保育。通过以下九个方面的改良，总结形成针对和适应香港地区特定环境下的海上 DCM 技术方案：

第一，设置 24h 海豚监察站，监察站每个间距为 250m，聘用 24h 海豚监察员，在海上控制中心配备了实时船只监测系统和实时潮汐监测系统，对施工船只进行 24h 全方位跟踪监测。同时亦成立海上监督小队，以确保信息的及时传递和报告。在以上措施的保护下，三跑道工程发生海事意外的概率一直维持极低水平，发生严重海事意外率更达至零。

第二，在建造过程中，聘请环评专家针对海洋生态进行海水温度、酸碱度、微生物含量及氨含量等做实时监察，确保水质没有受到污染。

第三，在进行 DCM 工程前在海床上铺设一层约 2m 厚的临时砂土层，其目的是保护现有海床及用作清洗 DCM 搅拌装置的刀片之用，还能将砂层及淤泥层分隔，减少砂的流失量及使用量。

第四，在 DCM 施工前，在施工范围设置浮泡式防漏网用来覆盖，并且在 DCM 工作船的搅拌装置上安装铁笼式防漏网，大大减少搅拌海泥时可能泛起的颗粒数量，起到保护海洋环境的作用。

第五，除设置防漏网之外，在工作船和施工范围附近还会设置三重隔泥幕，确保由污泥层带上来的污染物不泄漏出公开海域。其中，第一层隔泥幕安装于搅拌装置之下，利用铁架结构封闭已搅拌的水泥及原土，使其自然沉降回海床中。而第二层隔泥幕是安装于DCM船的海面周围，以作紧急防泄用途。最后一层是用作围封工地范围的隔泥幕。有效地防止了淤泥和污染物泄漏，保障海洋环境达到白海豚保育区的生态要求。

第六，在空气质量控制方面，将所有搅拌缸四周装上防尘帐篷，并使用粉粒收集装置，降低水泥颗粒在空气中飘浮对环境所产生的污染。

第七，使用矿渣硅酸盐水泥及粉煤灰水泥来代替普通硅酸盐水泥，经过一系列测试后发现，矿渣水泥相对普通水泥更经济。一般而言，矿渣硅酸盐水泥含有 30％～60％ 矿粉，而它的水化作用不同，矿渣硅酸盐水泥含有大量氢氧化钠（石灰），吸水性较高，虽然本身强度较普通硅酸盐水泥弱，但在混合后某天内（如 28d、90d）的最后强度则较普通硅酸盐水泥强。施工时，技术人员将水泥中矿渣含量提升至 60％，并调整矿渣硅酸盐水泥与原土混合量为 $160～350 kg/m^3$，水灰比比率为 1.0，最终形成了全新的矿渣水泥配方和水泥拌合物制备技术，确定了使用矿渣硅酸盐水泥作为替代方案的可行性，实现了理想的技术突破。不但解决了水泥供应短缺的难题，确保了工程进度，而且更能提升质量，最重要的是将水泥总使用量减少约 30％，降低了生产总成本。在应对三跑道项目进行过程中所出现的普通水泥供应不足时，起到了巨大作用，达成了双赢的效果。

第八，对施工船只进行改造，采用"4-3-2-1"DCM 搅拌装置设计，意指各 DCM 船只上所配备的搅拌装置数量由 4 支至 1 支排列，以此提供更具弹性的施工计划，灵活运用不同配置的船只于不同的位置施工，以达进度高效。

第九，对施工船装置的检测和质量监管方面，采用 GPS 定位仪、倾斜度检测仪、搅拌装置应力测试仪等装置对作业位置、搅拌杆探入/探出速度、搅拌片转速、水泥浆液流速等进行精确控制，将灌浆范围精确度控制在 10cm 以内，处理后地基强度复测符合设计标准，合格率 100％。

三跑道海上 DCM 技术既吸收了日本、韩国、新加坡既有的 DCM 加固软土地基的实践经验，又融合了香港地区海事工程特有的要求，对香港地区机场范围环保要求高、地质情况复杂，如含有丰厚的污泥层、淤泥及高风化层，施工条件受限的不良地质改善特别适用。但该技术不适用于碎石层或岩层等拥有高承载力及强度的地质层。就深度而言，一般为 10～50m 不等；若超过 50m 深度，搅拌装置及船只需进行强化和改装。

由于这是在香港地区的首次海上 DCM 作业，大量的前期试验和指标制订花费了大量成本及时间，但值得庆幸的是最后能成功使 DCM 技术用于香港地区机场的发展。

7 香港地区海上 DCM 技术应用前景

香港地区机场管理局于 2016 年在三跑道项目上推出了四项海上深层水泥搅拌法工程（项目编号 C3201、C3202、C3203 及 C3204），合约金额接近 100 亿港元。当首次使用 DCM 技术在三跑道成功见效后，香港特别行政区政府当即乘胜追击，推出东涌大型填海项目并提出高达 6300 亿港元的"明日大屿"远景发展计划；而合约中清楚地列明，要求必须使用 DCM 技术作为土质改善方法，禁止疏浚挖掘工程进行。这足以证明 DCM 技术在环保效益方面的成效及其社会效益是大受认同的。

海上深层水泥搅拌技术在香港地区机场第三条跑道的引进和推广，不但实现了香港地区海上 DCM 技术零的突破，而且使社会更加意识到 DCM 工艺对环保所带来的不容忽视的效益，对行业发展具有良好的推广与示范作用。

8 结论

环保是全世界的大方向。在可持续发展的前提下，建设的同时着手对海洋环境生态进行保育同样重要。

就海事工程而言，海上 DCM 技术与传统的疏浚技术所需的施工船如锚船、载客船或是拖轮等基本上都一样。但疏浚工程对海洋环境的影响甚大，直接挖掘海床及淤泥会大量释放沉积于海床以下的污染物，包括人为的污泥倾泻层或者是天然的动植物腐化物，从而对在该位置施工的海域带来极大污染。而 DCM 技术采用免疏浚的方法，没有任何挖掘的海泥需要处理，取而代之的是通过注射水泥浆搅拌及混合原土来增强承载力，大大降低疏浚工程所带来的负面影响。而且，在 CM 施工过程中采用淤泥与污染物防泄漏综合技术，并利用生命周期海洋微生物含量法评估分析机场三跑道建造施工过程中的碳足迹，保障了海洋生态要求，对环保方面贡献很大。

从经济效益方面来说，进行挖掘及处理疏浚物料是传统疏浚工程的主要成本。而挖掘及疏浚物料处理受到诸多限制，如开挖深度难以控制、验收标准模糊、倾倒区位置受限、重复施工成本不可控等。最重要的是，挖掘造成污泥扰动对海洋生态环境影响极大。而 DCM 技术主要成本是水泥输入及 DCM 工程船的操作。水泥输入的渠道很多，可以依靠内地或世界各地，而且施工标准及验收标准清晰，使得成本控制十分准确。

据统计，相比较传统的疏浚工法，香港地区机场三跑道项目采用海上 DCM 技术，减少污染泥料释放面积 650hm^2、减少建筑废料 9117 万吨、减少碳排放 21 万吨、减少工地噪声 50%～80%、避免了因环保等因素的干扰而造成工程延误损失达 30 亿港元。

因此可以说，DCM 技术是传统疏浚工程的取代方案。该技术的引进，改变了整个填海工程的发展生态。虽然注入的水泥对整个海域也造成少量影响，最主要是造成了局部海床隆起，影响海上航道安全，因此需要额外的时间和成本处理隆起的海床，进行海床平整。但相比传统的疏浚挖掘，DCM 技术仍是胜出数筹，具有巨大的经济效益和社会效益。

参考文献

[1] 宁华宇. 香港国际机场扩建工程水下深层水泥搅拌桩的试验检测 [J]. 工程建设，2019，51 (2)：60-65.

[2] 周骏，张新. 重型双处理机深层搅拌船 [J]. 工程机械，2017，48 (10)：6-12＋5.

[3] 刘志军，陈平山，胡利文等. 水下深层水泥搅拌法复合地基检测方法 [J]. 水运工程，2019 (2)：155-162.

[4] 中交四航局第二工程有限公司. 具有自动化成柱集成控制系统的水下深层水泥搅拌工程船：中国，CN201810540757. 8 [P]. 2018-9-14.

[5] 朱向阳. 水泥土搅拌桩处置连云港软土地基的试验研究 [D]. 南京：河海大学，2007.

[6] 董建忠（浙江省大成建设集团有限公司），赵铧，楼康彬. 深层水泥搅拌桩在软土地区加固的工艺研究和应用 [A]. 中国土木工程学会 FRP 及工程应用专业委员会. 第七届全国建设工程 FRP 应用学术交流会论文集 [C]. 中国土木工程学会 FRP 及工程应用专业委员会：中国土木工程学会，

2011：5.

[7] 罗本韬. 深层水泥搅拌桩施工质量控制措施 [J]. 安徽建筑，2012，19（4）：92-93.

[8] 曹凡. 深层水泥搅拌桩在公路软土地基处理中的应用 [J]. 科技创新导报，2013（8）：129-130.

[9] Shujie Pan（China State Construction Engineering（Hong Kong）Limited），Wei Zhang，Nickael Chan. MARINE BASED DEEP CEMENT MIXING IN HONG KONG [J]. 42nd Conference on Our World in Concrete & Structures，2017：329-338.

[10] Bergado D T（Asian Institute of Technology），Long P V，Chaiyaput S，et al. Prefabricated Vertical Drain（PVD）and Deep Cement Mixing（DCM）/Stiffened DCM（SDCM）techniques for soft ground improvement [C] // lop Conference Series：Earth & Environmental Science，2018，143：012002.

[11] Wonglert A（King Mongkut's University of Technology Thonburi），Jongpradist P，Jamsawang P，et al. Bearing caPacity and failure behaviors of floating stiffened deep cement mixing columns under axial load [J]. Soils and Foundations，2018，58（2）：446-461.

[12] Jamsawang P（KingMongkut's University of Technology NorthBangkok），Voottipruex P，Boathong P，et al. Three-dimensional numerical investigation on lateral movement and factor of safety of slopes stabilized with deep cement mixing column rows [J]. Engineering Geology，2015，188：159-167.

[13] Jamsawang P（King Mongkut's University of Technology NorthBangkok），Voottipruex P，Tanseng P，et al. Effectiveness of deep cement mixing walls with top-down construction for deep excavations in soft clay：case study and 3D simulation [J]. Acta Geotechnica，2018：1-2

预制构件厂混凝土废渣浆绿色回收技术

姜绍杰　侯　军　朱辉祖　李　朗

摘　要：预制构件的生产中会产生大量的混凝土废渣浆，这些废渣浆含有一定的活性成分，由于含水率较高（通常大于 40%），其资源化回收利用受到一定的限制。本文通过现场取样、成分分析、配比试验、各项性能测试等，研究了将废渣浆先脱水，再直接添加水泥的回收方法，并分析了回收工艺在预制构件厂中的经济价值和可行性。

关键词：预制构件；废渣浆；回收

GREEN RECOVERY TECHNOLOGY OF CONCRETE WASTE SLURRY IN PREFABRICATED PARTS FACTORY

Jiang Shao Jie　Hou Jun　Zhu Hui Zu　Li Lang

Abstract：A large amount of concrete waste slurry will be produced in the production of prefabricated parts. These waste slurry contains certain active components，but due to the high water content（usually greater than 40%），the recycling of waste slurry is limited. In this article，the recycling method of adding cement directly into waste slurry has been studied through a series of experiments including composition analysis，field sampling，and performance test. The economic value and feasibility of the recycling method has also been researched.

Key words：Prefabricated Components；Concrete Slurry；Recycling

1　前言

　　预制构件厂在日常生产中对预制构件进行清洗，产生了大量的废渣浆，包括废弃砂石、被冲洗下来的水泥浆等。废渣浆的堆积和排放不仅对资源造成了浪费，还对环境造成了较严重的污染和破坏。不同于传统的通过旧房拆迁等形成的固体建筑废弃物[1,2]，以及混凝土搅拌站、商品混凝土厂商等工厂产生的废渣[3,4]，预制件厂产生的建筑废弃物含水率较高（通常大于 40%），呈膏状，无法直接回收利用。废弃渣浆的问题日益引起了人们的关注。目前，有学者对废渣浆的回收利用进行了研究：郭宝林、王保民等[5]将废渣浆掺入到无硅灰掺合料配制的 C80 混凝土中，但由于废渣浆具有一定的缓凝作用，导致 C80 混凝土的早期强度降低；也有学者将废渣浆掺入到中低强度的混凝土中，可以在一定程度上起到增强的效果，但会导致中低强度等级的混凝土和易性变差，坍落度和扩展度变小[6-9]。

废渣浆作为掺合料掺入到混凝土中可以变废为宝，但是废渣浆的活性偏低，难免会对混凝土的性能产生不利的影响；而且，废渣浆在混凝土中的掺量较小，推广应用具有一定的局限性。

本文从公司的实际出发，通过对废渣浆进行现场取样成分分析，研究了将混凝土废渣浆先脱水再直接添加水泥的"两步法"工艺，并分析了回收工艺在预制构件厂中的经济价值和可行性，指出大掺量大批量利用废渣浆非常可行。

2 原材料及试验方法

2.1 原材料

（1）水泥：华润 P.O42.5 水泥，3d 龄期的抗折强度为 5.5MPa，抗压强度为 27.5MPa；28d 龄期的抗折强度为 7.6MPa，抗压强度为 47.5MPa；其他技术性能指标符合现行规范要求。

（2）废渣浆：从生产现场取样。

2.2 试验仪器

（1）YZH-300.10 型恒加载水泥抗折抗压试验机

（2）电热鼓风恒温干燥箱

（3）HBY-40B 型水泥（混凝土）恒温恒湿标准养护箱

（4）JJ-5 型水泥胶砂搅拌机

（5）ZS-15 型水泥胶砂振动台

（6）SJD60 型单卧轴强制式混凝土搅拌机

（7）X 射线荧光光谱仪（XRF，深圳市材料分析测试中心）

（8）半自动水泥免烧砌块机

（9）$10m^2$ 板框压滤机

2.3 试验方法

样品抗折、抗压强度按照《水泥胶砂强度检测方法（ISO 法）》GB/T 17671 进行。混凝土拌合物性能试验和力学性能试验分别按照国家标准《普通混凝土拌合物性能试验方法标准》GB/T 50080 和《普通混凝土力学性能试验方法标准》GB/T 50081 进行。

3 试验结果与工艺参数分析

3.1 成分分析

将废渣浆从现场取样，在恒温干燥箱中干燥至恒重，然后将少量样品和水泥样品送至检测机构进行 XRF（X 射线荧光光谱分析）检测，检测结果如表 1 所示。

废渣浆和水泥的 XRF（X 射线荧光光谱分析）检测结果　　　　　　　　　　表 1

成分	SiO_2	Al_2O_3	Fe_2O_3	CaO	MgO
废渣浆	35.41%	4.35%	3.25%	45.21%	1.65%
水泥	20.77%	4.17%	3.88%	64.52%	1.21%

测试结果表明：废渣浆的主要成分和水泥的主要成分接近，但废渣浆的硅钙比比水泥的硅钙比高，原因是废渣浆中除了含有水泥浆外，还含有大量的细砂、矿物质（粉煤灰、矿粉）等。

3.2 含水率对地砖样品强度的影响

经过不定时的取样测试，废渣浆的含水率在 40%～50%，分别为 44%、45%、41%、47%，其平均含水率为 44.3%。图 1 是现场堆放的废渣浆和经过干燥后的废渣浆。

图 1　施工现场堆放的混凝土废渣浆和经干燥处理后的废渣浆

将当天取样的废渣浆在烘箱中干燥至恒重，将废渣浆粉末 1000g 加入不同量的水和 100g 强度等级为 32.5 级的水泥搅拌均匀，注入模具成型，经标准养护后测试其 7d 强度。表 2 是不同水量下所制备的地砖样品的抗压强度和抗折强度。搅拌过程中，含水率是一个很重要的因素（图 2），宜将物料搅拌至图 4 所示的状态，容易成型且不流浆。

废渣浆含水率和所生产的产品强度的关系　　　　　　　　表 2

废渣浆含水率	抗压强度（MPa）	抗折强度（MPa）
20%	35.2	5.3
35%	5.6	2.2
50%	2.3	1.1

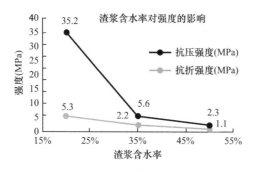

图 2　废渣浆含水率对地砖样品强度的影响

图 3　搅拌状态

测试结果表明：如图 2 所示，含水率对地砖样品的强度有较大的影响，地砖样品的强度随着含水率的升高而降低，混凝土废渣浆的最佳含水率为 20%，此时样品的状态如图 3

所示，容易成型，不会因为含水率过低而成型困难。

3.3 废渣浆堆放时间对地砖样品强度的影响

将含有相同含水率的同一批废渣浆分为4组，分别放置1d、3d、5d和10d，然后掺入相同量的水泥，搅拌均匀后成型。经养护后，测试7d强度。表3是废渣浆堆放时间和样品抗压和抗折强度的关系。其中，废渣浆放置第10d后强度较低，低于检测下限。

废渣浆堆放时间和所生产的产品强度的关系 表3

废渣浆堆放时间（d）	抗压强度（MPa）	抗折强度（MPa）
1	27.3	4.1
3	13.4	2
5	6	1.1
10	/	/

试验结果表明：如图4所示，废渣浆的堆放时间不应超过3d。超过3d后，即使含水量合格，通过添加质量分数10%的水泥后，所生产的地砖强度仍会大大降低。混凝土废渣浆的堆放时间是一个比较关键的因素，由于废渣浆的活性成分为部分被冲刷下来的水泥砂浆，具有水硬性的特点，因此随着堆积时间的延长，废渣浆中的活性组分会发生水化反应，活性逐渐下降。在生产试验中应即时处理当天的废渣浆（图5），以降低成本。

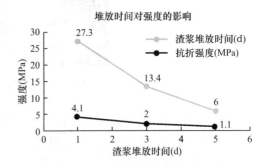

图4 废渣浆堆放时间对样品强度的影响

图5 废渣浆样品断面（4cm×4cm×16cm）

3.4 水泥掺量对样品强度的影响

水泥的掺量越大，所制备的废渣浆样品的强度越大。但水泥掺量过高，成本会相应地增加。因此考虑到成本问题，水泥掺量占废渣浆质量的10%的成本较低且强度达标，故选择水泥掺量为废渣浆质量分数的10%。

4 "两步法"生产工艺流程

以上试验基本确定了"两步法"的生产工艺参数：混凝土废渣浆的含水率控制在20%左右；废渣浆的堆放时间不应超过3d。

"两步法"工艺中，第一步是脱水工艺。在实际的废渣浆回收过程中，考虑到用干燥箱烘干的成本较高和效率较低问题，采用压滤机对废渣浆进行压滤，降低废渣浆的含水率，通过调整压滤机的相关参数，将废渣浆的含水率控制在20%左右。

第二步是直接掺加水泥。在卧式搅拌机中对定量的废渣浆和水泥（水泥质量占废渣浆质量的10%）进行拌合，拌合均匀后再导入模具中用压砖机进行压制成型。图6是所制备的废渣浆试块。所制备的地砖抗压强度在25~30MPa，抗折强度在4.0~6.0MPa，符合国家免烧砖相关标准，其强度等级属于混凝土实心砖（MU15）。废渣浆回收工艺示意图如下：

图6　废渣浆试块（10cm×10cm×10cm）

5　经济效益和社会效益分析

（1）主要经济效益

1）据估算，深圳海龙建筑科技有限公司每天产生2m³左右的混凝土废渣浆。废渣浆资源化回收利用之后，公司基本实现固体废弃物零排放，每年减少外排费用40万元。根据回收工艺制备的地砖产品，按市场价预估，每年可额外收入10万元左右（不包括外排减少的支出）；

2）废渣浆资源化回收利用之后减少了水源的污染，在目前基础上减少清水30%。

（2）主要社会效益

1）混凝土废渣浆中含有水泥、矿物掺合料等活性物质，将其回收、资源化利用可有效节约成本，降低对环境的污染和破坏；

2）该回收工艺成熟之后，具有较大的推广价值，可推广至其他预制构件厂家；

3）该工艺可减少工地上固体废料的堆放，施工过程中可用卡车将产生的废料运送至指定的地方进行回收处理。

6 结论

本文通过一系列试验研究了混凝土废渣浆资源化利用的经济绿色新工艺，所研究的工艺比文献所报道的回收工艺简单，且废渣浆的利用效率更高。通过研究得出以下结论：

1）废渣浆的成分和水泥相近，由于含有大量的砂，因此硅钙比比水泥高。

2）"两步法"生产工艺参数：在制备地砖样品时，混凝土废渣浆的含水率控制在20％左右为宜，所制的地砖样品随着含水率的增加而降低；废渣浆的堆放时间不应超过3d，所制的地砖样品随着堆放时间的增加而降低；超过3d后，废渣浆处理成本会大大增加。

3）废渣浆的资源化回收利用具有较大的经济效益和推广价值。

参考文献

[1] 张志红. 建筑废弃物再生利用的调查与研究 [D]. 青岛：山东科技大学，2006 (5).

[2] 周佳文. 珠三角地区建筑废弃物的调研与分析 [D]. 广州：华南理工大学，2011 (1).

[3] 杨根宏，杨松林，曹达纯，陈文耀. 混凝土搅拌站废浆的回收与应用 [J]. 广东建材，2013，9：64-67.

[4] 徐卓，龙帮云. 开发利用再生混凝土，走可持续发展的道路 [J]. 建筑材料，2004，2：47-50.

[5] 郭宝林，王保民. 再生水及海水作为混凝土拌合用水的探讨 [J]. 低温建筑，2005，(1)：11-12.

[6] Su N，Miao B Q，Liu F S. Effect of wash water and underground water on properties of concrete [J]. Cement and Concrete Research，2002，32 (5)：777-782.

[7] 曾光，张玉平，汤天明. 搅拌站生产废水在混凝土中的应用研究 [J]. 建筑设计管理，2009，(03)：61-63.

[8] 丁威，冷发光，马冬花. 中水作为混凝土拌合用水试验研究 [J]. 混凝土，2005，(6)：65-69.

[9] Fran co S，Elisa F. Waste wash water rccycling in ready mixed concrete plants [J]. Cement and Concrete Research，2001，31：485-489.

再生块体混凝土预制墩基础施工工艺试验研究

杨 辅 智　钟　超　蔡　勇　庄　苑　孙　毅　雷　斌

摘　要：再生块体混凝土运用在墩基础中，可以有效提高建筑垃圾资源化利用的效率。将废混凝土块体与新混凝土混合浇筑，制作了 26 块尺寸为 $\phi250mm\times500mm$ 的圆柱体试件，考虑废混凝土块体级配、按照高度设置"钢丝网片"分层浇筑两个方面的因素，开展了再生块体混凝土试件的单轴受压试验，通过试验结论制定出指导再生块体混凝土预制墩基础施工的施工工艺建议。

关键词：再生块体混凝土；预制墩基础；施工工艺；单轴抗压试验

EXPERIMENTAL STUDY ON CONSTRUCTION TECHNOLOGY OF PRECAST PIER FOUNDATION FILLED WITH DEMOLISHED CONCRETE LUMPS AND FRESH CONCRETE

Yang Fu Zhi　Zhong Chao　Cai Yong　Zhuang Yuan　Sun Yi　Lei Bin

Abstract：The compound concrete made of demolished concrete lumps（DCLs）and fresh concrete（FC）is used in the pier foundation，which can effectively improve the efficiency of construction waste resource utilization. The DCLs is mixed with the FC for pouring，and 26 cylindrical specimens with a size of $\phi250mm\times500mm$ were fabricated. Considering the two factors of grading the DCLs and layering the "steel mesh" according to the height setting，which carried out uniaxial compression test of compound concrete specimens，through the conclusion of uniaxial compression test research to develop a guiding construction technology recommendations of precast pier foundation filled with DCLs and FC.

Key words：Compound Concrete；Precast Pier Foundation；Construction Technology；Uniaxial Compression Test

1　引言

我国现在处于城镇化发展的重要阶段，大面积的旧城改造、拆临拆违等一系列工程都会产生大量的废混凝土块体，寻求一种新的废混凝土块体利用方式成为一种趋势。文献 [1] 提出了一种新型利用废弃混凝土构件的回收利用方式，即在构件中直接使用大粒径废旧混凝土块，免去了生产再生骨料的烦琐过程，能显著降低废旧混凝土回收利用的成本。将废混凝土块体与新混凝土混合浇筑而成的材料称为再生块体混凝土，大量学者对再生块体混凝土主要进行了强度预测[2]、破坏特征[3]、尺寸效应[4]、基本徐变[5]、冻融力学性能[6]、浇筑工艺[7]、水化温升[8]、抗渗性能[8]等方面的试验研究，取得了翔实的理论成果。再生块体混凝土的运用具有良好的理论基础，在工程运用中具有广阔的前景[7]。

结合南昌市的有利地质条件，开展墩基础的研究具有非常重要的价值，在多层房屋（如：别墅、洋房）地基、地基加固处理等方面将有良好的运用前景。由于墩基础的体积较大，大粒径废弃混凝土块体可以直接与新混凝土按照合适的比例浇筑成墩基础，提高了建筑资源化利用的效率。采用预制的方式，可以很好地保证再生块体混凝土墩基础的质量；同时，施工更便捷、无噪声、节省施工成本，可以很好地满足不宜现场施工、泵车无法到达现场或者需要加快施工进度等情况。再生块体混凝土预制墩基础的研究具有极重要的价值。

通过大量学者的研究发现，对于再生块体混凝土的试验研究主要集中考虑了废混凝土块体的粒径、质量替代率、不同的新混凝土配合比等，并未考虑废混凝土块体级配、浇筑过程中易产生离析现象等因素。对于再生块体混凝土运用在墩基础中，开展相关因素的施工工艺研究具有重要意义。

2 试验概况

2.1 试验材料

再生块体混凝土试件的各组成材料为：

（1）水泥：采用 42.5 级普通硅酸盐水泥（P.O 42.5），初凝时间为 203min，终凝时间为 250min；

（2）细骨料：采用的赣江砂，其粒径小于 4.75mm，中砂且为 II 区级配，表观密度为 2468.4kg/m³；

（3）粗骨料：试验采用碎石作为粗骨料，其粒径范围是 4.75～20mm；

（4）水：试验用水采用可以饮用的自来水；

（5）废混凝土块体：试验采用改造拆除的混凝土，在浇筑前废混凝土块体必须淋湿处理，待其处于饱和面干状态进行浇筑，见图 1 和图 2；

（6）粉煤灰：试验采用侯钢牌 I 级粉煤灰；

（7）高效减水剂：试验采用 SM-F 超干粉活性高效型减水剂，常用掺合量为胶结材的 0.5%～1.5%。

图 1 拆迁改造现场废混凝土块

图 2 处理后试验废混凝土块体

2.2 试件设计与制作

本次设计尺寸采用 $\phi250\text{mm}\times500\text{mm}$ 的圆柱体试件，设计了 13 组共 26 个试件，每组 2 个。考虑以下两个因素：①废弃混凝土块体的级配；②试件分层浇筑设置屏障"钢丝网片"，设计考虑了 3 种分层。通过试件的力学性能变化情况，分析反映出施工工艺的好坏。

试件由新混凝土和废混凝土块体浇筑而成，所用新混凝土采用同一配合比，新混凝土实测立方体抗压强度值为 36.37MPa，废混凝土块体采用回弹仪测定其抗压强度值为 22.12MPa，废混凝土块的取代率 η 为 30%[4]。该取代率是指废混凝土块体的质量占整个试件的总质量之比，各试件参数如表 1 所示。

试件参数   表 1

试件编号	试件个数	分层浇筑设置高度	废混凝土块体粒径分级 （40～60mm∶60～80mm）	$f_{cu,new}$ （MPa）	$f_{cu,old}$ （MPa）	η （%）
H1-R0	2		—			
H1-R1	2		2∶8			
H1-R2	2	0mm 分层	4∶6			
H1-R3	2		6∶4			
H1-R4	2		8∶2			
H2-R1	2		2∶8			
H2-R2	2	100mm 分层	4∶6	36.37	22.12	30
H2-R3	2		6∶4			
H2-R4	2		8∶2			
H3-R1	2		2∶8			
H3-R2	2	200mm 分层	4∶6			
H3-R3	2		6∶4			
H3-R4	2		8∶2			

注：$f_{cu,new}$ 和 $f_{cu,old}$ 分别表示新旧混凝土的抗压强度，H 表示分层浇筑高度，R 表示废混凝土块体级配。

再生块体混凝土试件制作过程如图 3 所示。

步骤1：准备材料   步骤2：底部浇筑30mm，
放入钢丝网片   步骤3：放入配制好的
废混凝土块体

图 3 试件浇筑施工过程（一）

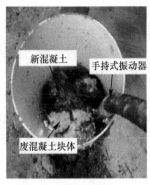

步骤4：放入新混凝土，同时进行振捣 | 步骤5：新混凝土加入到37mm进行振捣，直至不再明显出现气泡且表面泛浆 | 步骤6：第2次放入钢丝网片

步骤7：第2次放入配制的废混凝土块体 | 步骤8：依次按照该方式，直至模具填满 | 步骤9：最后振捣密实，抹平试件顶面 | 步骤10：浇筑成型试件

图3 试件浇筑施工过程（二）

2.3 试验加载方案

采用微机控制伺服万能试验机（SHT 4306），试件选用4个量程为30mm、精度为0.005mm的YWC-30型位移计，位移计沿着试件一周呈90°分布，放置在试件中部，其量测标距取为0.4倍试件高度，通过位移计量测试试件在受压过程中发生的位移。根据ASTM C39规范［9］，加载速率取为0.3mm/min，试验数据的采集使用UT7116Y静态应变仪，采集频率为1Hz。压力机在加载前，预加载值设置为峰值荷载的30％左右。试验装置如图4所示。

图4 单轴抗压试验装置

3 试件单轴受压试验结果与分析

3.1 试验现象

本文开展了13组共26块试件的单轴抗压试验，通过试验观察发现：

（1）在试件加载的初期，试件表面观察不到裂纹；

（2）随着荷载不断加大增至峰值荷载的70％～90％左右时，在试件两端开始产生微小的细裂缝，如图5（a）所示；

（3）随着荷载继续不断增大直至峰值荷载时，试件表面的微小细裂纹逐渐扩大；在放置"钢丝网片"处，沿着试件的一周会产生裂缝。随着荷载的增加，试件表面的裂缝扩展相对滞缓，形成贯通的裂缝很少，但是裂缝率会逐渐增多，如图5（b）、（c）所示。

通过图5（c）、（d）可以观察到，试件破坏时被"钢丝网片"约束其开裂，试件在破坏时保持了试件的整体性；同时，可以看到试件中的"钢丝网片"在浇筑过程中起到了约束废混凝土块体发生沉降的现象，使得再生块体均匀分布在试件中。图6中可以看到，废混凝土块体与新混凝土交界面浇筑良好，未出现裂缝。观察图中A、B区域，可以发现废混凝土块体开裂；而废混凝土块体与新混凝土交界面并未出现裂缝，说明新旧界面并不是试件显著的薄弱部位。

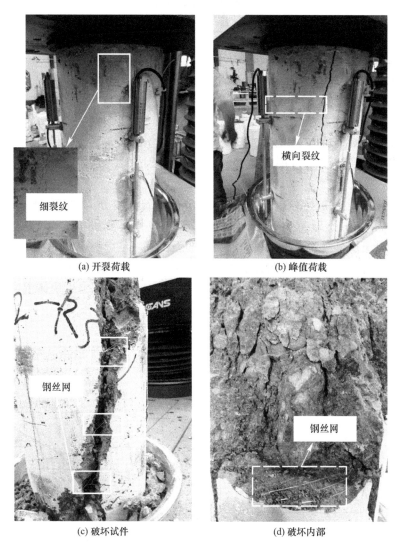

图5　H2、H3类典型试件中加载各阶段试件破坏形态

图 6　H1 类试件破坏内部形态

3.2　废混凝土块体级配对抗压强度的影响

根据所测的试件抗压强度值，考虑废混凝土块体级配的条件下，按照分层浇筑高度分类的试件 H1、H2、H3，随着不同级配的变化抗压强度表现出的规律性，如图 7 所示。通过图 8 得出如下结论：

（1）随着废混凝土块体中粒径为 40～60mm 的含量增多，再生块体混凝土的抗压强度逐渐增大；当该粒径超过 60％时，随着其含量的继续增大，再生块体混凝土的强度反而降低；

（2）随着废混凝土块体级配的变化，按照分层浇筑高度分类的试件 H1、H2、H3 都表现出在级配为 R3 时，即 40～60mm∶60～80mm＝6∶4，试件抗压强度值最大；

（3）废混凝土块体级配对再生块体混凝土的强度有一定影响；

（4）同配比的新混凝土与废混凝土块体组合而成的再生块体混凝土试件强度比新混凝土浇筑而成的试件强度低，对于试件 H1-R1 相比 H1-R0 而言，再生块体混凝土的抗压强度降低最大，降幅达到 37.74％。

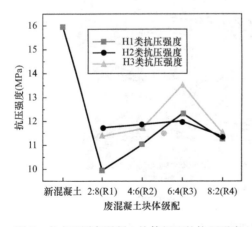

图 7　考虑不同废混凝土块体级配的抗压强度

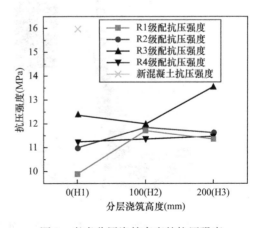

图 8　考虑分层浇筑高度的抗压强度

3.3　分层浇筑高度对抗压强度的影响

根据所测的试件抗压强度值，考虑分层浇筑高度，按照废混凝土块体级配分类的试件 R1、R2、R3、R4，随着分层浇筑高度的变化其抗压强度的变化规律，如图 8 所示。通过图 9 得出如下结论：

（1）R1 级配、R2 级配、R4 级配在考虑分层浇筑时，在每层放入钢丝网片后，再生块体混凝土的抗压强度都提高了，其提高幅度在 1.05%～12.27%。

（2）随着分层浇筑高度的增加，整体表现规律不一样。R1、R2 级配抗压强度表现先增后减，原因可能是分层高度为 H2 的试件比 H3 加入的"钢丝网片"更多，"钢丝网片"抑制了试件的横向变形，消耗了部分能量，提高了试件的抗压强度；R4 级配抗压强度保持平稳，说明该级配比较合理，对再生块体混凝土强度发挥主要作用；R3 级配抗压强度先低后高，且在同一分层浇筑高度情况下，相比其他级配的试件，抗压强度值都要大。

（3）分层浇筑高度设置为 H2 时，测得的抗压强度更趋稳定，离散性更小。

3.4　应力-应变关系曲线分析

研究应力-应变曲线的变化趋势，对试件材料变形性能的了解是一种重要的研究手段。通过对两方面因素分析考虑，可知试件在级配为 R3、R4 时试件浇筑质量都比较好，分层浇筑高度为 H2 时浇筑质量比较容易保证。因此，本文选取 R3 类、H2 类试件的应力-应变曲线进行对比分析，为再生块体混凝土在预制墩基础中的运用提供一定的理论基础。

根据图 9、图 10 所示，分析可得出如下结论：

（1）新混凝土试件应力-应变曲线的原点切线斜率大于加入废混凝土块体试件，且加入废混凝土块体试件的应力-应变曲线发展趋势与新混凝土试件基本一致；

（2）随着废混凝土块体中粒径为 40～60mm 的含量增多，应力-应变曲线上升段越陡，峰值应变越小；当该粒径超过 60% 时，随着其含量的增大，应力-应变曲线上升段变缓，峰值应变越大；

（3）再生块体混凝土试件的峰值应变介于 $(1800\sim2200)\times10^{-6}$；应力在 $0.5f_c^0$（f_c^0 是指峰值应力）左右时，试件处于弹性阶段；应力介于 $(0.7\sim0.9)f_c^0$ 时，试件处于裂缝发展阶段。

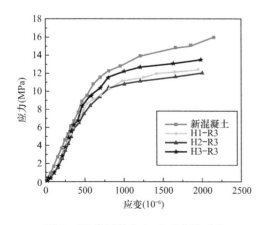

图 9　R3 类试件应力-应变曲线对比

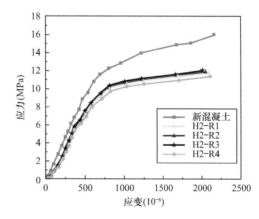

图 10　H2 类试件应力-应变曲线对比

4 再生块体混凝土预制墩基础施工工艺建议

根据单轴抗压试验现象及结果进行分析总结，得出在实际工程中进行再生块体混凝土预制墩基础施工建议：

（1）在单轴抗压试验时，试件中按照高度设置"钢丝网片"进行分层浇筑，使得再生块体混凝土试件的抗压强度最大提高 12.27%；而考虑废混凝土块体级配，使得再生块体混凝土试件的抗压强度最大提高 24.57%。因此，在再生块体混凝土预制墩基础施工中考虑废混凝土块体级配、按照高度设置"钢丝网片"分层浇筑，可以有效提高试件的浇筑质量和施工工艺。

（2）在单轴抗压试验的结果中，表现出试件中的废混凝土块体级配为 R3 时，试件的强度相比其他级配强度值最大。

（3）在单轴抗压试验的结果中，表现出试件按照分层浇筑高度 H2，即按照高度 100mm 设置"钢丝网片"进行分层浇筑，试件的强度值最好。

（4）再生块体混凝土试件浇筑过程中混凝土块体在浇筑前需将废混凝土块体淋湿处理，防止在浇筑时废混凝土块体吸水过大，影响新混凝土的和易性，导致施工质量的降低。

（5）再生块体混凝土浇筑时，采用的新混凝土中的粗骨料粒径不大于 20mm 且其坍落度要较大，160mm 左右。浇筑过程中，采用新混凝土和废旧混凝土块体反复交替投放，在投放过程中充分振捣。

参考文献

[1] 吴波，刘琼祥，刘伟等. 钢管再生混合构件初探 [J]. 工程抗震与加固改造，2008，(4)：120-124.

[2] Wu B, Zhang S, Yang Y. Compressive behaviors of cubes and cylinders made of normal-strength demolished concrete blocks and high-strength fresh concrete [J]. Construction & Building Materials，2015，78：342-353.

[3] Wu B, Liu C, Wu Y. Compressive behaviors of cylindrical concrete specimens made of demolished concrete blocks and fresh concrete [J]. Construction & Building Materials，2014，53 (53)：118-130.

[4] Wu B, Liu C H, Yang Y. Size effect on compressive behaviours of normal-strength concrete cubes made from demolished concrete blocks and fresh concrete [J]. Magazine of Concrete Research，2013，65 (19)：1155-1167.

[5] 吴波，艾武波，赵霄龙. 高强化再生混合混凝土的基本徐变试验研究 [J]. 建筑结构学报，2016，37 (S2)：109-114.

[6] Wu B, Li Z. Mechanical properties of compound concrete containing demolished concrete lump safter freeze-thaw cycles [J]. Construction and Building Materials，2017，155：187-199 .

[7] 王龙，金和卯. 再生混合混凝土的工程应用研究及探讨 [J]. 建筑施工，2016，(12)：1754-1756.

[8] 吴导中. 再生块体混凝土的水化温升和抗渗性能试验与分析 [D]. 广州：华南理工大学，2018.

[9] ASTM C39. Standard test method of compressive strength of cylindrical concrete specimens. American Society for Testing and Materials，2001.

第三节　装配式建筑技术

装配式建筑的前世、今生和未来

姜绍杰　侯　军　王东亮

摘　要：本文回顾了装配式建筑的发展历程及现状，并针对经济社会的发展趋势，提出装配式建筑的应对方案。

关键词：装配式历史现状；无人驾驶；共享经济；未来的装配式

PAST，PRESENT AND FUTURE OF PREFABRICATED BUILDINGS

Jiang Shao Jie　Hou Jun　Wang Dong Liang

Abstract：This paper reviews the development history and current situation of the prefabricated building，and proposes the solution of the prefabricated building for the development trend of the economic society.

Key words：History of Prefabricated Building；Unmanned；Shared Economic；Future of Prefabricated Building

1　装配式建筑的历史

　　装配式建筑就是工厂化生产建筑构配件，然后在施工现场像搭积木一样将构配件连接起来而形成的建筑。它分为木结构装配式建筑、钢结构装配式建筑和混凝土结构装配式建筑。其中，混凝土结构诞生于二次世界大战末，欧美国家战争破坏导致住房短缺，而装配式建筑可快速建成住房，因而发展很快。

1.1　木结构装配式建筑

　　木结构是我国传统优秀建筑结构，也是中国文化传承的标志之一。自诞生之日就与夯土结合，是典型的装配式建筑。梁、板、柱铆接，充分发挥木的"旺、和、韧、纳"四性，故有古人云"大善若水，厚物若木"之说。

　　我国山西应县木塔建于公元 1056 年，至今屹立不倒，不能不说是木结构的奇迹。木结构的木材承重能力十分接近钢材（承重能力用强度系数表示），强度系数是材料抗拉强度除以其密度，C30 混凝土为 6.0，红松为 21.7，Q235 钢材为 27.4。可见，木材的承重能力不弱。因其密度小（600kg/m³），所以震害也较低。

　　由于木材是自然资源，生长缓慢，大量采伐会对环境产生恶化影响；而我国森林资源不丰裕，木结构不是主流建筑，但我们应认识到木结构的材性（承重架构优），若防火处理好，使用寿命在 40 年及以上。可以通过建速生林、木林副产品及再生产品、仿木产品等新技术及新产品，发挥木结构的优势（质轻、防风、抗震）。市场上的装配式木屋别墅大受欢迎，但高昂的造价令普通民众望而却步。如果能像别国那样，开发木钢轻型房屋，将造价控制在大众接受的水平，木结构装配式的市场将大有可为。因为木结构需与钢、混凝土柱相配合，才能建多高层建筑，所以限制了木结构的应用市场。

1.2 木结构装配式建筑

由于我国工业化起步晚，解放初期钢材产量不高，长期制约钢结构建筑的发展。自改革开放以来，到现在的钢材产能过剩，扩大内需。钢结构建筑如雨后春笋，在许多行业建设中大量采用钢结构，涌现了许多地标性建筑并应用新材料、新技术理论，使钢结构发展迅猛。装配式钢结构应运而生。

装配式钢结构是完全循环利用的绿色建筑，垃圾微量。装配式钢结构最能体现钢结构"轻、快、好、省"的特点。轻，相同承载力下，结构最轻，因而节材；快，装配程度高，四节一环保；好，材性好，轻量、安全；省，可完全回收利用，符合可持续发展。

几乎所有的钢结构都是装配式，在工厂制作关键部位，在建设现场安装。

钢与混凝土组合的钢混结构在超高层建筑中是"绝配"，两者材性相得益彰，为建设市场添砖加瓦不少。薄钢与保温装饰材料复合的一体化板，也在大放异彩。集装箱模块化建筑房屋，更是将结构、装饰、水电、智能化控制联为一体，是装配式钢结构的拿手好戏。

1.3 混凝土装配式建筑

1851年，伦敦的水晶宫是世界上第一座大型装配式建筑（用钢骨架嵌玻璃建成）。1891年，巴黎首次使用装配式混凝土梁，这是世界上第一个预制混凝土构件。

20世纪20年代，英、法、苏联等国首先尝试装配式建筑。第二次世界大战后，受重创的欧洲为了加快住宅建筑速度，发展了装配式混凝土建筑。20世纪60年代，大量推广装配式混凝土建筑，中期装配式混凝土住宅占比达18%～26%。东欧和苏联至20世纪80年代上升至37.8%～80%。

美国、日本相继从20世纪30、50年代开始研用装配式混凝土住宅，解决本国人居短缺问题。目前，美国的装配式混凝土建筑比例达到35%左右。日本至20世纪80年代形成大量装配式混凝土住宅体系社团，至2001年每年竣工的装配式混凝土住宅约3000万m²。

我国20世纪60～80年代，引进苏联经验，形成了装配式单层厂房和采用预制空心楼板的砌体建筑两种主要体系，应用普及率达70%以上。随后因前期技术有限，所建的建筑舒适性差、安全性差及建筑市场商品化的发展，现浇混凝土建筑占据主导地位，装配式建筑市场占有率迅速滑坡。同期，我国香港地区从80年代末起，至今装配式预制构件在住宅建筑中钢筋混凝土体积占比达30%。我国台湾地区主要是引进借鉴日本技术，多采用装配式混凝土框架结构。

2 装配式建筑的今生

2.1 经济发展和政策导向

中央提出的"五大发展理念"（创新、协调、绿色、开放、共享），在资源协调后产业结构优化后，以创新（双创：大众创业、万众创新）、绿色（低碳、可持续）为引领，达到开放、共享的社会生态。住房和城乡建设部从2015起研究"装配式建筑系列标准应用实施指南（钢结构、预制装配式混凝土结构、木结构）"，各地申报装配式试点城市，科研院校编制培养"装配式建筑系列"教材和人才，大有"熊熊之火，可以燎原"之势。装配式建筑市场的春天来了！

2.2 装配式建筑的技术体系

国家层面编写了国家标准：装配式钢结构、装配式混凝土结构、装配式木结构。

各地编写了无数装配式技术规范、行业标准、企业标准、地方标准、手册、图集、指南等。这些是装配式建筑的技术基础。

2.3 装配式建筑的现状

（1）新材料应用范围层出不穷，各种绿色建材都可以装配式构配件中先行试验，再扩大应用

如木塑材料，薄钢复合木粉材料，混凝土免振，免水泥，免养护材料，环境净化的"吃烟"混凝土（添加微量纳米级二氧化钛），吸水降噪混凝土，多功能混凝土等（图1、图2），在生产过程中采用丢弃式渗透性控制模板等。

图1　SCC自密实混凝土　　　　　图2　碱矿渣混凝土

（2）新技术为装配式可持续发展提供源源不断的动力

BIM使建设市场的全生命周期得以体现；自动化、智能化生产为装配式提供优秀设备（图3、图4）。

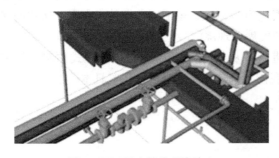 

图3　BIM机电管线碰撞检查　　　　图4　装配式自动流水线生产

（3）现阶段的一个装配式构件厂的产品及成楼效果图（图5）

图5 装配式外墙构件及成楼效果图

3 装配式建筑的未来

十三五规划纲要明确提出，城市建设模式大力发展装配式建筑、钢结构，这些是装配式建设市场的光明大道，目标是要提高装配式建筑市场占有率至30%以上。

那么，未来的装配式建筑是什么样的呢？

对标颠覆"汽车行业"的初衷是"一个沙发，四个轮子"，那装配式就是"一片土地，数个积木"或"三个支点，数块积木"。那我们想想，这个积木长什么模样呢？最基本的是支得安稳；其次，功能要舒适，外观要漂亮；还要适应社会开放和共享的大势，利用现有技术可以生产出来。

3.1 智能化、复合化、个性化、美观化、采用高效调节温湿的材料或释放有益人体健康元素材料

能产生能源和储能，如复合太阳能和风力发电技术，调节环境、温湿的材料，又是信号收发塔在楼顶装设 WiFi 信号塔，还复合使用功能，保温隔热、防水、防火、隔声、调光（指白天营造夜晚的柔和暖色光，便于深度午睡）。人工智能机器人将为我们服务无穷。

装配式在工厂可以实现多样化的造型，然后现场组装，也可以实现多样化的功能，如卧室、餐厅、卫生间、客厅等模块，然后在需求地组装。客户可以制定菜单，不用再自行装修。漂亮的外观设计，将是新一代装配式的热卖产品。装饰混凝土及材料很容易实现之。现时的纳米二氧化钛可净化空气，但成本偏高。废旧材料的利用是大趋势，降低成本显著，如矿渣、塑料、玻璃、轮胎等。

3.2 3D打印建筑体现增材制造的可持续绿色发展性，将颠覆建设市场

自动化在工厂的应用具有优势，装配式工厂也不例外。

在制造自动化的基础上，继续完善增材制造 3D 打印建筑的材料粘结性能及理论研究，尤其是结构与材性的计算理论，使 3D 打印建筑占领建设市场制高点，使建设工艺迈向先进行业。我们知道，建筑打印的"油墨"强度及其与受力材料钢筋的共同完成还未解决好。那么，有无其他材料可代替钢筋并容易与打印"油墨"共同完成建筑呢？新材料目前已知有 FRP、纳米碳、形状记忆合金等。能否开发出一种像"油墨"一样可以打印的类似钢筋性能的材料，也与"油墨"一样，从喷头定点喷出并能自身交联，这种材料的发明将摆脱钢筋重、粗的性能。FRP 筋绑好后，在其周围打印"油墨"，以后采用 FRP 筋连接技术，可以解决吗？纳米碳可以吗？当这些材料的制造工艺可以现场制造时，3D 打印建筑就进入跨时代了。

3D 打印建筑将颠覆我们的建设市场，只要有设计图纸及材料，人人都可在家制造居室。那么，订购和出售也像物联网那样，只要有"一片地"或有载体（比如轮子等），你就可制造属于自己的天地！如果可以，同类爱好者可组成联盟。

3.3 盒子建筑是装配式建筑的集大成者

目前，有三类盒子的设计，有的已形成产品。

第一类，青山周平和约翰的大盒子（卧房），加周围的小盒子（实现不同功能，如书架、卫生间、厨房、鞋柜玄关等），并且小盒子可移动位置，比如今天要读书，那么大家将书柜围成一片天地，甚至将花店围成一片天地。

第二类，中建机械等利用废旧集装箱改造的盒子，其在河北廊坊有工厂。这些厂家很多。

第三类，为专门建设市场开发的超大型盒子，如某建筑科技有限公司为新加坡皇冠假日酒店二期开发的 PPVC，将所有中高端装饰材料完成内装修，运至目的地安装。

我们曾生产的厨卫整体间，与上述三类产品比起来，那不敢恭维：外观胡子筋太多，不美观；虽然不大，但用的是混凝土材料，太重。所以，不像上述三类产品，连接凸凹铆接，稳固、可靠。因此，装配式的钢、木、混凝土结构的产品，可发挥各材料的特长，做出外观轻巧的盒子建筑。

还有一类盒子可移动，如荷兰的水上漂浮屋，美国也为贫民生产了 100 栋 88m² 的漂浮屋。当然，美国的木结构很发达，只要标准尺寸木条、木板，就可钉成墙柱梁，人人以

图施工，就可盖木屋别墅，同层排水的盒子也可试做。

对于盒子建筑，混凝土真不具备如钢木的轻巧、漂亮的优势。PPVC 是订单式生产。如果有需求者，也可设计生产。我估计其成本将会很高（研发成本和材料成本），室内软包装材料的豪华奢侈程度，非一般人可想象。

对于盒子式建筑，由于学识有限，仅知道上述信息。若有更多资讯，望同行补充。

参考文献

[1] 冯铭. 木结构与构造在建筑中的应用 ［M］. 南京：东南大学出版社，2015.

[2] 中国建筑金属结构协会钢结构专家委员会. 钢结构建筑工业化与新技术应用 ［M］. 北京：中国建筑工业出版社，2016.4

[3] 中国建筑标准设计研究院. 装配式建筑系列标准应用实施指南（2016） 装配式混凝土结构建筑 ［M］. 北京：中国计划出版社，2016.

[4] ［日］社团法人预制建筑协会. 预制建筑总论 ［M］. 北京：中国建筑工业出版社，2012.

[5] ［德］休伯特·巴赫曼等. 预制混凝土结构 ［M］. 北京：中国建筑工业出版社，2016

[6] ［美］丹尼尔·伯勒斯. 理解未来的 7 个原则 ［M］. 南昌：江西人民出版社，2016

[7] ［日］原研哉. 理想家：2025 ［M］. 北京：生活·读书·新知三联书店，2016

基于装配式建筑的网络一体化复合节能墙体的研究

刘新伟　吴丁华　廖逸安　张亚东

摘　要： 通过多次深化分析，改变原有墙体的设计和安装的理念，将钢混组合结构一体化保温墙体的方钢管内部添加无线网络信号发射路由器系统，解决目前建筑中墙体对于无线网络信号的屏蔽干扰，重新布局成本高，施工困难、结构易开裂等问题。与此同时，使用工厂预制、现场拼接的方式，提供了一种强度高、防潮降噪、便捷安装、造价低的建筑节能保温墙体及其生产方法。

关键词： 装配式建筑；钢混结构；网络一体化；复合保温墙体

RESEARCH ON NETWORK INTEGRATED COMPOSITE ENERGY SAVING WALL BASED ON PREFABRICATED BUILDING

Liu Xin Wei　Wu Ding Hua　Liao Yi An　Zhang Ya Dong

Abstract： Through many times in-depth blueprint，change the concept of original design and installation of the wall，the combination of the steel structure integrated thermal insulation wall of square steel tube inside add wireless network signal emission router system，solve the construction of the wall for wireless network signal interference shielding，redesign cost is high，the construction difficulties，the structure is easy to crack. At the same time，the method of factory prefabrication and field splicing provides a kind of building energy-saving insulation wall with high strength，damp proof and noise reduction，convenient installation and low cost and its production method.

Key words： Prefabricated Buildings；Reinforced Concrete Construction；Network Integration；Composite Insulation Wall

1　概述

随着当代社会的进步与发展，城市各种建（构）筑物大量建设，建筑行业已取得了极大的进步，我国建筑业的墙体节能保温技术也得到了不断发展[1]。在现阶段，室内墙体通常为混凝土材料，其砖混结构、钢混结构、混凝土结构的房屋施工周期较长，对墙体结构要求高，施工难度大，人工成本较高，保温和密闭性能较差[2]。安装后外保温与主体结构一体化程度低，易产生裂缝、脱落等缺陷，在偶然（冲击）荷载发生时更易产生垮塌，对工程质量存在极大隐患和缺陷，成本高且不易推广[3,4]。与此同时，由于各种墙体对于屋内空间的分割，墙体对网络信号的要求也越来越苛求，使得室内通信信号存在一些薄弱环节，不能满足用户的需求[5]。而墙体是装配式建筑中的重要组成部品，其性能直接影响建筑的能耗状况[6]。研究组成围护结构的墙体结构，对提高建筑工业化和节能、环保具有十分重大的意义，这也与我国政府所倡导的发展主题相符[7]。而目前的建筑领域，大部分的保温墙体不能充分利用自然环境，保温性能和墙体强度也很难达到要求，墙体的信号抗干扰能力也不高[8]，因此需要一种符合建筑节能的高强度多功能节能保温墙体。

2 墙体分析

虽然现阶段无线通信网络也在迅猛发展，网络覆盖范围不断扩大，但由于各种墙体对于屋内空间的分割，使得室内通信信号存在一些薄弱环节不能满足用户的需求。网络信号经过墙体的消耗后低于（接近）移动端的接收灵敏度，造成移动端的信号不良等。生产墙体的不同建筑材料对于无线网络信号的屏蔽程度也是参差不齐，建筑材料中对电磁波的影响由弱到强依次为：木材＜石膏板＜混凝土＜钢筋。无线网络路由器通常在室内装修时再对房屋进行置后安装。这种安装方式导致路由器的安装烦琐，通常需重新进行室内布局，并且由于不同位置的墙体阻挡，使得网络信号减弱严重；同时，在路由器的置后安装过程中，外露的宽带线路降低了室内的整体美观效果。

针对上述问题研究分析，进行多次试验与分析，创造性地提出了钢混组合结构的一体化保温墙体（依次由内叶墙、保温板、外叶墙通过各种连接件组合而成），方钢管内部添加无线网络信号发射路由器系统，解决目前建筑中墙体对于无线网络信号的屏蔽干扰、重新布局成本高、施工困难、结构易开裂等问题。与此同时，使用装配式的形式进行制造，实现工厂预制、现场拼接的方式，使得室内无外露天线和多余线路。

3 墙体设计

在设计阶段，通过 BIM 软件完成深化图纸设计，对拆分方案进行创新研究，标准化、模块化分析，将钢混组合结构网络一体化保温墙体的构造结构依次由内叶墙、保温板、外叶墙组成，其内叶墙体内部设置方钢管框架。在内、外叶墙之间设有保温板，在保温板上插入若干个保温连接件，保温连接件的内端、外端分别与内叶墙、外叶墙相连。

如图 1 所示，内叶墙由 C30 混凝土与内叶结构钢筋网片浇筑而成，其内叶墙中部设置方钢管作为暗框架结构，无线路由系统预埋在墙体中部的方钢管内部。保温板由高性能玻璃羊毛细纤维、XPS 等材料构成，在保温板两端边缘贴有防潮贴纸。外叶墙的外侧腔体内设有路由器与线路设备，网络路由器的外侧壁与外叶墙外侧壁的保护层内壁平齐，在网络路由器系统的下侧设有线路设备，线路设备依次穿过外叶墙、保温板、内叶墙并伸至内叶墙内侧，在内叶墙开洞设置网线接线盒。在外叶墙与内叶墙之间设有若干个限位拉结件，网络路由器系统与内叶墙之间通过若干个沿其侧壁间隔分布的调节紧固件相连。

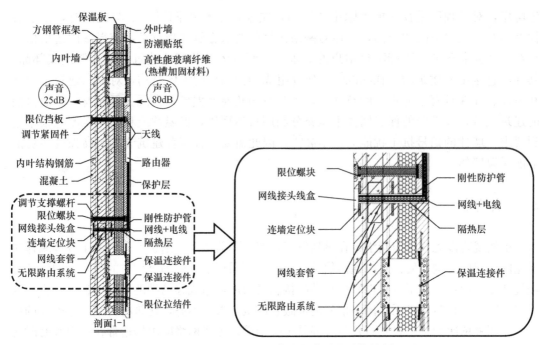

图 1　钢混组合结构的网络一体化复合节能墙体的剖面图

如图 2 所示，线路设备包括网线、网线接头线盒、网线开关、网线套管、刚性防护管、隔热层；网线布设在网线套管内部，网线套管最内层设置隔热层，最外层设置刚性防护管，刚性防护管的外侧与内墙体紧固连接，网线套管的外侧壁上间隔设有若干个连墙定位块，网线套管的终端在内叶墙边缘设置网线接头线盒。

网线使用六类双绞线（CAT 6），其中不仅增加了绝缘十字骨架，而且网线直径也增粗；网线接头线盒为 RJ45 型线盒插座；网线开关为 QS 闸刀式开关，用以控制整个网络线路的开闭；网线中部分位置伴随电线用以路由器系统的供电。调节紧固件包括调节支撑螺杆、限位螺块和限位挡板；调节支撑螺杆的内端向内伸至内叶墙的内侧、外端伸至网络路由器系统下侧的线路设备上侧，调节支撑螺杆的两侧端设置限位螺块，同时

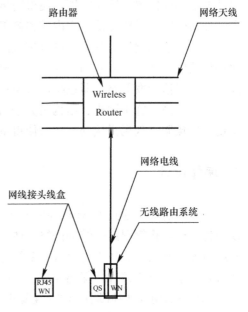

图 2　墙体内设备线路图

在螺杆尽头设置限位挡板；通过调节支撑螺杆，可以控制无线信号的传输速度。

4　墙体生产

在构件的生产阶段，探索一体化生产技术，采用标准化模台集成生产，预留企口和预埋件位置精确，确保构件品质，为现场安装提供可靠的精度保障。墙体的构造依次由内叶

墙、保温板、外叶墙、调节紧固件、线路设备、网络路由器系统以及各种连接件组成。

如图 3 所示，将模台清理后对模具进行安装，再安装方钢管作为暗框架与钢筋网片，浇筑内叶墙。内叶墙的厚度为 100~200mm，采用内叶结构钢筋网片、方钢管作暗框架与 C30 混凝土浇筑而成。在内叶墙方钢管内部安装网络路由器系统、线路设备、各种连接件，使其就位。在外叶墙的外侧的腔体内设有线路设备和网络路由器系统，路由器的外侧壁与外叶墙外侧壁的保护层内壁平齐，在路由器的下侧设有线路设备，依次穿过外叶墙、保温板、内叶墙并伸至内叶墙内侧，在内叶墙开洞设置网线接头线盒。在外叶墙与内叶墙之间设有若干个限位拉结件，路由器与内叶墙之间通过若干个沿其侧壁间隔分布的调节紧固件相连。

图 3　墙体生产时模具清洁与安装　　　　　　　图 4　墙体内部所用 XPS 保温板

如图 4 所示，保温板由高性能玻璃纤维与 XPS 保温材料材料构成。对保温板的安装时，在保温板上插入若干个保温连接件，保温连接件的内端、外端分别与内叶墙、外叶墙相连。随后进行外叶墙的浇筑，外叶墙的厚度为 50~60mm，由钢筋网片和 C30 混凝土组成，进行浇筑后的养护、脱模。检验构件的连接方式并调整各构件的位置和垂直度，确认后固定紧，将各类预埋件的拼缝进行检验加固。

5　运输与安装

现阶段，装配式建筑项目中存在全生命周期质量管理层面不完善、不健全的问题。在装配式建筑质量全程追溯体系中，装配式建筑建造过程透明化有待提升。在生产、入库、出库、运输、进场、安装等每一个环节，都要做到信息的透明化和各阶段信息的准确性，从而保证工程的进度和质量。因此，要解决装配式建筑中的质量管理问题，协调好装配式施工每一个阶段至关重要。

如图 5 和图 6 所示，通过研发与分析，设计合理编排网络一体化复合保温墙体的运输方案。通过 RFID 信息化管理系统贯穿全过程的质量管理，有助于优化建设供应链，提高供应链绩效，整合供应链信息，实现对预制构件每一个环节的实时监控，让预制构件在设计、原材料采购、生产、物流、安装以及后期维护的构件全生命周期中更高效、便捷地进行信息管理，提高数据的读取效率。应用后台数据库管理系统，统计构件基本数据信息，优化装配式全过程管理，提高数据集成绩效，实现装配式建筑预制构件的全生命周期管理。

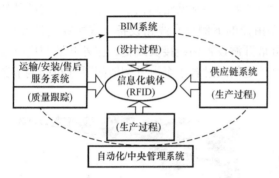

图 5　基于 RFID 信息化管理系统的质量管理

图 6　墙体的装车运输

6　应用分析

加快了施工进度：通过集中预制加工＋现场快速拼装的安装方法，提高机械化程度；集中制作和安装，解决了建筑由于构件工厂预制误差、现场施工安装偏差等因素带来的安装不协调的问题；避免了现场涂饰工作，缩短施工周期、降低了房屋使用成本和人工成本；外观与内在质量均得到了保障和提高，对环境影响小，使临时用地面积大幅减少。

结构简单：由于暗框架与内叶墙混凝土面板是一体的，设计时可充分考虑墙体对结构的刚度贡献；墙体既参与主体结构受力又达到保温要求，极大地减小了墙体厚度，增加了建筑使用面积；内、外墙板的保温体系完善，极大地提高了墙体的结构强度、防潮防霉性能、隔声性能（—55dB）等；墙板与建筑同寿命，更有利于节能、环保。

可靠性、灵活性强：墙内布线遵循国内的布线规范和测试规范，满足各种不同模拟或数字信号的传输需求，将所有的语言、数据、图像、监控设备的布线组合在一套标准的布线系统上，设备与信息出口之间只需一根标准的连接线通过标准的接口把它们接通即可；符合用户对未来信息系统的期望，数据、语音双绞线布线具有可换性，构成一套完整的布线系统；布线走向互不干扰，用户可同时使用计算机的电源、电话、网线，运行、维护方便。

适用性强：外形简单，便于方便，可利用普通墙板生产线进行高效生产；适用于会议室、娱乐场所、商场、酒店、民房等各种大中型建筑墙体，使网络信号覆盖面积增强，提高发送和接收移动端信号的覆盖范围；收发天线之间隔离度高，不会产生收发干扰。

7　结论

随着装配式建筑在建筑领域的应用和推广，预制保温外墙的研究和应用已经在众多项目上得以实践。此技术在保证技术先进性与经济效益的前提下，对预制网络一体化保温外墙的深化设计、生产、运输安装等技术进行了研究。通过综合分析墙体构造、生产流程、材料供应、配比难易、生产效率等综合因素，得出此技术的经济性远优于现存技术。在实际工程使用过程中质量安全、可靠，材料稳定性强。随着我国装配式建筑的普及与绿色施工的发展，此技术将成为新的经济增长点。

参考文献

[1] 王俊，赵基达，胡宗羽. 我国建筑工业化发展现状与思考 [J]. 土木工程学报，2016，49（05）：1-8.

[2] 李然，黄小坤，田春雨. 三种装配整体式钢筋混凝土剪力墙结构受力性能对比研究 [J]. 建筑结构学报，2018，39（S2）：79-85.

[3] 陈文，熊峰，陈江，等. 干式连接装配式墙体结构抗震性能试验研究 [J]. 建筑结构学报，2018，39（10）：56-64.

[4] 张亚东，张再路，袁廷威. 基于ABAQUS的冲击荷载作用下钢柱瞬态响应的有限元数值模拟 [J]. 湖南城市学院学报（自然科学版），2019，28（04）：6-10.

[5] 曾文海，黄泰儒，范雨琪. 基于室内灵动空间的既有住宅节能改造研究 [J]. 城市发展研究，2016，23（02）：25-28.

[6] 姚谦峰，侯莉娜，等. 不同填充材料生态节能复合墙体破坏模式研究 [J]. 建筑结构学报，2009，30（S2）：7-12.

[7] 仇保兴. 我国绿色建筑发展和建筑节能的形势与任务 [J]. 城市发展研究，2012，19（05）：1-7+11.

[8] 陈一平，王开顺，龚思礼. 建筑物脉动信号的分析及相互作用体系的试验研究 [J]. 建筑结构学报，1983（02）：36-44.

装配式建筑技术在南京某项目的研究与实践

吴敦军　熊　勃　王　烨　赵　艳

摘　要：装配式建筑是指借助预制结构构件，根据深化设计的装配工艺，完成建筑装配施工。这种建筑结构形式可提升建筑施工效率，降低成本，减少建设周期。本文结合某实际工程项目阐述装配整体式剪力墙结构住宅的建筑设计理念、构件拆分原则、关键节点设计以及绿色技术应用等方面内容，为类似工程提供借鉴。

关键词：装配整体式剪力墙结构；构件拆分；绿色技术

RESEARCH AND PRACTICE OF PREFABRICATED BUILDING TECHNOLOGY IN A PROJECT IN NANJING

Wu Dun Jun　Xiong Bo　Wang Ye　Zhao Yan

Abstract：Prefabricated building refers to the use of prefabricated structural components, according to the design of the assembly process, to complete the construction of the building assembly, which can improve the construction efficiency, reduce costs, reduce construction cycle. In this paper, the design concept, component separation principle, key component design and green technology application of the assembled pre-cast shear wall residence are described based on a practical project, so as to provide reference for similar projects.

Key words：Assembled Pre-cast Shear Wall; Component Separation Principle; Green Technology

1　前言

　　装配式混凝土建筑大量采用预先在工厂加工制作的预制构件，现场进行装配化施工，具有节约劳动力、克服天气影响、便于常年施工等优点。工厂化作业方式，大量减少了现场湿作业、模板、钢筋绑扎作业、脚手架搭设、强弱电线盒、套管埋设与人工的使用，符合当前我国建筑节能、环保发展方向，是现阶段我国大力推行的建造方式[1-3]。本文结合实际工程项目，探索装配整体式剪力墙结构住宅建筑设计理念、构件拆分原则、关键节点设计及绿色技术应用等方面的内容。

2 项目概况

项目包括11栋高层住宅、4栋洋房住宅以及1栋办公楼，项目整体效果图如图1所示，平面图如图2所示。项目在前期策划阶段尽量减少住宅单元户型种类，为后期单体化、标准化设计提供了必要条件。项目采用工业化建造技术，装配化程度高，实现施工无外脚手架、无抹灰，同时综合采用多种绿色建筑技术，力求达到资源、能源的最大化利用，创造高效、健康、节能的新型绿色建筑，建筑设计达到绿色建筑二星级。

图1 项目效果图　　　　　　　　　　图2 项目平面图

本项目结构体系如表1所示，高层住宅和洋房住宅均采用装配整体式剪力墙结构。高层住宅预制装配率为51.75%～54.56%，洋房住宅预制装配率为52.40%～53.20%，装配式建筑技术应用情况如表2所示。

结构体系　　　　　　　　　　　　　　　　　　　　　　　　表1

子项	层数	高度	结构体系	抗震等级
高层住宅	30～33F	88.55～99.05m	装配整体式剪力墙结构	二级
洋房住宅	11F	33.00m	装配整体式剪力墙结构	三级
办公	24F	95.60m	框架-剪力墙结构	二级

装配式建筑技术应用情况　　　　　　　　　　　　　　　　　　表2

标准化设计	标准化模块、多样化设计
	模数协调
竖向构件	预制剪力墙板
水平构件	非预应力混凝土叠合板
	预制叠合阳台板
	预制空调板
	预制混凝土梯段板
主体结构外围护构件	预制混凝土外填充墙板
	预制混凝土阳台隔板

装配式内围护构件	成品轻质内隔墙板
工业化装饰及通用部品	成品栏杆
	装配式吊顶
	楼地面干式铺装
	土建装修一体化

3 建筑设计

本项目采用总图标准化、平面标准化、户型标准化、立面标准化等设计手法（表3），最大限度地提高效率、降低成本，充分发挥工业化建造建筑的优势。

建筑设计原则		表3
总平面设计	考虑预制构件现场临时存放条件，预制构件吊装设施的安全、经济和合理布置	
户型设计	选用大空间平面布局方式，合理布置承重墙及管井位置，满足住宅空间的灵活性、可变性。房间及户内各功能空间分区明确、布局合理	
立面设计	建筑立面应规整，外墙宜无凸凹，立面开洞统一，减少装饰构件，尽量避免复杂外墙构件。通过标准单元的简单复制、有序组合，达到高重复率标准层组合方式，实现立面外墙构件的标准化和类型的最少化	

3.1 总图标准化设计

本项目前期策划阶段尽量减少住宅单元户型种类，减少户型、核心筒设计种类，以提高标准化程度（图3和表4）。

图3 户型布置示意图

建筑设计原则					表4
户型	A户型	B户型	C户型	D户型	E户型
户数	512	386	286	546	176
配比	26.86%	20.25%	15.01%	28.65%	9.23%

3.2 平面标准化设计

本项目的标准层平面采用模块化设计方法，由标准模块和核心筒模块组成。核心筒采用两种形式，楼梯形式均相同，设备管井也均模块化设计。

3.3 立面标准化设计

项目立面采用阳台模块以及飘窗模块，构件尺寸符合模数化要求，使装配的立面整体呈现整齐划一、简洁、精致、富有装配式建筑特点的韵律效果。项目立面效果如图4所示。

　　　　　　　　　　　　　　　　　　　　▯▯ PC工法
　　　　　　　　　　　　　　　　　　　　▯▯ 现浇工法

图4　项目立面效果

4　结构设计

　　本工程底部加强区剪力墙、梁板均采用现浇，底部加强区以上结构剪力墙板预制，边缘构件及墙板之间连接部位现浇，其他预制混凝土构件包括楼梯、阳台、女儿墙、空调板及建筑围护墙等构件。其中，某一栋楼标准层预制构件统计如表5所示。预制构件应用范围如图5所示。

标准层预制构件统计　　　　　　　　　　　　　　　　　　　　　　表5

预制构件类型	种类（种）	尺寸与数量
预制剪力墙板	2	1500×5；1800×5
非预应力混凝土叠合板	5	1200×12；1500×8；1800×6；2000×14；2500×6
预制叠合阳台板	2	3400×2；3200×4
预制空调板	1	800×2
预制混凝土梯段板	1	2500×2
预制混凝土外填充墙板	4	2200×6；2700×2；1500×2；2400×2
预制混凝土阳台隔板	2	1600×2；600×2

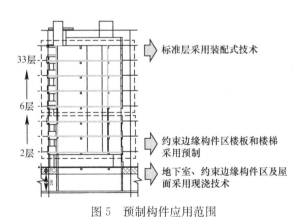

图5　预制构件应用范围

4.1　预制构件拆分

　　预制构件选取，遵循重复率高和模数协调原则，例如预制阳台板与阳台隔板，制作简单，复制率高；预制剪力墙，对提高预制率有较大作用；若存在多个单元相同的楼梯，楼梯应尽量设计为复制关系，而非镜像关系。项目高层住宅拆分方案如图6和图7所示。

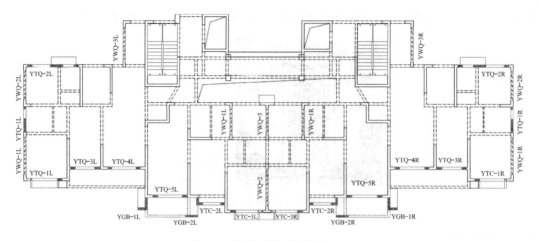

图 6　高层住宅竖向预制构件

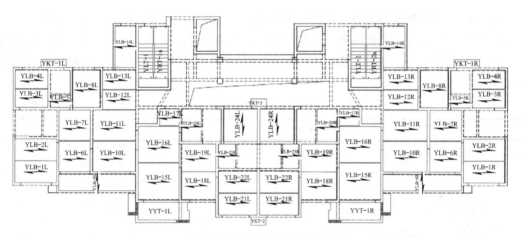

图 7　高层住宅水平预制构件

　　设计阶段考虑到吊装、运输条件和成本，通过比较，构件为 4t 以内时运输、吊装相对顺利，运输、施工（塔式起重机）成本也会降低。预制墙板高度以楼层高度为准，宽度以容易运输和生产场地限制考虑，最大未超过 3.5m。预制楼板宽度也以容易运输和生产场地限制考虑，大部分控制在 3m 以内。预制阳台板每块质量约为 3t；预制阳台隔板每块质量约为 0.4～1.3t。

4.2　预制构件

　　（1）预制剪力墙

　　预制剪力墙主要分布于建筑外围，预制剪力墙竖向钢筋采用套筒灌浆连接或约束浆锚搭接连接，套筒灌浆连接接头等级为Ⅰ级；水平钢筋采用焊接连接或搭接连接。水平向和现浇剪力墙连接方式如图 8 所示。

　　（2）非预应力叠合板

　　本项目所使用非预应力桁架钢筋叠合楼板预制层为 60mm，现浇叠合层为 80mm，水电专业在叠合层内进行预埋管线布线，保证叠合层内预埋管线布线合理性及施工质量。某非预应力叠合板大样如图 9 所示。

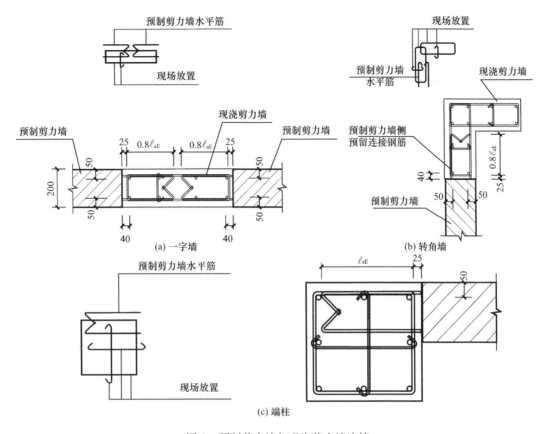

图 8 预制剪力墙与现浇剪力墙连接

(a) 一字墙 (b) 转角墙 (c) 端柱

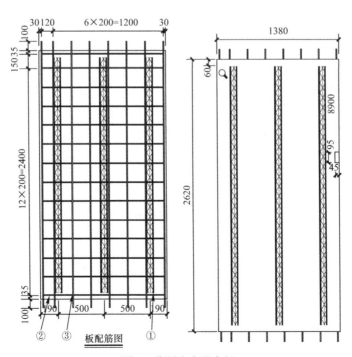

图 9 非预应力叠合板

（3）预制阳台

本项目阳台采用预制叠合阳台板。阳台板连同周围翻边一同预制，现场连同预制阳台隔板共同拼装成阳台整体。阳台板叠合层厚度为60mm，叠合层内预埋桁架钢筋用于增强阳台板强度、刚度，并增强其与现浇层的整体连接性能。施工时现场仅需绑扎上部钢筋，浇筑上层混凝土，施工快捷。某预制阳台大样如图10所示。

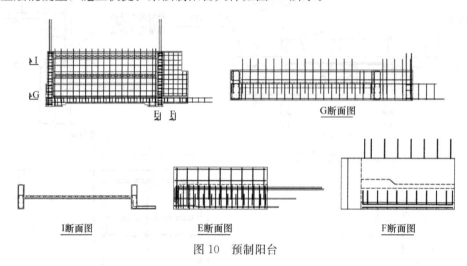

图10 预制阳台

5 绿色健康技术应用

本项目绿色建筑设计充分考虑项目特点及所处地域环境，以绿色集成设计为理念，综合采用多种绿色建筑技术，力求达到资源、能源最大化利用，创造高效、健康、节能的新型绿色建筑。采用主要绿色技术有：地下空间优化技术、建筑布局优化技术、65%围护结构节能技术、高效节能照明技术、可再生能源利用技术、2级节水器具、雨水回用技术、室内自然通风优化技术、室内自然采光优化技术以及地下室空气质量优化技术。

5.1 节地与室外环境

本项目充分利用地下空间：设置车库、设备用房等地下空间，地下建筑面积与地上建筑面积比率达到了40.23%，节约城市用地效果显著。

本项目建筑布局设计合理，室外风环境有利于冬季室外行走舒适及过渡季、夏季自然通风（图11）。

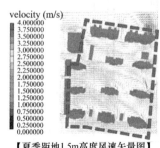
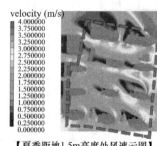
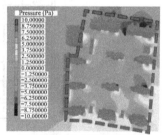

【夏季距地1.5m高度风速矢量图】　【夏季距地1.5m高度处风速云图】　【夏季距地1.5m高度风压云图】

图11 高层风环境图（一）

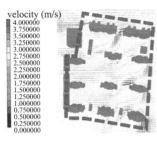
【冬季距地1.5m高度风速矢量图】

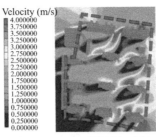
【冬季距地1.5m高度处风速云图】

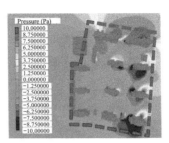
【冬季距地1.5m高度风压云图】

图 11 高层风环境图（二）

5.2 节能与能源利用

本项目住宅顶层 6 户住户共设置 416 户太阳能热水系统（图 12），太阳能热水器集热面积不小于 2.2m²，太阳能总采光集热板面积为 686.4m²。太阳保证率 40%，集热效率 50%。项目总户数 1906 户，使用太阳能热水系统户数占总户数比例为 21.83%，每年可节省天然气费用 14 万元。

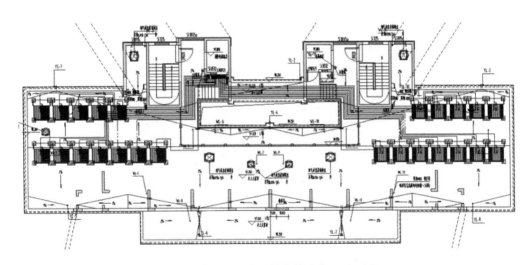

图 12 高层屋顶太阳能集热器布置平面图

5.3 节水与水资源利用

本项目所有卫生器具和配件采用节水、节能型优质产品，用水效率 2 级。

本项目对地块内部分雨水进行收集，经处理水质标准达到《城市污水再生利用 城市杂用水水质》GB/T 18920—2020 后用作绿化浇洒、道路冲洗。非传统水源利用率为 1.77%（图 13）。

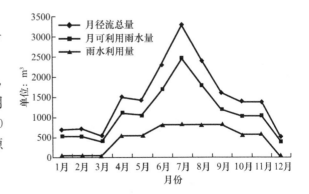

图 13 雨水回用月水量平衡图

5.4 室内环境质量

（1）室内自然通风优化

本项目外窗均设可开启部分，有利于夏季及过渡季节室内开窗通风。外窗可开启比例可达35%以上，有利于引入自然风。主要功能房间基本采用"大开窗、小进深"，有利于改善室内自然通风效果。

通过模拟分析（图14～图16），从风速图中可以看出，功能区一（9号楼）室内形成

图14　距地 1.5m 高度风速矢量图

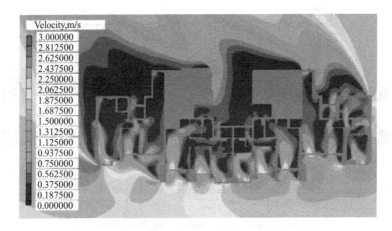

图15　距地 1.5m 高度处风速云图

图16　距地 1.5m 高度处空气龄室内自然通风优化

了多条通风通道，最大风速可达 1.5m/s；室内其他位置，风速处于 0.1～1m/s 范围内。从空气龄图中可以看出，主要活动房间空气龄较短，不大于 80s，折合换气次数 45 次/h，整体空气较为新鲜。通过模拟分析，在过渡季开窗通风，该楼栋具有良好的通风效果。

（2）自然采光优化

经自然采光模拟分析（图 17），卧室、厨房、书房及客厅采光效果较好，采光系数基本在 2.2％以上；卫生间、过厅、楼梯间、餐厅采光效果较好，采光系数基本在 1.1％以上。

本项目地下车库内设置 CO 浓度监测装置（图 18），对 CO 浓度进行实时监测与控制。排风机房每个排风机设置一套 CO 浓度控制系统，由 CO 浓度控制风机开启，保持车库内的空气质量品质。CO 浓度探测点距地 2m，CO 浓度大于等于 25mg/m³ 启动风机，CO 浓度小于 10mg/m³ 自动停运排风系统。采用 CO 浓度监控系统，可有效节约风机运行能耗，达到节能、减排的目的。

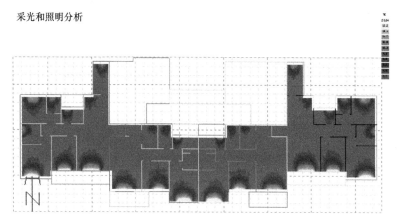

图 17　室内自然采光分析图

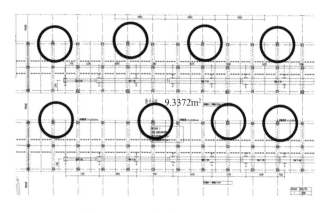

图 18　地下室车库 CO 点位布置

6　小结

本文结合某实际工程项目，阐述了装配整体式剪力墙住宅体系的建筑设计、预制构件拆分、连接节点设计、绿色技术应用等方面内容。项目充分体现了平面标准化、户型标准化、立面标准化等设计手法，最大限度地提高效率、降低成本，发挥工业化建造建筑优势，同时以绿色集成设计为理念，综合采用多种绿色建筑技术，达到资源、能源的最大化利用，创造高效、健康、节能的新型绿色公共建筑，提升建筑的居住品质。

参考文献

［1］ 张军，侯海泉，董年才等. 全预制装配整体式剪力墙住宅结构设计及应用［J］. 施工技术（5）：26-28.

［2］ 赵福顺，谭敬胜. 预制装配整体式剪力墙住宅与现浇住宅造价的比较分析［J］. 价值工程（31）：87-89.

［3］ 肖健. 预制装配整体式剪力墙结构体系技术和应用研究［J］. 住宅产业，2012（5）：50-52.

［4］ 郑小曼. 装配式建筑工程造价预算与成本控制分析［J］. 住宅与房地产，507（22）：26.

［5］ 师为国. 装配式建筑企业项目成本管理研究［C］. 苏州大学. 绿色建筑与建筑节能大会，2006.

添加钢纤维条件下装配式保温一体化叠合外墙的研究

刘新伟　薛建新　廖逸安　张亚东

摘　要：通过采用基于照片的图像识别、结构计算、多次试验的方法，对典型混凝土截面组成进行精细识别。基于MATLAB图像识别技术，对混凝土截面图片进行图像反转、去除噪点、闭运算、填补区域以及膨胀腐蚀等操作，还原混凝土真实骨料排布情况，得出在混凝土中里面增加钢纤维类附加材料，可以有效控制保温一体化叠合外墙开裂问题。同时分析了保温一体化（叠合）外墙采取的夹心保温三明治板的构造形式，即外叶板＋保温板＋内叶墙的构造形式，可以解决底部加强区保温一体化叠合外墙超宽、超高及加窗洞的问题。

关键词：装配式建筑；钢纤维；MATLAB；一体化叠合外墙

RESEARCH OF INSULATION COMPOSITE EXTERIOR WALL WITH THE ADDITION OF STEEL FIBER IN PREFABRICATED BUILDING

Liu Xin Wei　Xue Jian Xin　Liao Yi An　Zhang Ya Dong

Abstract：Through structural calculation，multiple tests and identification of the composition of concrete through the photo-based image recognition method. Based on MATLAB image recognition technology which including the image inversion，noise removal，closed calculation，filling area，and expansion corrosion，the concrete pictures were processed to identify the real aggregate arrangement of the typical concrete section. it is concluded that the addition of additional steel fiber materials in concrete can effectively control the external wall cracking problem of integrated insulation. At the same time，the structural form of sandwich board adopted by the external wall of integrated insulation（laminated）is analyzed，that is，the structural form of outer leaf board＋insulation board＋inner leaf wall，which can solve the problems of ultra-wide，ultra-high and window opening of integrated insulation laminated external wall in the bottom reinforcement area.

Key words：Prefabricated Buildings；Steel Fiber；MATLAB；Integrated Laminated External Wall

1 概述

在现阶段，科学技术的进步带来了人们生产和生活质量水平的提高，也带来了基础建设的现代化，实现了住宅建设由粗放型向集约化、提高住宅质量、节约住宅能耗的转变。装配式建筑凭借节能、环保、绿色、高效、高速等高质量的特点，极大地满足了社会需求，是将来建筑业的发展方向[1]。反映装配式水平的最重要指标是外墙的装配化程度，普及应用组装式保温一体化叠层混凝土外墙板符合国家建筑节能和绿色建筑的产业政策。建筑外墙是建筑的主要组成部分，其结构和使用的材料影响建筑能耗指标与室内居住舒适性。

在住宅建筑的围护结构能耗中：外墙可占 34%，楼梯间隔墙占 11%。发展高质量保温一体化叠合外墙，是实现建筑装配化和推广节能建筑的重要捷径。钢筋混凝土外墙的力学性能、抗渗性和抗裂性普遍不足，但在混凝土中掺入钢纤维，有利于提高混凝土的抗拉强度、抗压强度、抗折强度和折压比。钢纤维混凝土外墙具有良好的耐久性能和力学性能，如具有良好的耐火、耐腐蚀、抗渗等耐久性能和良好的抗剪、拉伸、弯曲、变形等力学性能，极大地弥补了钢筋混凝土外墙的缺陷。丁一宁等采用三点弯曲试验，研究不同纤维掺量下钢纤维自密实混凝土的弯曲韧性。周平等研究了层间接触效应的钢纤维混凝土隧道单层衬砌内力的分布规律。彭帅等通过试验分析钢纤维混凝土具有明显的应变率强化效应和温度损伤效应。

2 模拟原理

如图 1 所示，通过相机对标准混凝土试块截面进行拍照后，使用 MATLAB 图像识别的相关函数，对图片进行一系列的图像反转、去除噪点、闭运算、填补区域及膨胀腐蚀后，获得粗骨料和砂浆的二值图像。通过使用 FORTRAN 完成对二值图像的网格划分，生成 ABAQUS 模型文件。在 ABAQUS 中，对添加的钢纤维材料进行模拟分析，针对添加钢纤维材料的随机骨料模型，由于模型的生成以及图像的截取过程中存在误差，使得粗骨料含量、最大骨料所占截面百分比，数据统计结果偏小，但结果偏差依然在合理的范围内，通过分析最终得出其可有效降低混凝土开裂的结论。

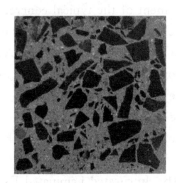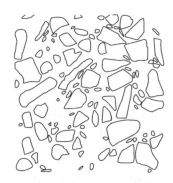

图 1　混凝土切片的截面照片、识别完成的二值图像、边界识别的图像

3　设计原理

保温一体化（叠合）外墙多采取夹心保温三明治板的构造形式，即外叶板＋保温板＋内叶墙的构造形式。外叶板板厚较薄，且与内叶墙板之间存在保温板隔开，通过保温连接件和内叶墙联系在一起。尺寸较大的保温一体化叠合外墙板在构件安装后，长期使用过程中多会存在外叶板表面出现不同程度的裂缝问题。在保温一体化叠合外墙中，预制构件的构造形式采用外叶板＋保温板，构件尺寸较大，构件上面有门窗及洞口开设时，外叶板在构件生产后很容易出现表面龟裂和贯通现象，增加了构件生产的难度。对预制构件的产品感官造成不利影响，增加了装配式建筑产品的质量隐患。在保温一体化生产工艺中，外叶板需配置单层冷轧带肋钢筋网片，增加了施工工艺，提高了构件的生产成本；同时，单层钢筋网片的敷设所起到的增加外叶板整体性及避免外叶板出现裂缝所起到的作用不显著，经济性也得不到很好的体现。

预制外墙作为钢筋混凝土墙体中的重要一环，是在工厂中对预制外墙进行预制，待其达到设计强度后运至施工现场进行装配。通过钢纤维材料的选取，可显著减少裂缝的数量、长度和宽度，降低生成贯通裂缝的可能性，起到了阻断混凝土内毛细裂缝的作用，使混凝土的抗渗性、抗裂性能得到明显改善。使混凝土内水分、氯离子、空气的转移率降低，从而起到延缓钢筋锈蚀的作用。

此外，钢纤维保温一体化叠合外墙通过钢纤维的使用，代替或减少外叶板单层双向钢筋的使用，可有效提高保温一体化叠合外墙外叶板整体性、耐久性、经济性，降低外叶板表面裂缝的产生。创新优化改进保温一体化叠合外墙流水化生产工艺，研究探索钢纤维材料使用和添加的最优实施与生产方案。

4　试验分析

通过分析保温一体化叠合外墙在已建成工程长期使用过程中外叶板表面出现不同程度的裂缝问题，分类汇总表面裂缝、龟裂、通缝等质量问题，查找影响裂缝产生及扩大的关键因素。从材料角度优化外叶板构造组成，采用钢纤维代替或减少外叶板钢筋使用，提高外叶板的整体刚度和耐久性，建立数值模拟模型，分析优化研究设计方案。

如图2所示，通过构件不同配合比作用下试验室材料力学和物理性能，对比保温一体化叠合外墙钢纤维不同配合比下材料的试验数据，筛选确定最优保温一体化叠合外墙构件材料的配比。采用添加钢纤维类附加材料，提高和改善预制混凝土裂缝开裂现象技术方案，分析对比不同纤维材料的性能，从技术、经济和可实施性综合考虑钢纤维材料的选取及应用。调整保温一体化叠合外墙流水化生产工艺，确保钢纤维的正常使用和下料，使钢纤维技术效果的实现最优。分析保温一体化叠合外墙试生产及构件安装，跟踪预制构件全过程质量问题，及时掌握和记录出现的新问题，确保构件质量安全、可靠。

图 2　保温一体化叠合外墙的钢纤维配合比试验　　　图 3　钢纤维保温一体化叠合外墙的成组立模

5　技术难点

5.1　最优配合比选取

（1）存在问题

钢纤维混凝土搅拌时易结团，混凝土和易性差，泵送困难、难以施工且易锈蚀。

钢纤维在使用过程中破坏形态主要是被拔出，而不会被拉断，这说明钢纤维与混凝土的粘附性不足，这会影响提高混凝土抗拉强度的效果。它增韧、增强的原理是当裂缝产生后，由于钢材的高模量和单根的高抗拉强度，阻止了裂缝的进一步开展；但由于数量有限，对微观裂缝约束效果不大，对抗渗、冻融等性能提高并不明显。

施工中钢纤维密度过大，振动浇筑时往往会沉于混凝土下部，不可能均匀分布。

（2）解决方式

如图 3 所示，在进行配合比试验时，重点选取能增进混凝土的韧性、抗疲劳性，提高混凝土抗冲磨性能的最优配合比。搅拌时将钢纤维搅拌均匀，择优选取钢纤维，保证钢纤维质量，防止钢纤维在施工中锈蚀。

混凝土主要用于保温一体化叠合外墙板，其类型不属于高强混凝土，主要为了改善混凝土裂缝问题，对粘附性没有很高的要求。叠合外墙板的钢纤维主要用于外叶板，总厚度只有 60mm，采用振动台施工会大大降低钢纤维的沉降，避免振动时的不均匀分布。

对比不同配合比下钢纤维材料的性能，从技术、经济和可实施性综合考虑钢纤维材料的选取及应用。

5.2　经济性与安全性

（1）存在问题

经济性与安全可靠性要在使钢纤维材料发挥自身材料性能的基础上，确保材料本身及和其他材料共用时安全、环保，经久耐用。在长期使用过程中，化学及力学性能不会发生根本性的变化。

（2）解决方式

在进行配合比试验时，重点考虑外加剂原材料供应、现场配比难易程度、人员生产效率及配置设备费用等综合因素。选取能增进混凝土的韧性、抗疲劳性，提高混凝土抗冲磨性能的最优配合比。进而分析对比保温一体化叠合外墙采用钢纤维材料的经济性和安全可靠性。

6 成品分析

通过对钢纤维的使用，代替或减少外叶板单层双向钢筋的使用，有效提高保温一体化叠合外墙外叶板的整体性、耐久性和经济性。如图4和图5所示，通过生产完成后的成品进行检验修补后通过车辆进行运输至施工现场。创新优化了保温一体化叠合外墙流水化生产工艺，探索出钢纤维材料使用与添加的最优实施和生产方案。

图4　钢纤维保温一体化叠合外墙的成品修补　　图5　钢纤维保温一体化叠合外墙的运输

选取钢纤维作为较少和避免保温一体化叠合外墙裂缝产生的添加材料，是在普通混凝土中掺入乱向分布的短钢纤维所形成的一种新型的多相复合材料。这些乱向分布的钢纤维能够有效地阻碍混凝土内部微裂缝的扩展及宏观裂缝的形成，显著减少裂缝的数量、长度和宽度，避免生成贯通裂缝。有效阻断混凝土内毛细裂缝的作用，明显提高和改善了混凝土的抗拉、抗弯、抗冲击及抗疲劳性能，具有较好的抗渗性与延性。

7 应用

绿色建筑及建筑产业化是未来建筑业发展的方向，研究分析对比不同配合比下钢纤维材料性能，从技术、经济和可实施性的角度综合考虑钢纤维材料的选取及应用。如图6所示，通过综合考虑外加剂的原材料供应、现场配比难易程度、人员生产效率等综合因素，得出钢纤维保温一体化叠合外墙的经济性远优于其他类型的外墙。且在长期使用过程中，安全可靠性也在钢纤维材料发挥自身材料优势性能的基础上，与其他材料结合后更加安全、环保，经久耐用，材料稳定性强。

如图7所示，在使用钢纤维的装配式项目中，不仅有效降低了预制混凝土构件表面出现的龟裂、裂缝等问题，且有效地增加了预制构件的材料性能，可以降低模具成本、加快施工速度、提高经济效益。钢纤维保温一体化叠合外墙在底部加强区的成功应用，扩大了保温一体化墙体的适用范围，对实现建筑装配化和推广节能建筑具有重要意义，符合当前可持续发展和绿色、低碳、环保的节能理念。同时，钢纤维保温一体化叠合外墙符合节能减排、低碳环保的理念，社会效益显著，有助于在市场快速推广。

图 6 钢纤维保温一体化叠合外墙的安装   图 7   钢纤维保温一体化叠合外墙的装配式项目

8 结论

通过数值模拟分析、试验操作，同时依托工程实践经验，系统分析研究保温一体化叠合外墙表面裂缝的原因，通过添加钢纤维及附加纤维类材料，不仅有效降低了预制混凝土表面出现混凝土裂缝、崩角、表面弯曲等问题的产生，而且有效提高预制构件产品的质量，同时降低运输过程中由于碰撞导致的掉角、裂缝的产生，且在长期使用过程中化学及力学性能不会发生根本性变化。

从分析结果可知，附加纤维类材料极大提高了预制混凝土的耐久性，改善外叶板的裂缝和开裂现象，降低生成贯通裂缝的可能性，起到了阻断混凝土内毛细裂缝的作用，使混凝土的抗渗性、抗裂性能得到明显改善，同时起到延缓钢筋锈蚀的作用。可以预期的是，在未来结构中，钢纤维保温一体化叠合外墙的使用可获得更高的耐久性能和力学性能。

参考文献

[1] 郭理桥. 建筑节能与绿色建筑模型系统构建思路 [J]. 城市发展研究，2010，17（07）：36-44.

[2] 王俊，赵基达，胡宗羽. 我国建筑工业化发展现状与思考 [J]. 土木工程学报，2016，49（05）：1-8.

[3] 黄志烨. 不确定条件下既有建筑节能改造项目投资决策研究 [J]. 城市发展研究，2015，22（01）：4-8.

[4] 伍凯，徐超，曹平周等. 型钢-钢纤维混凝土组合梁抗弯性能试验研究 [J]. 土木工程学报，2019，52（09）：41-52.

[5] Jun Kil Park，Tri Thuong Ngo，Dong Joo Kim. Interfacial bond characteristics of steel fibers embedded in cementitious composites at high rates [J]. Cement and Concrete Research. 2019，123（9）：105802.

[6] 丁一宁，刘思国. 钢纤维自密实混凝土弯曲韧性和剪切韧性试验研究 [J]. 土木工程学报，2010，43（11）：55-63.

[7] 周平，王志杰，雷飞亚等. 考虑层间效应的钢纤维混凝土隧道单层衬砌受力特征模型试验研究 [J]. 土木工程学报，2019，52（05）：116-128.

[8] 彭帅，李亮，吴俊等. 高温条件下钢纤维混凝土动态抗压性能试验研究 [J]. 振动与冲击，2019，38（22）：149-154.

[9] 章文纲，程铁生，迟维胜等. 装配式框架钢纤维混凝土齿槽节点 [J]. 建筑结构学报，1995，16（03）：52-58.

第四节　低碳节能技术

绿色低碳建造技术研究与应用

潘树杰　何　军　鲁幸民　师　达　王志涛　陈　欣

摘　要： 香港望后石污水处理厂是次香港特区政府首次在大型污水处理厂工程中，设立碳审计计划，并明确规定减碳目标的工程项目。中国建筑工程（香港）有限公司集合国际最前沿的绿色低碳建造及管理技术，针对性地提出从原料供应链、设计施工以及运行维护的全生命周期减碳措施。经独立第三方的碳审计核算，在18个月的施工期中实现减碳27%的显著成效。

关键词： 全生命周期分析；碳审计；绿色低碳措施

STUDY AND ITS APPLICATION OF LOW-CARBON CONSTRUCTION AND MANAGEMENT TECHNOLOGIES

Pan Shu Jie　He Jun　Lu Xing Min　Shi Da
Wang Zhi Tao　Chen Xin

Abstract： Pillar Point Sewage Treatment Plant (Hong Kong) is the first pioneer engaged carbon audit plan in the field of large-scale sewage treatment plant with a clearly target of reduction for carbon emissions under the government contract of Hong Kong Special Administrative Region. China State Construction Engineering (Hong Kong) Ltd. brings together the world-leading low-carbon construction and management technologies，and specifically puts forward carbon reduction measures for the entire life cycle throughout raw material supply chain，design and construction and operation and maintenance phases. With the carbon audit by independent consultant，the carbon emission significantly reducted for 27% during 18 month construction period.

Key words： Life cycle analysis; Carbon audit; Green and low-carbon measures

1　前言

在建筑业的发展中存在着很多不合理使用能源资源的现象，从减少环境污染和降低能源消耗的角度出发，改进建筑及管理技术是需要持续深入研究与改进的重点课题。

香港望后石污水处理厂项目是渠务署第一个在施工过程中控制碳排放及进行碳审计的

项目。在工程建造阶段，项目充分准备低碳施工方案，提出可行的降低排碳量的方法，严格执行了各种节能减碳的计划，并聘请独立顾问为工程进行碳审计，以便更确切地统计并报告温室气体排放量和低碳施工方案的减排效果，形成了一套基于项目全生命周期的绿色低碳建造技术。

2 建筑业的碳排放

根据世界气象组织和联合国环境规划署建立的政府间气候变化专门委员会《第四次评估报告（气候变化综合报告 2007）》对各行业减碳潜力分析，建筑业的减碳潜力是各行业中最高的（图 1）。

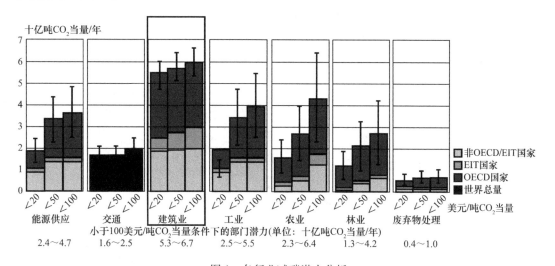

图 1 各行业减碳潜力分析

香港望后石污水厂项目参考英国建筑业减碳计划，采用生命周期法评估分析建造施工过程中的碳足迹，目标是将每年的碳排放量相比 2005 年降低 15％。

3 绿色低碳施工主要措施

绿色低碳施工技术就是在施工的过程中对传统的施工技术进行改进，降低其能源消耗和环境污染，最终达到降低碳排放的目的。绿色低碳施工技术主要包括以下几个方面：

3.1 最优配合比选取

施工节能的两大目标就是能源消耗的最小化和效益的最大化，因此在建筑施工过程中要不断地推广清洁能源的利用。

（1）提早接驳现有公共用电系统

提早接驳了公共电网系统（图 2），减少使用临时柴油发电机。公共电网系统的电力由天然气等更加清洁的燃油、核电以及可再生能源产生，可有效减少碳足迹。

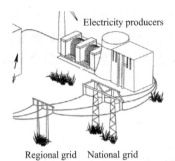

图 2　接驳现有公共用电系统

（2）使用太阳能系统获得再生资源

项目充分利用太阳能发电，以及太阳能板加 LED 灯的照明系统（图 3～图 5）。太阳能将作为无碳足迹的能源，减少电力消耗。

图 3　太阳能热水器

图 4　太阳能照明系统

图 5　太阳能通风工人休息厅

（3）施工机械的选择

在施工现场，施工设备的碳排放占据施工现场总排放的90％以上，高效、节能的施工设备要比普通设备的工作效率高5％，碳排放也比普通设备减少25％。

3.2 从物料使用方面改进

建筑施工的减碳措施应涵盖建筑施工的整个产业链，即基于全生命周期的理念，从原材料的获取到生产、分销、使用和废弃后的处理。

（1）使用粉煤灰水泥

粉煤灰燃煤电厂产生的废渣，将其加入水泥中，配制成粉煤灰硅酸盐水泥（图6），可以有效降低水泥浆体的需水量，同时减少废物排放。

图6　煤灰粉硅酸盐水泥

（2）使用玻璃纤维代替金属制造的电缆托盘

玻璃纤维性能优异，相对传统金属材料具有非常好的替代性、绝缘性好、强度高、耐腐蚀、耐酸碱、抗老化、防火、阻燃、环境适应性好、无毒、无味、质轻的特点，非常符合低碳经济的要求（图7）。

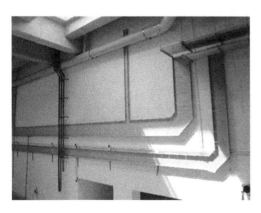

图7　使用玻璃纤维代替金属制成的电缆托盘

（3）使用金属棚架、模板重复利用

采用金属棚架，减少竹棚用量。金属棚架（图8、图9）在使用的安全性、耐用性、安装的便捷性及使用的重复性上，都优于竹棚。

图 8　使用金属棚架　　　　　　　　　　图 9　板方重复利用

（4）设计变更将明开挖代替钢管桩、钢板桩支护

基坑开挖采用明挖将代替钢管桩、钢板桩墙支护（图 10），可以节约大量的钢管桩及钢板桩，这样不但减少了钢管桩、钢板桩生产的碳足迹，同时也减少了运输过程的碳排放。

图 10　使用明开挖代替部分板桩支护

（5）项目现场存储挖掘土用于回填

土石方工程中存储现场挖掘土，可减少土方外运及后续回填时外运土方（图 11），减少运输过程中的碳排放。

图 11　项目储存挖掘土用以回填

3.3　从物料使用方面改进

（1）材料设备通过轮船和卡车运输，避免使用空运等高能耗运输方式

建筑材料的运输会消耗大量的能源并排放大量的二氧化碳，项目中要统筹考虑运输方

式的选择、运输距离的长短、返程空载率、运输工具的燃料动力源、运输工具的能耗强度以及材料的废弃系数等。此外，材料采用就近采购的原则，通过缩短运输距离，降低运输过程中的碳排放。

（2）使用天秤吊运物料，以减少项目范围内的流动起重机

项目使用两部天秤吊运项目内的物料（图12）。因为天秤由公共电网提供，因此相对柴油机车，降低了碳排放。

图12　使用天秤吊运代替流动起重机

（3）使用混合动力汽车以减少燃油消耗

使用混合动力汽车（图13），由汽油及电动机作为动力源。内置电池在制动、下坡、怠速时可以回收能量。

（4）开通接驳巴士往返项目与交通枢纽站，减少使用的士等交通工具

本项目提供穿梭巴士接载工作人员往返项目及公众交通交汇处（图14），降低私家车及出租车的使用，从而降低碳排放。

图13　使用混合动力汽车以减少燃油消耗　　　图14　穿梭巴士接载工作人员往返项目

3.4　从废料处理方面改进

废弃物碳排包括处置碳排和运输碳排，而运输碳排主要来自于废弃物在运输过程中会产生的二氧化碳。此外，将废弃物进行有效的回收利用，不仅能够节省建筑成本，也是对资源的节约，还达到了减少碳排放的最终目的。

（1）浇筑混凝土时多余料用于制砖

将多余的混凝土制作成临时的水泥砖（图15）、临时路面等，减少了物料损耗及运输时的碳足迹。

图15 多余混凝土用于制砖

（2）收集废铁循环利用（图16），废油桶再利用（图17）

图16 收集废旧钢铁以便循环再用　　　　图17 废油桶再利用做洗手盆

（3）垃圾废物分类回收

纸、铝罐等废物分类回收利用，可以减少固体废料（图18），缓解堆填产生的碳排放。

图18 提供废物分类设施（一）

图 18 提供废物分类设施（二）

3.5 从水资源利用方面改进

收集雨水及深基坑开挖中渗流的地下水，通过处理，利用在路面清洗、车辆清洗等。这些废水的回收利用将减少供水系统水泵运行的碳排放（图 19～图 21）。

图 19 收集雨水和基坑开挖产生的地下水清洗车轮

图 20 收集雨水及基坑地下水用于降尘

图 21 收集空调废水用于洗鞋机

3.6 从树木绿化方面改进

建筑施工排放减小的主要影响因素除了施工阶段的减排,还有碳汇。碳汇一般是指从空气中清除二氧化碳的过程,主要包括植物吸收并储存二氧化碳。承建商在本项目中尽力保存项目现有树木,同时通过紧凑的设计减小污水处理单元占地面积,进一步增加污水处理厂的绿化。

4 碳审计过程与结果

为了指导碳审计的实施与推广,2004 年世界资源研究所及世界可持续发展工商理事会制定了《温室气体协定书:企业核算与报告准则》。2006 年,国际标准化组织(ISO)发布了 ISO 14064-1 温室气体排放量化标准。目前,所有的碳审计与报告都是基于这两个标准。

以 ISO 14064-1 和《温室气体议定书:企业合算与报告准则》为参照,香港建筑物碳审计指引将审计分为 5 个步骤(图 22),包括:定下审计的建筑物边界;定下审计的操作边界;定下报告期;搜集所需要的数据和资料并量化其温室气体的排放;撰写审计报告。

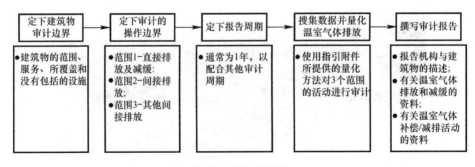

图 22 碳审计步骤

(1)审计的建筑物边界和操作边界

建筑物边界即是有关建筑物的工地范围,可选择一栋建筑物、社区集体或一个工地范围做碳审计。而审计的操作边界主要是确定哪些行为活动会带来温室气体排放或减缓,把这些活动按直接排放与间接排放分类，并定下审计及报告范围。

在碳审计的操作边界上，与建筑物有关的温室气体排放及减除可概括分为 3 个不同的范围：范围 1 为直接温室气体排放及减缓；范围 2 为使用能源间接导致的温室气体排放；范围 3 为其他间接温室气体排放。表 1 是望后石污水厂项目施工过程碳审计的操作边界减碳措施。

望后石污水厂项目操作边界减碳措施　　　　　　　　　　　　　表 1

范围 1：直接温室气体排放和减除	使用混合动力汽车以减少燃油消耗
	移植现有树木及种植新的树木
	使用柴油发电机
范围 2：使用能源引致的间接温室气体排放	提早接驳现有公共用电系统，减少使用临时柴油发电机
	使用天秤吊运物料
	使用太阳能系统获得再生能源
范围 3：其他间接温室气体排放	使用粉煤灰水泥
	收集雨水和回用水用于清洁等用途
	使用金属棚架，可循环使用
	穿梭巴士接载工作人员往返项目与公共交通接驳站
	使用海运或陆运机电设备等物料，减少空运
	使用玻璃纤维代替金属制作的电缆托盘
	项目挖掘土用于回填
	设计采用明开挖代替板桩支护
	多余石块用于制砖
	收集废弃钢铁以便循环利用
	提供废物分类设施
	模板重复利用在其他项目

（2）审计基准年及周期

望后石污水处理厂碳审计从 2012 年 5 月正式实施，为期 18 个月，直至工程完工。以原有的望后石污水处理厂在 2005 年的运作模式作为基线情况对比，目标相比 2005 年减碳 15％，在施工期内的总减碳量达到 5320t。

收集数据并量化一般来说有两种方法：直接检测和运用适当的计算方法与排放系数。直接检测由于受现实技术制约，不太常用，目前碳审计主要是采用第二种办法。碳审计所涉及的温室气体，主要是《京都议定书》中规定的 6 种，分别是二氧化碳（CO_2）、甲烷（CH_4）、氧化亚氮（N_2O）、氢氟碳化物（HFCs）、全氟碳化物（PFCs）、六氟化硫（SF_6）。实际监测和计算中，常依据各种气体温室效应的能力不同，统一换算成二氧化碳当量（CO_2e）来进行衡量。一种温室气体的二氧化碳当量是这一气体的排放量乘以其对应的全球变暖潜势值（GWP），具体见表 2。

温室气体全球变暖潜势值（GWP）　　　　　　　　　　　　　表 2

CO_2	CH_4	N_2O	HFCs	PFCs	SF_6
1	25	298	11700	5700	22200

范围 1 的直接温室气体排放和减缓

a. 固定燃烧源的温室气体排放

$$排放量(CO_2)=\sum 燃料消耗量\times CO_2 排放系数$$

b. 流动燃烧源的温室气体排放

$$排放量(CO_2)=燃烧消耗量\times CO_2 排放系数$$

c. 冷藏、空调设备的氢氟碳化物及全氟化碳排放

设备运作期间制冷剂释放所造成的排放＝制冷剂数量×全球变暖潜势值

d. 新种植树木的温室气体减除

种植树木有助于吸收大气中的温室气体。这部分的计算方法为：

$$树木一年吸收的 CO_2 量＝额外种植的树木净数\times 吸收系数$$

范围 2 的间接排放

温室气体排放＝购买的电量或煤气用量×排放系数

范围 3 为其他间接温室气体排放

此部分涉及的范围较广，具体可参考范围 1 及范围 2 的计算方法，以废纸在堆填区所产生的甲烷为例，计算方法为：

温室气体排放＝废纸数量×排放系数

（3）碳审计结果

表 3 为望后石污水厂项目在 2012 年 5 月至 2013 年 10 月期间所采用的各绿色低碳施工措施及由碳审计得出的减碳量数据统计（表 3、表 4）。数据表明，实际施工过程中减碳效果显著，超过了计划的水平。

望后石污水厂项目减碳措施减碳量（CO₂ 当量，t）　　　　　　　表 3

	低碳施工措施	减碳量	2012 年 5 月至 2013 年 10 月总减碳量
能源	提早接驳现有公共用电系统，减少使用临时柴油发电机	651.9	652.24
	使用太阳能系统获得再生能源	0.34	
物料	使用粉煤灰硅酸盐水泥	2536	5920.22
	使用玻璃纤维代替金属制作的电缆托盘	363	
	项目挖掘土用于回填	1049	
	使用金属棚架（可于其他项目再用）	129.52	
	模板重复利用在其他项目	1777	
	设计采用明开挖代替板桩支护	65.7	
运输	使用混合动力汽车以减少燃油消耗	7.04	1401.94
	使用天秤吊运以减少项目范围内用其他运输工具运输物料	20.8	
	穿梭巴士接载工作人员往返项目与公共交通接驳站	363	
	使用海运或陆运机电设备等物料，减少空运	1011.1	
废料	收集废弃钢铁以便循环利用	28.66	43.44
	多余石块用于制砖	7.9	
	提供废物分类设施	6.88	
水	收集雨水和回用水用于清洁等用途	0.01	0.01
树木	移植现有树木及种植新的树木	1.75	1.75
总计		8020	8020

建造施工过程中的碳足迹		结合减碳措施后的实际排放量 2012.5～2013.10 (CO₂e, t)	无减碳措施时的排放量 2012.5～2013.10 (CO₂e, t)
范围 1	流动燃烧源	43	125
	固定燃烧源	311	1508
	树木	-2	0
范围 2	从电力公司购买的电力	599	N/A
范围 3	污水处理及循环利用	1.8	2.1
	物料	16102	20272
	使用海运或陆运等运输方式，减少空运	100	1111
	废物处理及循环利用	4254	6048
	接驳巴士作为项目公共交通工具	374	737
碳排放总计		21784	29803
总减碳量（CO₂e, t）		8020	
减碳率		−27%	

5 小结

随着社会的发展，作为消耗能源较多的建筑领域将会越来越受到资源的制约。而且，人们对环保的要求日益提高，环保不仅仅关乎人们的生活品质，还关乎着整个社会经济的可持续发展。建筑低碳技术的发展势在必行，是推进社会发展的必要因素。随着香港地区与内地经济、文化的交流联系不断加强，在可持续发展策略的开拓和推广上，香港地区与内地的合作也将会日益密切，其中就包括了合作发展并推广低碳建造技术及碳审计技术。香港地区可为内地提供经验与理论支持，为实现减碳目标提供助力，促进可持续发展的深入推进。

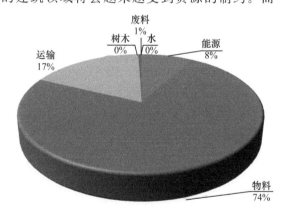

图 23　望后石污水厂项目
施工过程减碳量来源分布

望后石污水厂项目在施工过程中，有针对性地采用了绿色低碳建造技术和措施（图23），减碳效果十分显著，收到了有益的经济效益和社会效益，也为后续低碳施工技术的探索前进提供了有益借鉴和宝贵经验。

参考文献

[1]　联合国环境与发展委员会. 我们共同的未来（Our Common Future）.
[2]　世界气象组织（WMO）和联合国环境规划署（UNEP）. 第一次评估报告，1990.
[3]　世界气象组织（WMO）和联合国环境规划署（UNEP）. 第二次评估报告，1994.

[4]　世界气象组织（WMO）和联合国环境规划署（UNEP）. 第三次评估报告，2001.

[5]　世界气象组织（WMO）和联合国环境规划署（UNEP）. 第四次评估报告，2007.

[6]　世界气象组织（WMO）和联合国环境规划署（UNEP）. 第五次评估报告，2013.

[7]　香港特别行政区政府. 应对气候变化策略及行动纲领，2010.

[8]　香港特别行政区政府渠务署. 渠务署可持续发展报告，2010.

[9]　英国建筑业协会. UK low-carbon construction-industry action plan，2011.

[10]　香港特别行政区政府环境保护署及机电工程署. 香港建筑物（商业住宅或公共用途）的温室气体排放及减除的审计和报告指引.

深圳地区基于全年运行工况的动物房全新风空调系统节能方案分析

高 龙 李雪松

摘 要：探讨了动物房全新风空调系统的热回收方案，给出了新风—新风再热回收、排风二次热回收和根据室内污染物浓度变心风量运行三种不同节能方式。并基于深圳地区全年的空调运行工况，分析了不同节能方式的经济性，给出了定量的计算结果，得出了无论从全年运行费用还是投资回收周期和节省总运行费用方面，变风量通风方式效果最好的结论。

关键词：动物房；新风-新风再热回收；排风二次热回收；变风量新风；焓频图；全年运行工况；经济性分析

ANALYSIS OF HEAT RECOVERY DESIGNS IN ENTIRE FRESH AIR AIR-CONDITIONING SYSTEM OF A WHOLE YEAR OPERATING ANIMAL LABORATORY IN SHENZHEN

Gao Long   Li Xue Song

Abstract：Discusses the heat recovery designs of entire fresh air air-conditioning system in an animal laboratory. Three different heat recovery methods are compared：fresh air reheating recovery，secondary exhaust air recovery and heat pump driven liquid desiccant recovery. Based on the whole year operating conditions in Shenzhen，the economic efficiency of these three methods are analyzed with calculation results. And it comes out that heat pump driven liquid desiccant recovery is the best solution in both whole year cost and investment return period.

Key words：Animal laboratory；Fresh air reheating heat recovery；Secondary exhaust air heat recovery；Enthalpy frequency chart；Whole year operating condition；Economical efficiency analysis

1 引言

动物房空调系统的特点是换气次数较高、全新风 24h 持续运行、能源消耗较大，一直受到国内外节能领域的重点关注。动物房对室内环境要求比较严格，为防止交叉污染，空调系统的排风和新风在热回收时不能够直接接触[1]。如何将动物房全新风空调系统中的热量加以安全和经济的回收以及节能运行，是一个亟待解决的问题。深圳市药品检定研究院二期综合试验楼总建筑面积约 4.8 万 m^2，地上 19 层，地下 3 层，动物房位于建筑 13～19 层，试验动物种类有鼠、兔、猪、犬、猴等，面积约 13650m^2，共设 26 套送风系统、20 套排风系统。本文结合深圳市药品检定研究院动物房项目，针对动物房空调的特点选择了三种不同的节能方式，给出了不同节能方式的空气处理过程，并结合全年的室外空气参数对不同节能方式的经济性进行了比较。

2　动物房空调系统节能形式及其空气处理过程

目前，空调工程中常用的热回收装置主要有：转轮热回收、板式热回收、板翅式热回收、溶液吸收式热回收、热管式热回收及乙二醇热回收等方式[2]。

其中，转轮热回收、板翅式热回收和溶液吸收式热回收装置效率较高，均属于全热回收装置，但是由于转轮热回收和板翅式热回收装置中新风和排风直接接触，容易产生交叉污染，不能作为动物房空调热回收装置使用。

板式热回收、热管式热回收及乙二醇式热回收均属于显热回收装置，其热回收效率相对全热回收装置低。板式热回收装置缺点是并不能完全密闭，而且正常状态下有 4% 左右的漏风量，所以不适用于动物房的新排风的热回收系统，但是可应用在新风-新风再热回收系统当中。热管式热回收及乙二醇热回方式能够完全隔离新排风系统，热管式热回收装置为无动力型热回收装置，难于调节和控制；而乙二醇热回收可依靠泵来循环管道中的乙二醇溶液从而回收排风中的能量，易于调节和控制。这两种方式不受场地限制。

另外，如果能够了解室内空气品质变化，并根据实际需要，在空气品质好的时候把空气降下来，在不好的时候升上去，可以在保持室内环境安全指标的同时大量节能。这种控制方式，即为所谓的按需控制通风的方式。

综上所述，笔者选择了三种较为可行的动物房热回收及节能方式进行分析比较。

2.1　无热回收方式及其夏季空气处理过程

此方式不做热回收，空调夏季通过计算确定机器露点和送风状态点，新风直接处理到机器露点（W 到 L）；之后，再热到送风状态点（L 到 O1）后送入室内，如图 1 和图 2 所示。

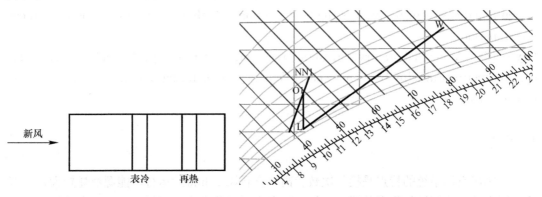

图 1　无热回收空调机组空气处理流程图　　　　图 2　无热回收空调机组夏季 I-D 图

2.2　新风—新风再热回收及其夏季空气处理过程

此方式的基本原理为利用新风作为再热的热源，这样一方面经过表冷器的处理的新风可以预冷刚刚进入机组的新风，同时刚刚进入机组的新风也成了再热的热源。热回收再热装置使用板式热回收，其空气处理流程图见图3。夏季新风进入组合式空气处理机组后先通过板式热回收装置和已经通过表冷器处理的新风进行热交换（图4的W至W'过程），完成新风的预冷过程；经过预冷之后的新风再通过表冷器进行降温、除湿（图4的W'至L过程）；经过处理之后的空气经过板式热回收装置（图4的L至O1过程）完成再热后送到空调房间内。该设备通过新风再热，减少了再热装置的配置，同时也减少了冷热负荷的抵消，其节省的再热量和预冷量相同。

其优点是机组造价与初投资均较低，设备体积较小，空调新风的过冷再热过程不用电或热水再热，运行费用少；缺点是可控性差，夏季新风预冷量受再热量限制，过渡季节较难控制。

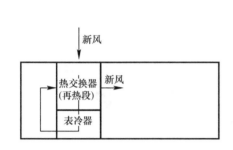

图3　新风热回收再热机组空气处理流程图　　　图4　新风热回收再热机组夏季I-D图

2.3　排风二次热回收及其夏季空气处理过程

此方式的基本原理为利用排风作为再热热源及新风预冷冷源，考虑再热量需要调节，排风一次热回收使用乙二醇热回收装置，二次热回收和刚刚进入机组的新风进行热交换，使用热管热回收装置，其空气处理流程图见图5。夏季新风侧：新风进入组合式空调机组后通过热管热回收段和排风热交换，进行预冷（图6的W至W'过程）；经过预冷之后的新风再通过表冷器进行降温、除湿（图6的W'至L过程）；之后，新风再经过乙二醇热回收装置（图6的L至O1过程）完成再热后，送到空调房间内。夏季排风侧：排风经过乙二醇热回收装置和经表冷之后的新风进行一次热交换后温度降低（新排风温差10℃左右），之后再和室外新风通过热管换热装置进行二次热交换后排出室外（室外夏季设计工况下新排风温差10℃左右）。

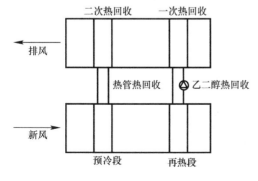

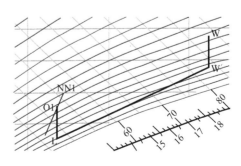

图5　新风热回收再热机组空气处理流程图　　　图6　新风热回收再热机组夏季I-D图

其优点是新排风完全隔离，无二次污染，体积较小；缺点是乙二醇热回收的效率较低，且仅为显热回收；而且，同时使用热管和乙二醇两种热回收装置，总体造价较高。

2.4 变风量新风及其夏季空气处理过程

此方式的基本原理为通过室内空气品质监测系统获得室内空气品质的实时数据，根据数据调节房间风阀开度，从而调节全空气系统的送风量。其控制原理如图7所示。其夏季处理过程同无热回收形式。

其特点有：

（1）独立运行的专业监测系统，在线、自动监测室内空气品质；

（2）同时监测多个参数，让通风系统根据多个污染物参数平衡控制通风量；

（3）系统用于控制的信号应为室内和送风中污染物浓度的差值；

（4）采样探头设置于每个区域排风管道上，采样最能代表室内空气品质的变化，按需控制效果最好。

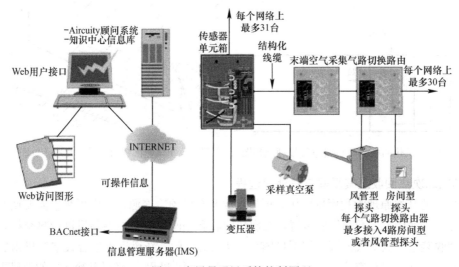

图7 变风量通风系统控制原理

2.5 各方式的冬季空气处理过程

各装置的冬季新风处理过程均为冬季室外新风经过加热（预热）及加湿后送入室内，如图8所示。

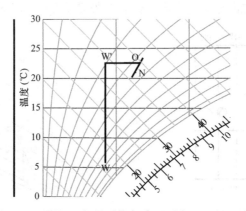

图8 新风系统冬季 I-D 图

3 基于全年运行工况的不同节能方式对比分析

3.1 利用焓频图进行空调全年运行分区

本文基于全年的运行工况对上述 3 种节能方式进行技术经济比较，无热回收的处理方式作为对比的参照。

深圳地区全年 8760h 的室外状态参数如图 9 和图 10 所示，由于空气的干球温度、湿球温度、相对湿度、含湿量和焓值已知其中两个就能够计算出其他三个，可以根据干球温度和相对湿度求出深圳地区全年的逐时焓值，并据此绘制深圳地区的焓频图[3]，如图 11 所示。

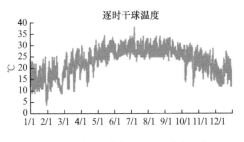

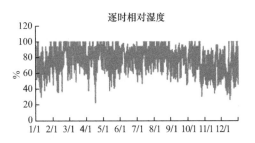

图 9　深圳地区全年 8760h 干球温度　　　　图 10　深圳地区全年 8760h 相对湿度

根据冬夏季及过渡季节空调的运行情在焓频图上进行分区，如图 12 所示。Ⅰ区为空调的冬季处理过程，空气处理过程为加热、加湿（室外空气 W′经过加热到 W1，再经过加湿到送风状态点 O1）；Ⅱ区为空调的过度季节处理过程，室外新降温、加湿后送入室内；Ⅲ区为空调的过渡季节处理过程，新风降温或直接送至室内；Ⅳ区为空调的过渡季节处理过程，新风加热或直接送入室内；Ⅴ

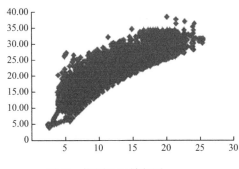

图 11　深圳地区焓频图

区为空调的夏季处理过程，空气经表冷和再热送入室内（室外空气 W 经表冷器处理到 L，再经过再热到送风状态点 O2）。O1N1 和 O3N2 为冬季的热湿比线，N2O2 为夏季的热湿比线。考虑到系统的节能运行，计算时，冬季室内状态点为 N1，夏季室内状态点为 N2，过渡季节室内状态点在 N1 和 N2 所在的四边形内。

3.2 不同节能运行方式的全年运行分析及全年能耗计算

以深圳市药品检验所二期试验动物房豚鼠饲养间为例，其设计条件为：夏季室内设计状态点为 25℃，60%，室内冷负荷 10.4kW，湿负荷 4.2kg/h；冬季室内设计状态点为 22℃，50%，室内热负荷 4.2kW。空调系统为全新风，新风量 10000m³/h，排风量 8000m³/h。室内全年的温湿度范围为 20～26℃、40%～70%，如图 12 中 N1 和 N2 所在的四边形所示。

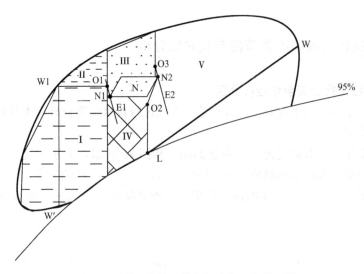

图 12　无热回收装置的空调全年运行分区图

据此可以确定各分区的边界数值，并计算出图中各状态点的参数，如表 1 所示。同时，可以统计出焓频图各区的持续时间，如表 2 所示。

焓频图中各状态点参数　　　　　　　　　　　　　　　　　　　　　表 1

状态点	干球温度（℃）	相对湿度（%）	含湿量（g/kg）	焓（kJ/kg）
N1	20	40	5.92	35.2
N2	26	70	15.11	64.8
O1	21	36	5.66	35.6
O2	22.7	67	11.85	53.1
O3	27	64.8	14.86	65.2
L	17.9	90	11.85	48.1

焓频图各区域时间　　　　　　　　　　　　　　　　　　　　　　　表 2

分区	干球温度（℃）	含湿量（g/kg）	相对湿度（%）	时间（h）	百分比（%）
I	$t_干 \leqslant t_{o1}$	$d \leqslant d_{o1}$	—	334	3.8
II	$t_干 > t_{o1}$	$d \leqslant d_{o1}$	—	5	0.05
III	$t_干 \geqslant t_{N1}$	$d_{o1} < d \leqslant d_{o3}$	>70	956	12.1
IV	$t_干 < t_{N1}$	$d_{o1} < d \leqslant d_{o2}$	—	2274	26.0
V	其余		—	5492	58.1

将图 9～图 11 中深圳地区全年 8760h 的室外逐时计算参数，结合表 1 中的分区及表 2 中的数据以及冬季和夏季空调处理过程，可定量计算出各区域空调系统的总的加热、加湿及表冷量，并据此进一步计算出各指标全年的总量，如表 3 所示。

268

動物房無熱回收空調系統各區域全年加熱、加濕及制冷量　表3

分區	加熱量（再熱量，kW·h）	加濕量（kg）	制冷量（kW·h）
Ⅰ	9347	3520	—
Ⅱ	—	—	—
Ⅲ	—	—	4166
Ⅳ	38716	—	—
Ⅴ	79585	—	414355
總計	127648	3520	418521

对于设置热回收的不同空调系统，热回收装置的热交换效率如表4所示[2]。本项目取表4的下限值，由于乙二醇热回收在具体工程应用时效率难以达到55％以上，也按照50％考虑。

热回收装置效率　表4

热回收装置形式	板式	热管式	乙二醇	溶液吸收式
能量回收形式	显热	显热	显热	全热
热回收效率（％）	50～80	50～70	55～65	50～85

采用同样的分析方法，基于焓频图和空调系统的全年运行分析，可以计算出不同热回收方式全年的加热、加湿和制冷量。

对于新风—新风热回收形式，近似认为O2点的相对湿度线和95％相对湿度线平行，相对图13，O2的相对湿度线将Ⅴ区分成Ⅴ和Ⅵ两个区域，如图13所示。

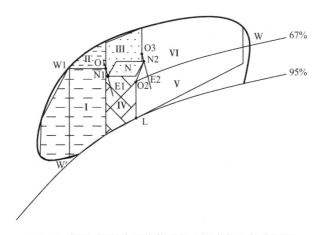

图13　新风-新风热回收装置的空调全年运行分区图

对于排风二次热回收形式，如图14所示，在夏季排风经过乙二醇热回收装置后的温度仅取决于送风的露点温度，是一个定值，经计算空调的新风送风温度需要大于22.9℃才能够预冷。所以，相对变风量系统的送风量每日呈周期变化，如图15所示，由于动物房所需的换气量与室内活动有关，因此受季节变化影响较小，其运行状态与图12无热回收时相同。应用按需控制方法之后，根据实际应用项目的估算，全年能够省30％的风量。

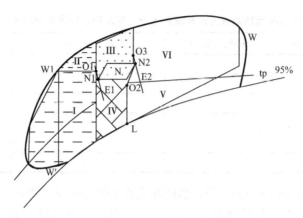

图 14 排风二次热回收装置的空调全年运行分区图

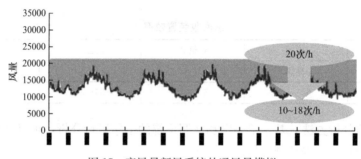

图 15 变风量新风系统的通风量模拟

将深圳地区全年 8760h 的室外逐时计算参数结合表 1 中的分区及表 2 中的数据，可以得到不同热回收形式的全年制冷量、加热量、再热量及加湿量，如表 5 所示。

动物房不同节能方式的空调系统全年加热量、加湿量、再热量及制冷量（按 **10000m³/h 风量全年运行**）

表 5

热回收方式	制冷量（kW·h）	加热量（kW·h）	再热量（kW·h）	加湿量（kg）
无热回收	418521	48063	79585	3520
新风再热回收	338936	48063	—	3520
排风二次热回收	391073	28422	—	3520
变新风量	251113	28838	47751	2112

通过表 5 可以看出，变新风量全年制冷量相对其他方式节能明显。从能源消耗及运行费用角度，变新风量方式最为节能，其次为新风再热回收机组。

4 不同节能方式的经济性分析对比

为较为全面地进行对比，本文的经济性分析不仅对比各热回收设备的价格，同时也考虑了冷热源的价格，并结合不同形式热回收设备的全年运行能耗进行综合比较。

4.1 不同节能形式的全年运行费用的计算

本文采用的无热回收、新风—新风再热回收及排风二次热回收三种方式均采用水冷冷水机组作为冷源，蒸汽锅炉作为热源和加湿源。不同热回收方式全年的运行能耗为冷热源、组合式空调机组（包括热回收设备）及排风机的能耗总和。

为便于计算冷热源的耗电量，需要给出项目空调系统设计能效比、溶液除湿系统冬夏季的 COP 及锅炉的燃气热值。其中，文献［4］规定深圳地区离心式水冷机组空调系统设计能效比不得低于 3.21，本文取值 3.5；热泵冬夏季 COP 值为相关设备厂家给出。据此可通过本文第 2 节中计算出的不同热回收方式全年的制冷、加热及加湿量，计算出冷热源设备的耗电量及消耗燃气量，如表 6 所示。根据末端组合式空调机组（包括热回收设备）及排风机的阻力和风量可计算出不同热回收方式末端设备风机的耗电量，如表 7 所示。

动物房不同节能方式的空调系统全年加热、加湿及制冷量

（按 10000m³/h 风量全年运行） 表 6

热回收方式	制冷量（kW·h）	制冷方式	加热量（kW·h）	再热量（kW·h）	加热（再热）方式	制冷及加热总耗电量（kW·h）	加湿量（kg）	加湿方式	总耗气量（Nm³）
无热回收	418521	冷机（空调系统设计能效比 3.5）	48063	79585	热水锅炉（36533 kJ/Nm³）	119577	3520	蒸汽锅炉（36533 kJ/Nm³）	12715
新风再热回收	338936		48063	—		96839	3520		4939
排风二次热回收	391073		28422	—		111735	3520		3020
变风量新风	251113		28838	47751		71747	2112		7629

动物房不同热回收方式风机总耗电量统计（按 10000m³/h 风量全年运行） 表 7

热回收方式	增加设备	新风机组内阻力/机外余压（Pa）	排风机组内阻力/机外余压（Pa）	风机总功率（kW）	风机总耗电量（kW·h）
无再热回收	——	1000/800	700/450	12.6	110376
新风热回收再热	板翅式热交换段	1220/800	700/450	13.6	119136
排风二次热回收	乙二醇及热管热交换段	1160/800	760/450	13.6	119136
变风量新风	自动控制系统及变风量阀门	1000/800	700/450	12.3	66226

根据表 6 及表 7 计算出的总耗电量、耗气量，结合深圳地区的电费和燃气费，可以计算出不同热回收方式的全年运行费用及单位风量的费用，如表 8 所示。

动物房不同热回收方式全年运行费用统计 表 8

热回收方式	制冷及加热总耗电量（kW·h）	风机总耗电量（kW·h）	系统总耗电量（kW·h）	加热耗气量（锅炉，N·m³）	加湿耗气量（锅炉，N·m³）	系统总耗气量（N·m³）	总价（元）	单位风量价格元/(m³·h)
无再热回收	119577	110376	229953	12472	243	12715	231009	23.1
新风热回收再热	96839	119136	215975	4696	243	4939	191054	19.1
排风二次热回收	111735	119136	230871	2777	243	3020	195870	19.6
变风量新风	71747	66226	137972	7483	146	7629	138605	13.9

注：天然气费用按照 3.7 元/(N·m³) 计算，电费按照峰平谷的平均值为 0.8 元/(kW·h) 计。

4.2 全生命周期内不同热回收方式的经济性比较

从经济性上来看，不同热回收形式增加热回收设备会相应的增加初投资，所以综合评价各热回收形式还需要考虑设备的投资回收期和生命周期内的总运行费用。

表9给出了空调设备（包括冷热源分摊）的总费用（深圳市药品检定研究院项目实际工程的设备费用）

不同热回收方式空调设备的总费用（万元）　　　　　　　　　　表9

热回收方式	组合式空调机组	排风机组	热回收设备或变风量设备费用	排风处理设备	冷热源分摊费用	设备总价
无热回收	18	2	—	10	25	55
新风热回收机组	18	2	15	10	25	70
排风热回收	18	2	24	10	25	79
变风量新风	18	2	43	10	25	98

注：为空调系统运行安全考虑，冷热源的设置没有考虑热回收设备的使用节省的冷热量，故冷热源分摊费用相同。

表10结合了表8及表9中计算出的运行费用结果及设备的初投资费用，得出了热回收设备的投资回收期和运行周期内相对无热回收方式节省的总费用。据此可以计算出增加设备的投资回收期，同时可以算出在整个设备使用周期内不同形式的热回收系统节省的总费用。其中，设备的投资回收周期为热回收设备的增加费用除以设备节省的年运行费用，设备节省的总费用为运行周期内设备节省的运行费用减去增加的热回收设备的费用。

不同热回收方式热回收设备的投资回收期及总的节省费用　　　　　表10

热回收方式	年运行费用（万元）	同无热回收相比节省的年运行费用（万元）	设备总价（万元）	同无热回收相比增加的设备费用（万元）	增加设备的投资回收期（年）	使用周期内节省的总运行费用	设备使用周期节省总费用（元）	备注
无热回收	23.1	—	55	—	—	346.5	—	
新风热回收机组	19.1	4.0	70	15	3.75	60	45.0	设备使用周期按照15年计算
排风热回收	19.6	3.5	79	24	6.86	52.5	28.5	
变风量新风	13.9	9.2	98	43	4.67	138	95.0	

通过表10的比较可以看出，在单位风量的运行费用上排风热回收方式相对新风热回收再热方式节能（节能幅度较小），但是由于排风热回收方式在热回收设备上的投资远大于新风热回收再热方式，所以其热回收设备的投资回收期和总运行费用均远不及新风热回收再热方式。相比较而言，新风变风量运行方式最为节能，虽然其设备价格较高，但是其设备回收周期和新风-新风热回收基本一致，总运行周期的节省费用却是新风-新风热回收方式的2.1倍，节能潜力最大。

5　结论

（1）新风-新风热回收、排风热回收及根据室内污染物浓度变风量运行的方式，均是适合动物房空调系统的节能运行方式。

（2）本文结合焓频图分析了三种热回收和节能方式的空调全年运行工况，并给出了不同热回收方式的空调全年制冷、加热（再热）及加湿量的计算方法。

（3）结合设备的价格进行了热回收周期及总运行费用的分析，由于模拟情况和实际运行情况有一定的差别，不同厂家的设备费用价格相差较大以及冷热源的形式不同对结果均会产生一定影响，但是总体上可以认为根据室内污染物浓度变风量运行的节能效果和经济性最好。

（4）本文在进行全年负荷计算时做了一定的简化处理，并且仅针对一个系统进行了分析，得出了对于特定的建筑可采用全年能耗计算软件进行分析，以获得更准确的结果。

参考文献

[1] 中国建筑科学研究院. 实验动物设施建筑技术规范 GB 50447—2008 [S]. 北京：中国建筑工业出版社，2008

[2] 中华人民共和国建设部. 06K301-2 空调系统热回收装置选用与安装 [S]. 北京：中国计划出版社，2006

[3] 赵荣义，范存养，薛殿华，钱以明. 空气调节 [M]. 4 版. 北京：中国建筑工业出版社，2009

[4] 《公共建筑节能设计标准》深圳市实施细则 SZJG 29—2009 [S]. 深圳：深圳市质量技术监督局，2009

[5] 刘晓华，江亿，张涛. 温湿度独立控制空调系统 [M]. 2 版. 北京：中国建筑工业出版社，2013

[6] 中国气象局气象信息中心气象资料室，清华大学建筑技术科学系. 中国建筑热环境分析专用气象数据集 [M]. 北京：中国建筑工业出版社，2005

深圳当代艺术馆与城市规划展览馆绿色技术实践

范坤泉　葛　鑫　刘加根

摘　要： 本文介绍了深圳当代艺术馆与城市规划展览馆的绿色技术应用，项目在设计各个阶段都积极秉承绿色设计理念，逐步将绿色技术与建筑功能特点、深圳市气候特点融合，最终形成了一套适宜的绿色技术体系。尤其是项目采用的铝合金遮阳穿孔板遮阳立面设计，光导管技术改善地下采光的应用，都将对今后各地的绿色展览馆项目的建设提供很好的借鉴。

关键词： 绿色建筑；遮阳立面；光导管

APPLICATION OF GREEN TECHNOLOGY OF SHENZHEN INSITITUTE OF CONTEMPORARY ARTS AND URBAN PLANNING EXHIBITION HALL

Fan Kun Quan　Ge Xin　Liu Jia Gen

Abstract： This paper introduces the application of green technology of Shenzhen institute of contemporary arts and urban planning exhibition hall，the project every stage in the design of active adhering to the concept of green design，green technology and architecture will be built to function characteristics，the climate characteristics of Shenzhen fusion，finally formed a set of suitable system of green technology system. Especially project uses aluminum alloy shading perforations design，light pipe technology to improve the application of underground lighting，will be in the future green around the exhibition hall building for the construction of the project to provide a good reference.

Key words： Green building；Shading façade；Light pipe system

1　项目概况

深圳当代艺术馆与城市规划展览馆是福田中心区最后一个重大公共建筑项目。其南临市民中心，北靠市少年宫，西向深圳书城。地块方正，东西长约 169.5m，南北长约 177.5m，建筑用地面积 29688m²，建筑功能主要包括当代艺术馆、城市规划展览馆、公共服务区及其配套设施（图1），地上5层，地下2层，高度平均为 40m。

项目用地性质为政府用地。总用地面积为 29688.42m²，总建筑面积为 88185.38m²，其中地上面积 59970m²，容积率为 2.02。地下设有 2 层，主要功能为停车、展览中转区和设备用房，建筑面积为 28215.38m²，地下停车位 332 个。

项目于 2015 年 8 月获得国家绿色建筑设计认证三星级标识，于 2016 年 3 月获得深圳市绿色建筑设计认证金级标识。目前，项目已竣工验收并投入使用。

图 1　项目效果图

2　绿色技术实践

项目在设计过程中，秉承四节一环保的绿色设计理念，通过与各专业顾问公司协同合作，在方案设计阶段即确定了一套绿色技术体系，保证了项目品质的同时，最大限度地降低能耗。

2.1　节地、室外环境绿色技术实践

（1）便利的交通设施

项目选址和出入口的设置充分考虑人员的出行方便。出入口 500m 内有两个公交站点，分别为市民中心站、少年宫东站；800m 以内有两条地铁线，分别为龙华线少年宫站、龙岗线少年宫站。

（2）乔灌草复层绿化

项目室外绿化采用乔灌草复层绿化，并且全部选用本地植物，乔木主要为四季桂、花旗木，灌木地被类主要有银边山营兰、福建茶、鸭脚木等 14 种。

（3）舒适的室外风环境

项目位于深圳市市中心，周边已建建筑能够削弱强风对其影响，经过模拟（图 2），在不同季节，项目周边人行高度处的室外风环境在 2.11～3.1m/s，风速放大系数在 1.07～1.21。既可以满足夏季场地的通风需求，不产生憋闷感，又可以在冬季有效阻挡强风，提供良好的室外行走环境。

（4）合理充分利用地下空间

建筑充分利用地下空间，地下建筑面积为 27966.7m²，地下空间主要功能为汽车库、藏品库及设备机房。地下建筑面积与建筑占地面积之比为 230%。

2.2　节能绿色技术实践

（1）高效节能幕墙体系

建筑外皮由铝合金遮阳穿孔板和保温隔热玻璃层组成，遮阳穿孔板被设计成能最大限度地捕捉漫射日光的模式，保护外部玻璃表面免受日光的直接照射。建筑在各个朝向都设

置穿孔铝板进行遮阳，建筑不同朝向的综合遮阳系数分别为东向 0.229、南向 0.185、西向 0.217、北向 0.182，有效降低了室内得热量，降低了空调系统能耗。

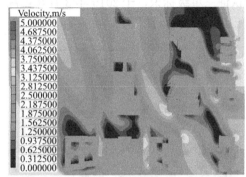
春季1.5m高处风速分布

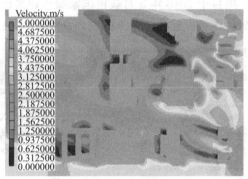
夏季1.5m高处风速分布

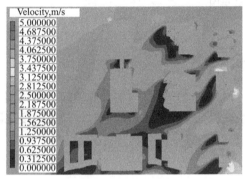
秋季1.5m高处风速分布

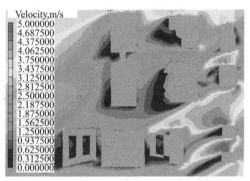
冬季1.5m高处风速分布

图 2　室外风环境模拟图

（2）被动式通风设计

项目中部设置有中庭空间，屋顶设置电动幕墙开启窗，在建筑不同层、各个朝向设置不同的幕墙开启面积（图 3）。在 +0.000m 标高与 +5.000m 标高，主要采取外墙单侧通风方式，幕墙部分设置可手动控制的开启扇；在 +10.000m 标高，设置开启幕墙约 500m²，结合在中庭顶部开启 230m² 的电动开启扇，采用热压通风方式进行通风，总的透明幕墙开启率满足 11.07%。由通风模拟计算可知，建筑整体换气次数为 2.17 次/h，满足 2 次/h 的通风要求。

（3）高效空调设备

项目位于深圳，冬季不供暖，只在夏季供冷。空调系统采用 3 台 3517kW、1 台 1407kW 的离心式冷水机组供冷，其机组的性能参数 COP 值较限值提高了 8% 左右。此外，水系统、风系统均采用了高效变频设备，空调冷水系统设计为一级泵、用户侧变流量系统，冷水泵变频控制，能够根据负荷变化实现冷量调节。全空气系统、新风系统、通风系统的单位风量耗功率满足限值设计要求，有效降低了通风系统能耗。

（4）合理的空调末端设计

项目的空调末端也根据不同功能房间，进行了不同设计。展厅、艺术馆、大堂、缓冲及制作区域、餐厅、多功能厅、文化沙龙采用一次回风全空气空调系统；学术报告厅、办公室、会议室、图书馆等采用两管制风机盘管＋新风系统；储藏区、珍品库采用恒温恒湿机组；其他消防控制室、保安室采用分体空调。

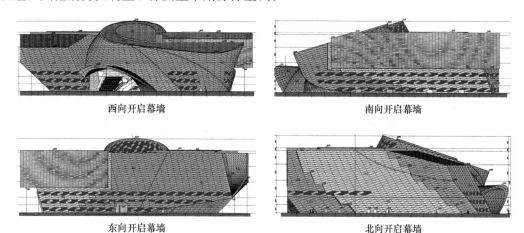

图3 不同朝向立面幕墙开启扇

（5）新风热回收技术

项目在学术报告厅、办公室、管理室、物业用房、会议室、研究中心、图书馆、商铺、贵宾室采用转轮热回收空调机组，采用全热回收，热回收效率为62％。经过经济性分析，满足新风热回收的天数为116d，涵盖了大部分供冷季，全年采用转轮热回收机组可节省电量24211.2kW·h，按照1元/kW·h电费计算，全年可节约2.4万元。按照每台机组增量成本2.5万元考虑，共有新风机组3台，静态回收期为3.1年。

（6）过渡季可调新风比运行、室内空气质量监控系统

项目地上展厅、多功能厅等大空间区域的空气处理机组设置了CO_2监控系统，控制新风电动阀，使新风在50％～100％设计新风量范围内调节，有效降低空气处理机组能耗，同时保证室内空气品质。此外，在地下车库的排风机设置CO监控系统，与排风机联动控制，有效降低排风能耗。

（7）光导管设置降低照明能耗

项目在地下一层设置了25根光导管，主要分布在西侧物业管理用房，北侧一层入口及南侧冷冻机房内，光导管按照8.4m的柱距均匀布置，负责地下1680m^2采光，能够改善上述空间采光并降低照明能耗。经过模拟可知，地下一层空间采光系数不低于0.5％的空间面积比为9.1％。

（8）高效照明系统及控制方式

建筑公共部位的照明采用高效光源LED、三基色荧光灯管或节能灯、高效灯具和低损耗镇流器（电子式）等附件，灯具功率因素大于0.9，灯具的照明功率密度值按照目标值要求设计，降低了照明能耗。此外，在不同区域采用不同的照明控制策略。在楼梯间照明采用感应节能自熄控制；在各设备用房、办公室照明采用就地控制的方式；在室外景观及外表皮照明、车库照明、走廊、门厅、展厅、会议室等公共场所，以及电动窗均采用通过EIB或其他形式的智能照明控制系统控制。现场设置各类传感器、开关、执行器。

（9）建筑节能率

由于采用了上述一系列的节能措施，由DEST模拟软件（图4）对全年空调照明能耗

计算可知，项目的单位面积能耗为 117.84kW·h/(m²·a)，相对参照建筑节能 25.76%（图 5、图 6）。

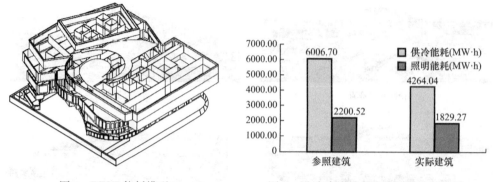

图 4 DEST 能耗模型

图 5 设计建筑与参照建筑能耗对比图

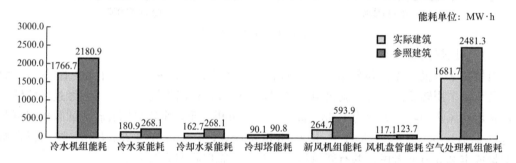

图 6 实际建筑与参照建筑分项能耗对比

2.3 节水绿色技术实践

（1）太阳能热水系统

项目热水按 5m³/d 设计，用于物业工作人员淋浴使用。淋浴间设在地下车库淋浴房。热源采用太阳能热水，在屋面设有平板集热器（图 7），集热器铺设面积为 120m²。屋面设有空气源热泵辅助加热。太阳能热水系统提供的热水占总热水的比例接近 100%。

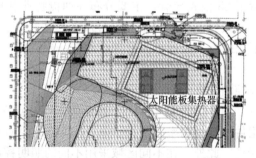

图 7 太阳能板集热器安装位置示意图

（2）雨水收集系统

项目设置 800m³ 的雨水收集池用于雨水收集回用，回收水源包含屋面雨水和空调冷凝水两部分。收集雨水用于绿化、道路浇洒、车库冲洗、55% 的冷却塔补水及景观水体补水。年可收集的雨水及空调冷凝水量为 19053.10m³，非传统水源利用率为 21.54%。

（3）节水器具及灌溉系统

项目室内的洁具全部采用节水器具，洗手盆采用感应式水嘴，小便器采用感应式冲洗阀，坐便器采用 3/4.5L·次两级冲水，淋浴器采用流量不大于 9L/s 的淋浴喷头。项目采用喷灌节水灌溉方式，喷灌水源为雨水，自动喷灌为分区喷灌控制，由电磁阀门控制，每次喷灌间隔开启，每次开启阀门不超过 1 个。

3 结论

本文介绍了深圳当代艺术馆与城市规划展览馆的绿色技术应用，其中项目所采用的铝合金遮阳穿孔板立面幕墙设计，光导管改善地下采光设计为其他项目的绿色技术实践提供了参考。通过节能技术的应用，雨水收集回用措施的实施，有效降低了建筑的电耗、水耗，是一次成功的绿色技术实践项目。

参考文献

[1] 赵华，刘畅，刘加根，阙平. 被动优先，主动优化技术在夏热冬暖地区绿色办公楼中的应用 [J]. 生态城市与绿色建筑，2011（01）.

[2] 林波荣，田军. 被动优先-华侨城体育文化中心绿色技术集成及运行效果后评估 [J]. 生态城市与绿色建筑，2011（01）.

[3] 张颖，杨建荣，王瑞璞. 上海市建筑科学研究院莘庄综合楼绿色建筑运行效果研究 [J]. 暖通空调，2014，11（44）：1-7.

第五节　BIM 技术

BIM 技术在绿色建筑设计中的实践

王秋艳 王 阔

摘 要: 资源的日渐稀缺导致社会发展的可持续性受到极大的制约,因而也就催生了节约资源以及提高其利用率的国际共识。城市发展导致建筑物的体量和规模越来越大,且其对资源的消耗也在这一过程中逐步扩大。另外,人类社会发展造成的能源开采、温室气体排放、粉尘颗粒物和垃圾的产生已经严重威胁到其生存环境。绿色建筑要求人们将节能环保的理念运用于建筑物的设计、建造和运营过程中。BIM 技术凭借强大的建模及计算能力为绿色建筑设计提供了优良的理念和便捷的工具。

关键词: BIM 技术;绿色建筑设计;实践

THE PRACTICE OF BIM TECHNOLOGY IN GREEN BUILDING DESIGN

Wang Qiu Yan Wang Kuo

Abstract: Green building requires people to apply the concept of energy conservation and environmental protection to the design, construction and operation of buildings. BIM Technology provides excellent ideas and convenient tools for green building design with its powerful modeling and computing capabilities.

Key words: BIM Technology; Green Building Design; Practice

1 引言

BIM 技术可以利用专业的仿真模拟软件对建筑设计中的各个环节进行三维模拟,从而提高建筑设计的视觉化表达以及不同专业的协作性。该技术可以对绿色建筑设计中的节能、节水、节材进行建模和计算,从而起到优化设计方案的作用。

2 BIM 技术

BIM 技术是将传统的二维建筑设计方法上升到三维层面,并且将建筑物的信息进行模型化表达的建筑设计理念。图1为建筑信息模型组成部分。该技术利用一系列专业的虚拟仿真软件对建筑进行 3D 建模,从而在设计阶段就让人们能够非常直观地观察到建筑物的三维结构,很多二维设计方法下难以发现的设计缺陷在这种设计方法中能够很好地被规避;与此同时,该技术还可以针对建筑物的通风、日照、能耗以及材料使用等情况进行建模和计算，从而为节约能源、优化设计方案、提高材料及水资源的利用率提供依据。

图 1　建筑信息模型组成

3　绿色建筑

有限的能源与人们无限的发展需求已经成为制约人类社会发展的主要矛盾之一，且从目前的发展趋势来看，这一问题在未来会变得越来越突出。为了保证发展的可持续性，人们在大力发展清洁能源及可再生能源的同时，还在研究如何提高不可再生资源的利用率与减少浪费。此外，人类的大规模发展活动导致化石燃料的开采、温室气体的排放、各种矿物资源的迅速消耗，并且人们的生存环境也在这一过程中逐步恶化。规模庞大的建筑物作为一种对资源和能源消耗巨大的产业，在节能、环保方面拥有很大的发展空间。将节能、节材以及环保等理念运用于建筑物的设计和施工中就是绿色建筑最直接的应用方式。BIM 技术的强大仿真能力使得建筑设计人员可以在建筑物的设计阶段对其在节能、环保方面的功能进行模拟和验证（图 2），并根据结果优化设计方案。

图 2　BIM 和绿色建筑关系

4　实践应用

4.1　工具介绍

（1）Autodesk Ecotect Analysis 软件

凭借优良的建模仿真能力以及良好的操作性能，在建筑物的日照、能源消耗、水资源利用以及声光热环境分析等方面达到良好的模拟效果，且该软件在欧美国家已经得到了广泛的使用。在建筑物的设计阶段使用这种模拟分析工具,可以为设计人员在验证和优化设计方案时提供较大的便利性。

（2）Green Building Studio

该软件凭借强大的计算引擎和云计算技术,在建筑物的水资源利用、碳排放等整体能耗分析方面发挥着强大的模拟作用;并且还可以进行庞大的数据处理,从而极大地降低了设计成本。

4.2 应用分析

（1）分析室外环境

绿色建筑设计中,可以通过对室外环境的日照和通风进行合理规划来提高建筑物对清洁能源的利用率,从而降低对其他能源的消耗。图3为某住宅小区室外风环境模拟分析。对建筑物的日照能力进行科学的设计,可以使其将太阳能作为一种重要的能源供应方式。在日照充足的情况下,建筑物可以利用太阳能集热板来收集并储存能量,进而可将其用于室内照明、取暖或者降温。我国庞大的建筑数量也导致日常用电规模非常庞大,进而在增加了能源供应压力的同时,也使得环境承受了更多的污染排放。BIM 技术可以通过相应的软件对建筑的日照和通风分别进行三维模拟,从而使得设计人员可以结合实际情况更好地确定建筑物的构型和朝向等因素,在确保建筑功能的前提下尽可能增加其利用清洁能源的机会。例如,可以将建筑物的朝向作为一个变量来模拟哪一种方向可以获得最长的日照时间,从而为太阳能的利用提供重要的参考依据。通风情况的模拟主要是为了让设计人员更好地利用风力资源来改善建筑物的空气质量或者降低室内温度,从而减少对用电设备的使用。

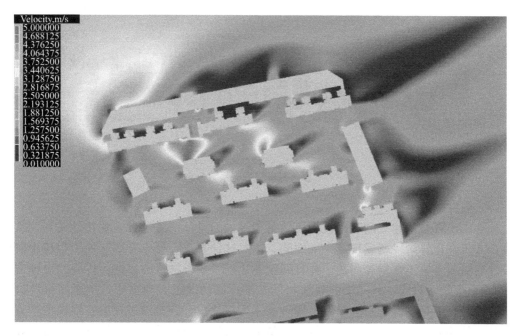

图 3　某住宅小区室外风环境模拟分析

（2）环保分析

现代绿色建筑中,可以通过在建筑物上设置绿色植物来增加对雨水的吸收作用,从而减少地表或道路上的积水。在干燥、炎热的夏季，绿色植物可以将水分蒸发出来，从而起到一定的降温作用；并且，通过绿色植物的设置，还能对建筑物内的空气起到一定的净化作用。建筑设计人员可以通过在软件中设置气候及环境参数来建造相应的绿色建筑模型，从而对建筑物的环保能力进行模拟。BIM 技术的运用可以让人们在建筑物的设计阶段掌握更多的信息，从而提前预防一些可能出现的不良情况并对环保设计方案进行模拟验证。

（3）室内采光分析

BIM 技术的运用可以让建筑设计人员通过对建筑物进行三维建模，并且通过软件设置光线的路径、角度、照射点以及照射时间等来了解建筑物的室内采光情况，从而便于设计人员根据模拟情况来调整建筑物的构型。在城市地区的商品房买卖中，有时候会出现建造完成的建筑物因为采光情况不佳而引起纠纷的问题。如果在设计之初运用 BIM 技术对其采光情况进行模拟，就可以有效避免此类问题的发生。该技术的运用可以让设计人员对不同的设计方案进行模拟和比较，从而确定出最佳的方案且模拟过程中大多使用软件来计算相关的数据。通过这种量化的方式提高了模拟的准确性，图 4 为某住宅标准层采光系数分布图。

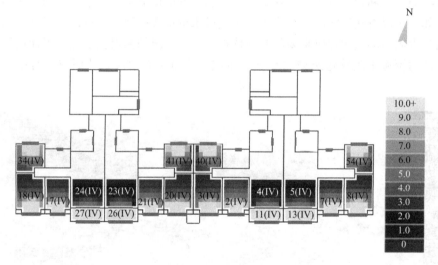

图 4　某住宅标准层采光系数分布图

（4）节材分析

首先，BIM 技术建立的三维模型可以对建筑物的设计信息进行视觉化的表达，从而让设计人员在设计阶段就发现其中的缺陷。通过这种方式，可以有效避免工程建设阶段的设计变更或者返工修复等问题，并且间接地达到了节省材料的目的。传统的设计方法使用 CAD 等绘图软件，将三维的建筑物用二维层面的线条表现出来，从而使得设计过程不够直观且不易发现其中的问题。BIM 技术可以让设计人员通过观察三维模型，就能发现其中的冲突。其次，BIM 强大计算模拟能力可以让设计人员通过模型快速地计算出建筑物需要使用的材料总量以及各种材料所占的比重，从而为绿色建筑设计提供相对可靠的数据参考。当建筑物规模较大且设计方案比较复杂时，这种模拟可以为设计人员提供较大的参考价值。

（5）运营分析

BIM 技术运用软件对建筑物进行三维建模的特性，决定了其使用过程对数据的严重依赖。模型的建立都是通过设置建筑物的各种参数并对其进行数字化、视觉化的显示来实现的。不同专业的设计人员可以将各自的设计结果实时地整合进同一个模型中，从而使得整个设计过程具备优良的协调性。这种模型在建筑物的运营过程中，可以为人们提供很多重要的信息，从而为运营活动的顺利开展提供了可靠的数据支撑。例如，当人们在清洗大型公共基础设施的空调系统时，就可以利用该模型来了解建筑物空调系统的分布情况、管线的长度等信息，从而有助于人们更好地安排相关工作。

（6）节水分析

绿色建筑设计中应重视对雨水的收集和利用，从而缓解日益紧张的水资源。运用 BIM 技术，可以让设计人员通过三维建模和数据模拟来归纳出当地的雨水强度计算公式，并据此来计算建筑物对雨水的收集能力。通过模拟可以对不同的设计方案进行对比，从而确定出各种方案在雨水收集方面的优缺点。通过改进设计方案，就可以实现最佳的雨水收集设计。

5 BIM 技术在工程成本控制中的优势

BIM 技术在处理实际工程成本核算中有着巨大的优势。建立 BIM 的 5D 施工资源信息模型（3D 实体、时间、工序）关系数据库，让实际成本数据及时进入 5D 关系数据库，成本汇总、统计、拆分对应瞬间可得。建立实际成本 BIM 模型，周期性（月、季）按时调整维护好该模型，统计分析工作就很轻松。软件强大的统计分析能力可轻松满足我们各种成本分析的需求。

（1）快速

由于建立基于 BIM 的 5D 实际成本数据库，汇总分析能力大大加强，速度快，短周期成本分析不再困难，工作量小，效率高。

（2）准确

成本数据动态维护，准确性大为提高。通过总量统计的方法消除累积误差，成本数据随进度进展准确度越来越高。另外，通过实际成本 BIM 模型，很容易检查出哪些项目还没有实际成本数据，监督各成本实时盘点，提供实际数据。

（3）分析能力强

可以多维度（时间、空间、WBS）汇总分析更多种类、更多统计分析条件的成本报表。

（4）提升企业成本控制能力

将实际成本 BIM 模型通过互联网集中在企业总部服务器。企业总部成本部门、财务部门就可共享每个工程项目的实际成本数据，实现了总部与项目部的信息对称，总部成本管控能力大为加强。

总之，"BIM 成本控制解决方案"的核心内容是利用 BIM 软件技术、造价软件、项目管理软件、FM 软件，创造出一种适合于中国现状的成本管理解决方案。

6 结束语

在建筑设计中采用节能环保的绿色设计理念来提高其可持续发展潜力早已成为国际共识。BIM 技术可以通过三维建模对建筑设计中的节能、节水、节材方案进行模拟和计算，进而帮助设计人员优化其设计方案。

参考文献

［1］ 王瑶. BIM 技术在绿色建筑设计中的应用［J］. 住宅与房地产，2016 (18).
［2］ 江秉文. 试论 BIM 技术在绿色建筑设计中的实践［J］. 建材与装饰，2018 (11)：82-83.
［3］ 王盛. 基于 BIM 技术在绿色建筑设计中的应用［J］. 建材与装饰，2019 (19).
［4］ 戴文杰，马宇轩，汤保新. BIM 技术在绿色建筑设计中的应用研究［J］. 包装世界，2019 (1).

基于 BIM 技术的住宅地下综合管网设计应用

张春焕　　张国梁

摘　要：BIM 技术应用于住宅地下综合管线设计势在必行。本文从当前住宅在地下综合管网建设中存在的问题出发，结合 BIM 技术特点与应用模式剖析，提出了基于 BIM 技术的地下综合管网设计应用体系化流程。以南昌中海锦城项目为例，通过流程化的信息共享和集成处理，建立了地下综合管网的 BIM 设计应用平台，解决了设计过程中各专业的信息不对称，提高了管网的设计效率和质量，并证明了流程应用的可行性。本文希望为未来 BIM 技术在地下综合管网中的应用研究提供参考，为行业及国家进一步推广 BIM 应用提供支持。

关键词：BIM；地下综合管网；设计

DESIGN AND APPLICATION OF RESIDENTIAL UNDERGROUND PIPE NETWORK BASED ON BIM TECHNOLOGY

Zhang Chun Huan　　Zhang Guo Liang

Abstract：It is imperative to apply BIM technology to the design of residential underground integrated pipeline. Based on the problems existing in the construction of underground integrated pipe network and Application Mode of BIM，this paper puts forward the application systematization process of underground integrated pipe network design based on BIM technology. Taking Nanchang ZhonghaiJincheng Project as an example，the BIM design application platform of underground integrated pipe network is established through phased information sharing and integrated processing，which solves the information asymmetry of each specialty in the design process，improves the design efficiency and quality of the pipe network，and proves the feasibility of the process application. This paper hopes to provide a reference for the future research on the application of BIM technology in underground integrated pipe network，and provide strong support for the industry and the country to further promote the application of BIM.

Key words：BIM；Underground integrated pipe network；Design

1　引言

伴随着我国住宅产业的快速发展以及人们对居住条件的逐渐提升，我国住宅建设已由大规模开发时代步入住宅的精细化设计时代。而对于日益复杂的地下综合管线，由于设计立体性突出、地下交叉多等特点，设计的集约化成了住宅建设的必然趋势。BIM 近年在国家政策的引导下，逐渐被各设计行业进行应用实践，但在取得一定成绩的背后仍存在着应用项目少、操作流程不规范等问题，通过调研发现 BIM 推广的阻碍来源于以下几个原因：

1）习惯传统设计方式，不愿改变；
2）BIM 初期工作量大，难度大；
3）对 BIM 有误解，认为太高端，难掌握。

归根结底是由于系统性方法的缺失制约了 BIM 技术在住宅地下综合管网发展建设中应用的进程，见图 1。基于此，本文展开 BIM 技术在住宅地下综合管网中的设计应用研究。

图 1　BIM 技术推广阻碍的原因

2　研究背景

住宅地下综合管网是将建于住宅区地下的各类管线进行综合性设计的有效途径。由于地下空间有限，各专业的管道需要在平面位置与竖向高度上协调至最合理位置，从而避免管道之间或管道与建筑之间相互冲突和空间的浪费。然而，面对其逐渐提升的复杂性及其隐蔽性，设计、施工及维护管理中的操作性也日益困难。另一方面，随着人们居住条件的提升，对绿色、美观等需求的日益提高，杂乱的地下综合管网必然无法满足社会需求。传统的地下综合管线设计采用二维平面设计的方式来解决立体性突出的管线布置问题，对设计人员的三维想象能力有着巨大的挑战；并且，仅靠二维图纸难以支撑施工建造，难免存在管道间空间浪费、管线杂乱、管道碰撞等问题需要反复修改，影响项目的成本与进度。因此在设计阶段，对已有的地下综合管网设计方案进行论证优化必不可少，见图 2。

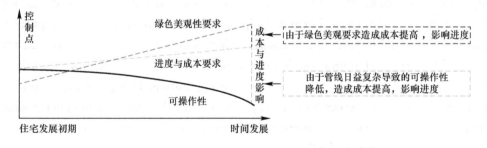

图 2　地下综合管网对项目成本和进度影响示意图

BIM，即建筑信息模型，是一个透明化的工作环境，可持续并反复进行核对更新，促使做到信息共享，从而有效地提高效率与减少风险。因此，BIM 被应用于设计行业中，为提高设计质量、提高效率、缩短工期提供了有效途径。尤其在综合管网领域，利用 BIM 技术可以对综合管网进行碰撞分析、管网优化、指导施工，极大地提升了整体效率。国家相关部门已陆续颁布多项政策文件来支持推广 BIM 的应用。2013 年，住房和城乡建设部制订《关于推进建筑信息模型应用的指导意见》，以推进 BIM 技术的应用。2016 年，住房和城乡建设部在《2016—2020 年建筑业信息化发展纲要》中提出大力推进 BIM 技术在综合管网中的应用。2017 年，在《建筑业十项新技术 2017》中再次强调基于 BIM 的管线综合技术。由此可见，BIM 技术被广泛应用于地下综合管网势在必行。

3　基于 BIM 技术的地下综合管网设计应用流程

3.1　应用目标

　　BIM 借助计算机对建筑或设施的物理于功能特性进行数字化表达，囊括了其所有信息，包括可视化、协调性、模拟性、优化性和可出图性五大特征。因此，将 BIM 技术应用于地下综合管网，可以使管线间的协调更精确、更快速、更直观，从而产生经济效益和社会效益。

　　本研究对 BIM 技术在地下综合管网中的应用目标主要包括以下几个方向。

　　（1）通过 BIM 的模拟性直观、清晰地发现不同专业之间的冲突碰撞问题，辅助审图，并利用其协调性与优化性进行不同专业间的优化协调，减少设计变更的产生以及施工过程中不必要的返工，解决项目进度需求与产生变更返工时的痛点和由于成本控制需求与预算的不精确造成资金浪费的痛点。

　　（2）通过利用其可出图性和可视化特征指导施工，升级施工模式，完成各工种间的可视化协同工作，完成可视化技术交底与建造，达到成本的精确算量和进度的精确控制。

　　（3）BIM 是一个巨大的信息数据库，能够实现住宅地下管线的便捷存储，满足未来管线的扩大和动态更新。

3.2　应用模式

　　本研究对 BIM 的应用模式主要是以图形为主的应用模式，即在设计阶段，以二维图纸 CAD 设计为主；然后，根据 CAD 图纸重建 BIM 模型，根据 BIM 模型进行图纸检查，以此消除信息孤岛，解放"对图"环节。因此，在设计初期阶段，需要组建完成 BIM 协作平台，平台小组一般包括建设单位、设计单位、BIM 公司等，各工作小组需通过以项目设计资料、BIM 模型以及碰撞问题、优化建议等为中心的工作平台协作推进，各工作小组的工作关系如图 3 所示。

图 3　BIM 技术工作模式

初步方案由设计院出具后，若 BIM 检测后出现较多碰撞，必须将整体方案进行统一调整至无碰撞；若出现少量碰撞，对碰撞出节点进行局部调整；若检测后无碰撞，即可将方案成果进行导出提交，最终优化方案提交至设计院进行审核，如图 4 所示。

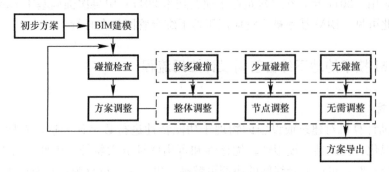

图 4   BIM 技术应用模式

3.3   应用流程

在 BIM 技术应用模式的基础上，本研究结合实际项目的操作逻辑，通过梳理整合，形成了基于 BIM 技术的住宅地下综合管网设计应用体系化流程，如图 5 所示。流程主要分为以下部分：

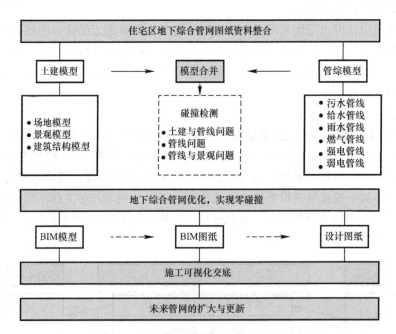

图 5   地下综合管网 BIM 技术应用流程

（1）根据设计院的设计图纸进行基础 BIM 模型搭建，模型搭建分为两个模块——土建模型与管综模型，其中土建模型分为场地模型、景观模型和建筑结构模型；管综模型包括该小区所有的地下管线。因排水管线不允许无坡和倒坡，在完成管综模型搭建后，需结合土建模型逐一核对检查井标高。

（2）将所得到的土建模型与管综模型以链接或导入的方式，拼接于一个模型内。根据场地模型，将各专业的模型置于相应标高。

（3）搭建完基础模型后进行碰撞检测，对两个或两个以上实体进行碰撞检查，检查对象之间有无交叉或接触点。碰撞检测问题可分为三类：土建与管线问题，管线问题，管线与景观问题。

（4）后续需对碰撞检测的问题进行相应的优化，优化需依据相应的优化原则，兼顾各专业埋深以及间距要求，彻底解决所有的碰撞问题。优化调整后的模型可实时在各专业间设计信息共享，免掉传统作业方式是互相提资和校核，减少纰漏。当前，优化功能需借助设计师力量，优化完成后需提交设计院进行方案复核验收，形成管线零碰撞的 BIM 模型、BIM 图纸和 BIM 设计图纸成果。

（5）利用得到的成果对施工单位的可视化技术交底，解决传统施工作业中二维图纸偏差、各专业沟通低效、安装配合难等问题。

（6）BIM 模型的信息存储功能将有效支持未来管道的检修以及管网的扩大与更新，辅助运维管理。

4 基于 BIM 技术的地下综合管网设计应用实例

4.1 工程概况

以南昌中海锦城地下综合管网为例，如图 5 所示。该项目建筑面积大、楼层多，其地下综合管网涵盖了给水管线、污水管线、雨水管线、强电管线、弱电管线、燃气管线等，管网错综复杂。因此，本工程项目采用 BIM 技术进行了地下综合管网优化，结合项目特点，综合部署了 Revit 进行模型搭建、合并以及碰撞检测（图 6～图 9），AutoCAD 用于导出施工图纸，Fuzor 用于展示游览、导出视频，见表 1。

BIM 软件应用		表 1
软件名称	软件用途	
Revit	用于土建模型与管综模型的搭建，碰撞检查	
AutoCAD	用于模型优化调整后导出施工指导图纸	
Fuzor	用于展示游览，制作视频	

图 6　南昌中海锦城鸟瞰图

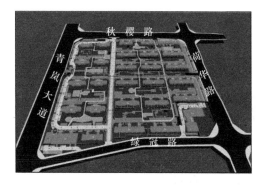

图 7　场地景观模型

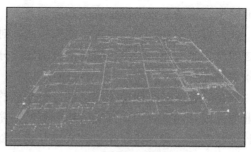

图 8　综合管网模型　　　　　　　　　　图 9　建筑结构模型

4.2　BIM 技术分析

　　将土建模型与综合管网模型在 Revit 搭建完成并合并叠加后，进行碰撞检测。碰撞问题共分为三类：土建与管线冲突问题，管线问题，管线与景观冲突问题。以下将对每种问题类别分别以典型性例子进行说明。

　　（1）土建与管线冲突问题

　　如表 2 所示，由于局部区域的地库顶板抬高，多专业管线与之发生碰撞问题，出现这种问题的原因可能是在设计初期，机电与结构专业之间缺乏沟通，相互间的提资不准确。管线优化方案为管线改变路由，向抬高顶板北侧避让。

土建与管线冲突问题示例　　　　　　　　　　　　　　　　　表 2

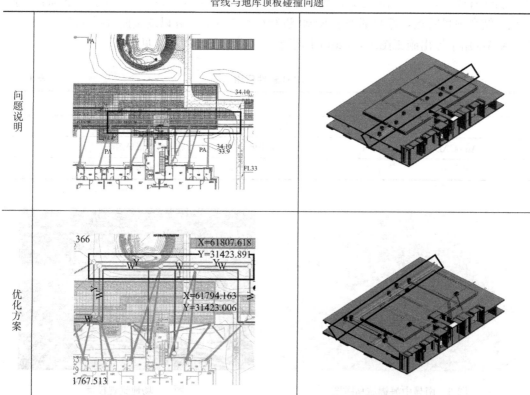

管线与地库顶板碰撞问题

292

（2）管线问题

管线问题可分为管线布置不合理和管线间冲突碰撞两类。若出现管线间碰撞，需按有压管让无压管、浅管让深管、单管让双管、柔性让刚性四大原则进行避让，管线不合理则需重新调整。如表3所示，问题为管线布置不合理。由于此处地形左高右低，单体污水左面汇合，造成下游井都要加大埋深，增加施工难度。发生此类问题的原因往往由于在二维图纸设计中高低落差处不明显，因此忽略了埋深要求。管线优化方案为管线系统调整，该单体的废水系统直接于东面汇合，避开落差处。

管线问题示例 表3

管线标高与地形问题	
问题说明	
优化方案	

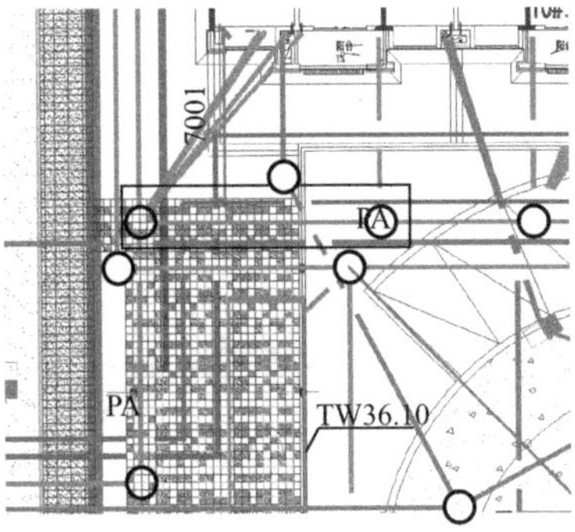

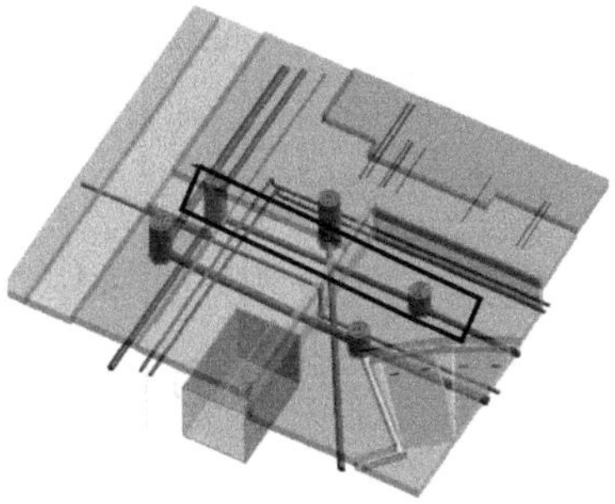

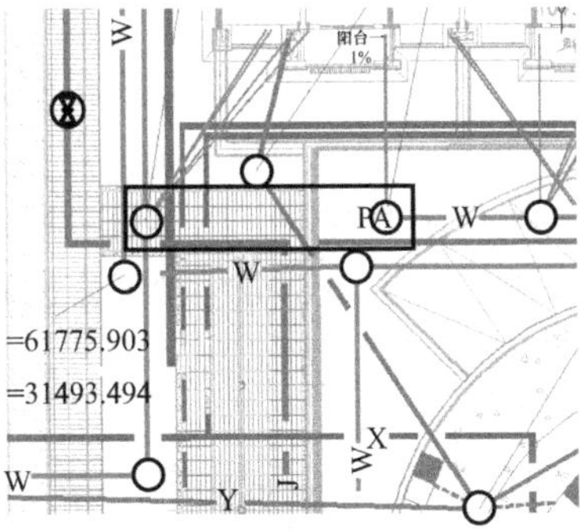

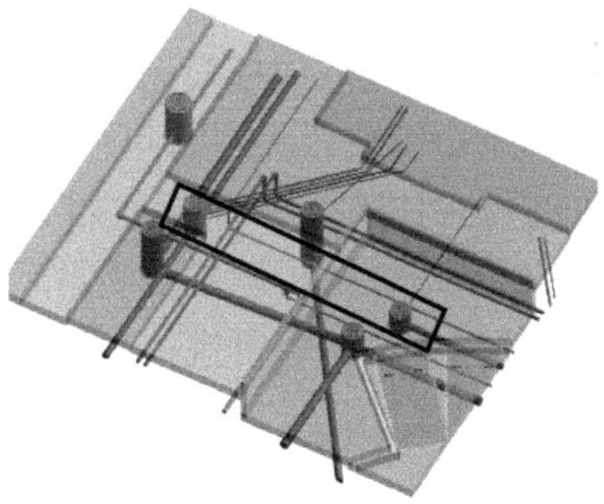

（3）管线与景观冲突问题

造成管线与景观之间冲突的原因同样在于两专业未进行充分、有效的沟通，这也是当前地下管网设计过程中存在最大问题，这类问题往往是造成设计变更大量增加的罪魁祸首。如表4所示，化粪池位于景观树池下方且埋深较浅，两者出现碰撞冲突。最终优化方案为化粪池拆分为2个，避开景观树池范围。

管线标高与地形问题

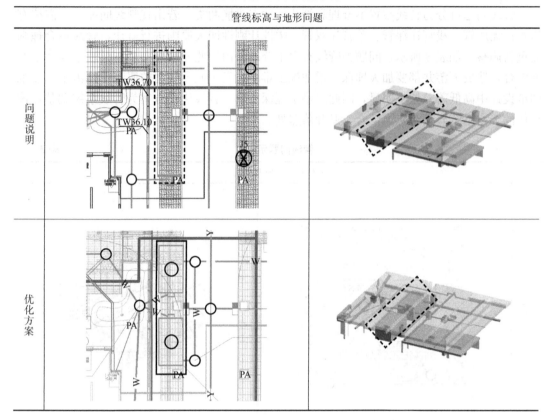

中海锦城地下管综设计通过 BIM 技术的应用，共计发现了管网问题 260 项。其中，图纸二级问题 154 项，图纸三级问题 106 处，有效降低了管线碰撞概率，降低设计变更的数量；同时，使管线整体较为有序，实现了地下综合管网的合理布局。

对地下管综完成碰撞检测以及优化后，即可利用 AutoCAD 进行管网出图，进行施工指导以及利用 BIM 模型进行可视化交底，如图 10 所示。部分工程复杂节点与复杂区域还需提供 3D 动画模拟。本案例应用 Fuzor 软件进行人员游览视频，以实景漫游的方式模拟真实场景，一方面可检测是否满足后期检修尺寸，另一方面该部分模拟工作也同样是 BIM 可视化重要的一部分，可进一步探查施工中不会注意的细节问题。

图 10　BIM 可视化技术交底

4.3　BIM 应用效果

BIM 技术使住宅地下综合管网设计的效率有大幅度提升，设计准确且问题检查及时，具备传统地下管综设计模式不可比拟的优势。总体而言，可概括为以下几方面：

1）传统二维图纸下无法发现深层次专业间的冲突和矛盾，BIM设计应用提高了设计表达和建筑成果预先确认的准确性和及时性。其次，传统设计模式下多轮图纸审核和修改使设计人员疲劳，导致修改不到位、节点表达不正确等，BIM设计应用促进了项目管理尤其是设计和施工管理的可行性及合理性，解决信息共享的问题。

2）二维图纸设计中施工图出现错误后，变更量大且需要改图的时间，增加了工期或返工，造成成本增加。BIM可提前解决可能出现的设计图纸问题，减少了施工变更，保证工期，从而减少建设成本。

3）地下管综功能相对复杂，各专业较少考虑其他专业管线的位置和排布，难免造成净高不足、不美观、无检修空间等问题。BIM的提前介入，对地下管线进行了综合排布优化，提高了管线的有序合理性。

5　总结

BIM技术作为当前国内外建筑行业研究热点，其在未来的数字化城市建设中必然会担任不可或缺的角色。但BIM的推广并非盲目的应用面扩大，更重要的是对每一类工程应用流程的清晰简明，真正提升项目的运行效率，从而让市场得到响应，如图11所示。本文通过对BIM技术在地下综合管网设计应用逻辑的梳理，结合BIM技术特点与应用模式剖析，提出了基于BIM技术的地下综合管网设计应用体系化流程，并以南昌中海锦城小区为例证实了流程的可行性以及说明了BIM的优势，具备较高的理论价值与实践意义。研究希望能为未来BIM技术在地下综合管网中的应用研究提供参考，为行业的BIM应用提供参考，为国家进一步推广BIM提供支持。

参考文献

[1]　中华人民共和国住房和城乡建设部. 关于推进建筑信息模型应用的指导意见 [J]. 建筑监督检测与造价，2015（5）：4-7.

[2]　中华人民共和国住房和城乡建设部. 2016—2020年建筑业信息化发展纲要 [J]. 建筑安全，2017（1）.

[3]　钱进. 新版建筑业10项新技术颁布 [J]. 施工技术，2017（22）：25-25.

[4]　沈亮峰. 基于BIM技术的三维管线综合设计在地铁车站中的应用 [J]. 工业建筑，2013（06）：164＋168-171.

[5]　孙同谦，徐峥. BIM在市政管线综合中的应用 [J]. 中国给水排水，2014（12）：77-79.

[6]　谢婷，张晓玲，孙亦军，等. BIM技术在机电管线综合深化设计中的应用 [J]. 建筑技术，2016，47（8）：727-729.

[7]　荣慕宁，张二龙，高丽，翟佳琪. BIM技术在机电管线综合中的应用 [J]. 建筑技术（2期）：142-143.

[8]　叶青，孙艳晨，汪江华，等. BIM技术在室外综合管网设计施工中的应用——以蔷薇溪谷小区为例 [J]. 生态城市与绿色建筑，2017（Z1）：88-91.

[9]　万晶晶. 住宅园区地下管网BIM技术应用研究 [D]. 2015.

[10]　卢琬玫，唐小云，刘欣. 参数化技术助力建筑的精细化设计 [C]. 第十六届全国现代结构工程学

术研讨会论文集. 2016.

[11] 杨佳. 运用 BIM 软件完成绿色建筑设计 [J]. 工程质量，2013（02）：61-64.

[12] 于贵书. BIM 技术在管网综合设计中的探究与应用 [D]. 大连：大连理工大学，2016.

[13] 黄浩. BIM 技术应用于管线综合的方法探索 [J]. 上海城市规划，2017（4）.

[14] 王健. 大型地下室机电管线综合的 BIM 技术应用 [J]. 施工技术，2016（45）；No. 457（06）：37-41.

健康建筑与智慧工地技术研究

蒋勇波　张瑞华　张锰洋

摘　要： 健康建筑是在满足住宅建设基本要素与绿色建筑要求的基础上，对健康要素的又一次提炼，进一步提高了住宅品质与生活质量。但健康建筑的评价更多是一个"质"的评估，建筑在全生命周期的各个阶段均能产生健康威胁或健康隐患，因此，健康性能的实现依赖生命周期内各个环节严格精准的技术与材料保障。"智慧工地"是一个综合的技术体系，智慧工地的普及，尤其是 RFID 和 BIM 技术的广泛应用，将在建筑的材料选择、加工、运输、施工、运营和拆除的各个阶段全面实现建筑的健康诉求。

关键词： 健康建筑；智慧工地；RFID；BIM

1　健康建筑的发展现状

1.1　健康建筑技术研究背景

随着人们物质生活水平不断提高，生活方式更加文明，人民群众关注健康的意识日益强烈，急切要求完善和提高居住环境，为现代居住生活带来新的变化[1]。健康建筑是绿色建筑之后更符合人民群众共同追求的建筑标准，是营造健康的生活环境、推行健康的生活方式、实现健康中国的必然要求。

（1）健康建筑发展需求

健康建筑是人们身心健康的前提。建筑是人们日常生产、生活、学习等离不开的主要场所，人类 80% 以上的时间都是在建筑室内度过的，建筑环境的优劣直接影响人们的身心健康。据国家卫生和计划生育委员会发布的一份中国人当下身体状况的调查，造成不健康或疾病的诸多因素中，建筑环境成为重要的影响因素。建筑周边环境不良、功能设计不当、室内装修污染等，都会引发健康损害和各类疾病，因此减少和消除建筑环境中的健康影响因素或潜在风险迫在眉睫。发展健康建筑与人们的健康生活息息相关。

健康建筑是绿色建筑深层次发展的要求。技术的最终导向是使用者，绿色建筑"低碳、低能耗与低排放"的建筑标准更多地立足于对资源与环境的考虑，而使用者健康的生活方式、生活环境等一系列目标则更多地指向非宏观领域的探索。因而，绿色建筑的"健康感知度"是不足的，节能率、节水率与节材率等绿色建筑指标均不能如实反映建筑的健康性能。

健康建筑是实现"健康中国"的战略要求。党的十八届五中全会明确指出，"推进健康中国建设，是全面建成小康社会、基本实现社会主义现代化的重要基础，是全面提升中华民族健康素质、实现人民健康和经济社会协调发展的国家战略"。

（2）健康建筑技术体系

早在 1981 年，"华沙宣言"就号召建筑学进入环境健康的时代。如今各国都提出了节能环保型和绿色生态型的住宅，然而这些住宅设计理论大多不具有操作性和普遍适用性。

我国于 2017 年 1 月 6 日发布了《健康建筑评价标准》T/ASC 02—2016，该标准既考虑了建筑的绿色性能，也兼顾到了人的社会属性和精神属性，较为全面地将建筑与健康进行了融合，具有较强的指导意义。《健康建筑评价标准》对健康建筑的定义为：在满足建筑功能的基础上，为人们提供更加健康的环境、设施和服务，促进人们身心健康、实现健康性能提升的建筑；并针对和人体健康密切相关的"空气、水、声光热、健身、人文、健康服务"共六个子项的健康要求进行了量化规定，同时针对每个子项给出了相应的技术建议，形成了较为完整的健康建筑技术体系。

1.2　健康建筑的实现困境与思路

基于《健康建筑评价标准》，健康建筑的设计可以得到完善的技术指导与实施策略。针对空气环境，提出了空气污染源控制、空气净化与监控等措施；针对水环境，提出了水质控制、水质净化与检测等。但健康建筑的实现仍存在三方面的问题。

（1）材料的健康属性

首先，材料健康是建筑健康的基础，材料的选择、加工、现场实施和使用阶段均可能产生健康威胁，健康建筑要求选用达到特定标准的材料。但在具体操作中，实施方只能要求生产方提供某一批次材料的检测报告或者生产方的年度检测报告，报告无法如实反映全部材料的健康性能，无法反映生产方有无操作不当或工序遗漏而造成性能不足。

（2）全生命周期的健康属性

其次，健康建筑是一个全生命周期的概念，人体健康指数（HH Criteria）是以 PM2.5 作为参照气体所度量的建筑物在材料与构件生产、规划与设计、建造与运输、运行与维护直到拆除与处理（废弃、再循环和再利用等）的全循环过程产生的有害物质。不同结构在全生命周期内产生的 PM2.5 如表 1 所示，以运营阶段最多；而现有的技术手段均未考虑建筑运营阶段的健康压力。面对我国严峻的空气质量问题，运营阶段的健康保障是很必要的。

不同类型建筑全生命周期的健康影响评估　　　　　　　　　　　　　表 1

人体健康指数（HH Criteria, kg）	砖结构	木结构	保温混凝土结构	钢结构	节能建筑
拆除阶段 PM2.5 产生当量	7	2	14	3	7
运行阶段 PM2.5 产生当量	4135	4130	4140	4290	612
维护产生 PM2.5 产生当量	7	46	26	188	7
建造阶段 PM2.5 产生当量	72	26	109	37	72
产品 PM2.5 产生当量	1655	26	2993	1201	1655
埋（内）藏能 PM2.5 产生当量	1734	98	3128	1426	1734
全生命周期 PM2.5 产生当量	5686	5300	7290	5730	2350

（3）全方位的绿色健康设计系统

健康建筑的基础是绿色建筑。但绿色建筑和健康建筑有不同的设计要求，目前尚未有成体系的设计系统保障绿色健康双重属性的落实。两者的关注项仅少量重叠，绿色建筑的实现依赖其绿色土地使用策略、绿色建材策略、节能策略、节水策略、绿色室内环境策略与运营管理策略几项。而健康建筑的六大子项的划分却是由其操作性和实用性的要求决定的。从生物学角度来看，人体健康不分为健康空气、水、声光热、健身、人文与健康服务，而是分为人体直接相关的十个生物学机能系统：呼吸系统健康、消化系统健康、视觉系统健康、听觉系统健康、皮肤系统健康、肌肉骨骼系统健康、循环系统健康、神经系统健康、生殖系统健康与精神健康。既保障节能、节材、节水又保障人体身心健康，是目前尚需解决的难题。

2 智慧工地的发展

2.1 智慧工地概述

智慧工地是一个综合服务与管理体系，依赖物联网与 VR、AR、BIM 等技术，智慧工地可实现更高效的劳务管理、器械管理、材料管理、方案与工法管理及监控管理。

关于"智慧工地"，国际上也有相关研究，比较成体系的是英国的"产业化智能综合建设"（Industrialised，Integrated，Intelligent Construction 简称 I3CON）。I3CON 以"使用者倾向、能耗管理、舒适度、灵活性、全生命周期成本、建造过程"为基础，致力于可持续性的高性能建筑的实现。I3CON 也是一个较为综合的系统。

2.2 智慧工地的作用

与 I3CON 相比，智慧工地是崭新的工程全生命周期的概念，是指运用信息化手段，通过三维设计平台对工程项目进行精确设计和施工模拟，围绕施工过程管理，建立互联协同、智能生产、科学管理的施工项目信息化生态圈，并将此数据在虚拟现实环境下与物联网采集到的工程信息进行数据挖掘分析，提供过程趋势预测及专家预案，实现工程施工可视化智能管理，以提高工程管理信息化水平，从而逐步实现绿色建造和生态建造。

主要依靠人力的传统的工地管理方法往往具有较低的效率，为了能够消除传统工地中存在的安全生产核心业务未能深度融合信息化、建筑施工企业较低的信息化水平和落后的安全监管防范手段等问题，以物联网为基础的智慧工地开始受到了人们的普遍关注。

"互联"与"物联"是智慧工地的两个支撑，物物相连的基础是物体或人员的信息可被记录、被智能感知与识别。以物联网为基础的智慧工地能够通过环境传感器、智能设备传感器、视频探测器等各种传感设备采集各种资料和信息，并且向智慧工地的服务平台上传工地现场的噪声粉尘数据、塔式起重机施工升降机等作业时的动态情况、工地现场的作业视频数据等。各个监管部门通过智慧工地能够对在建工地的作业情况进行 24h 的全天候监控，从而形成移动巡检的闭环。相对于执法人员定期上门抽检而言，通过智慧工地能够将各种安全隐患及早发现，并且有效地降低安全监管部门的监工成本。除此之外，企业通过智慧工地能够更加有效地开展安全质量监管工作，对企业的责任主体予以落实，并且能够帮助企业实施自我监管，将工程施工工地的现场信息实时掌握住，有效地减少企业的管理成本。

3 智慧工地助力健康建筑的实现

健康建筑的实现困境在健康建材、全生命周期控制和全方位绿色健康设计这三方面。而基于物联网＋互联网的智慧工地将很大程度上促进健康建筑的落地，并实现建筑设计-施工-运营-拆除全生命周期的绿色健康保障。

RFID（Radio Frequency Identification）是智慧工地常用的一项技术，是"物联"的

基础之一。它是射频识别技术的简称，是一种与生活息息相关的无线电波通信技术，不需要识别系统与特定目标之间建立光学或者机械接触就能够通过无线电波识别特定目标并显示其所包含的相关信息。基于 RFID 的物联网技术可对材料与部件的健康属性进行记录。

BIM（Building Information Management）是智慧工地不可缺少的系统，是用以"互联"的综合系统。BIM 以建筑工程项目的各项相关信息数据作为基础，建立起三维的建筑模型，通过数字信息可以仿真模拟建筑物所具有的真实信息。它具有信息完备性、信息关联性、信息一致性、可视化、协调性、模拟性、优化性和可出图性八大特点。将建设单位、设计单位、施工单位、监理单位等项目参与方在同一平台上，共享同一建筑信息模型。因此，BIM 是建筑实现全生命周内全方位的绿色健康性能的关键。

RFID 与 BIM 两项智慧工地的关键技术构成了健康建筑实现的技术核心。

3.1　健康建筑与 RFID 技术

健康建筑的实现首先对建材的健康属性进行了规定，如防火涂料的 VOCs 限值应低于 350g/L，聚氨酯类防水涂料 VOCs 限值低于 100g/L，床垫甲醛释放率≤0.05mg/(m² · h)，木家具产品的 VOCs 散发量低于《室内装饰装修材料　木家具中有害物质限量》GB 18584 标准规定限值的 60%，VOC 的二次产生释放值低于 0.2mg/(m² · h) 等。

产品检测报告是良好的控制手段，但风险在于需要依靠生产方的自觉来保障全部建材的属性与送检样品的属性一致，保障全部产品的加工工序都与样品的加工记录一致。而智慧工地的物联技术能很好地解决这一难题，智慧工地采用物联网技术给物品生成独有的电子标签，诸如二维码或 RFID（射频识别码）等，可实现材料选择-加工-运输-施工的全过程记录。以下以 RFID 举例：

（1）健康材料的选择与加工

当前使用的信息卡是比较实用的一种 RFID 芯片形式，类似于"身份证"。合格的生产工艺与生产环境是实现健康属性的关键，而非单独的一张产品检测报告。健康建筑实现的第一步为：在构件加工任务单形成后将加工信息写入 RFID 芯片，并在材料加工过程中埋入，卡面包含项目信息、加工类型、时间及加工单位等信息，如图 1 所示。不需要单位在构件上用油墨涂刷相关信息，可避免由于构件日晒雨淋造成信息的缺失。

之后，在建筑构件的生产工序中，质检人员在关键工序进行检验与记录，构件隐检和成品检验的记录表将自动上传到系统中，如图 2 所示。系统同步更新构件的加工工序信息与检验合格信息，然后构件按生产任务单的要求运送到指定的成品库位进行成品检验。以混凝土构件为例，质检员需检查构件的尺寸，预埋预留的数量、位置，粗糙面的处理效果，套筒的清洁，缺陷的处理效果，标识，填写成品检验记录。而构件出厂时，由出厂检验人员在检验合格后对 RFID 芯片进行读写，加入出厂检验信息，之后方可出库。

智慧工地 RFID 芯片的使用保障了建筑部品在生产过程的"体检健康"记录，包含部品生产任务单、加工工序记录、检验记录与相应的记录人。部品均可追溯生产单位、生产时间、质量控制、库存管理等信息。此外，可将 RFID 芯片中记录的信息同步到 BIM 模型中，操作人员通过手机 APP 或其他读写设备实现预制构件在生产管理、库存管理以及供货管理等环节的数据采集和数据传输，并保证每个构件生产质量随时能被追溯，实现 3D 模型向 4D 可视化模型的转化。

生产任务单

下单人： 生产日期：2014-09-27

承包队	构件名称	楼号楼层	构件编号	规格型号	模台编号	库房库位
	女儿墙	3号楼17层	201400827687	VQ-48.14.20-1	8044	A库-1#
	PCF板	3号楼17层	201400827640	PCF-L-1	8051	A库-1#
…	…	…	…	…	…	…

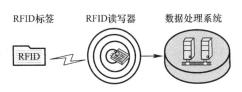

图1 RFID生产任务单查验 　　　　图2 RFID使用示意图

（2）健康部品的运输与现场施工

部品进入工地现场的入场查验既是物料管理所需要的，也是构件的健康属性从生产方转到施工方的一次交接。施工方可在数米之外通过仪器读取RFID的记录信息，快速找出健康记录不全的构件拒绝接收，并快速统计物资数量与性质。统计完毕后接受，移入工地相应的储藏区，并在系统中更新部品的储藏位置等信息，如图3所示。

进而，在现场施工阶段，RFID可帮助施工方快速定位部品方位，并且系统可自动统计部品与构件的使用情况与剩余数量。施工过程中也可以在易损坏位置、结构最不利点等处添加振动传感器或位移传感器等装置，通过在建筑寿命全周期过程中实时监控，一旦构件发生变形甚至断裂时，利用唯一识别码可迅速定位部件所在区域、楼层与位置，平台也可第一时间获取信息，及时做出修补破损措施。

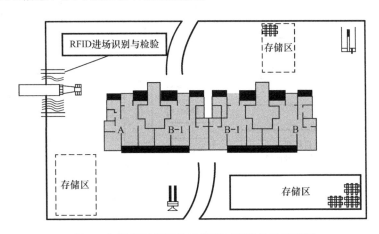

图3 合肥项目健康构件进施工现场检验示意图

健康建筑的实现，非常关键的是室内装修材料的控制。RFID可用于室内涂料、石材、木材、布料等的生产与加工全过程记录，将胶粘剂、建筑用胶的来源与使用量控制在不产生健康威胁的范围之内。而健康建筑的性能对部品与构件的储藏条件有一定的要求，储藏条件与生产工艺要求同等重要，智慧工地依赖多元且关联的传感系统、将实现智能化的信息管理。图4为某工地储藏间2016年10月份的相对湿度记录，五个传感器均显示从10月13日起，可能因存储不当或天气不良等原因，储藏环境的相对湿度过高，时间长达半月之久，这极易产生霉菌与细菌菌落，相应地在这个时间段内储存的木制与棉质建材的健康性能将受到削弱，RFID记录将自动更新此信息。

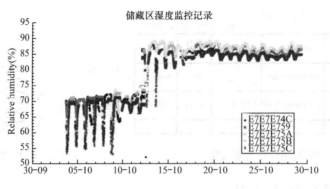

图 4 储藏区相对湿度监控记录

3.2 基于 BIM 的健康建筑技术体系

基于 BIM 的健康建筑技术体系是将建筑绿色性能和健康性能纳入到建筑设计-生产-运输-组装-施工-运营-拆除全生命周期内的各个环节与各个阶段，以最小的环境与资源代价实现对人体全方位的身心健康保障，如图 5 所示。

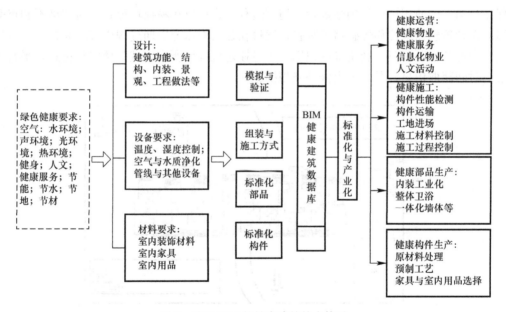

图 5 基于 BIM 的健康建筑技术体系

（1）健康建筑 BIM 设计系统

健康建筑相比于传统的建筑类型，设计者们有更多的工作内容要表达，有更多的技术问题要解决，有更多的管理问题要面对。所以，需要重新定义和规范新的设计流程和协作模式，保证品质，降低设计成本，减少重复性劳动，最终实现设计效率的提升。

通过 BIM 进行健康建筑设计，根据材料与设备等要求进行标准化部品部件的设计，再根据构件模型库搭建建筑模型，然后快速进行日照分析、采光分析、低碳分析、耗能分析、机电系统分析、给水排水系统分析、气候影响分析、节能分析、产业化分析、空气质量评估、污染物浓度评估等各方面的工作；使建筑设计各专业内和专业间配合更加紧密，信息传递更加准确、有效，绿色健康建筑的设计得以快速完成。

（2）健康建筑 BIM 施工系统

在健康建筑的施工中，智慧工地管理人员运用 BIM 在 3D 建筑模型的基础上附加时间属性，对整个施工过程进行动态管理，以达到优化施工方案、合理安排施工计划的目的。当建筑构件到达施工现场后，现场人员对各建筑构件进行数字编码，并通过无线技术将现场构件的存储和安装信息实时传递到 BIM 数据中心，以便管理人员将计划进度与对施工现场发生的实际进度情况进行对比分析，优化现场的资源配置。

图 6　传统施工图片　　　　　　　　　　图 7　BIM 施工模拟

通过 BIM 虚拟施工，如图 6 和图 7 所示，施工单位可以达到以下目标：创建、分析和优化施工进度；针对具体项目分析将要使用的施工方法的可行性；通过模拟可视化的施工过程，提早发现施工问题，消除施工隐患；形象化的交流工具，使项目参与者能更好地理解项目范围，提供形象的工作操作说明或技术交底；可以更加有效地管理设计变更；全新的试错、纠错概念和方法。以此，智慧工地最大限度地消除了施工过程可能产生的对施工方和使用者的安全与健康隐患。

（3）健康建筑 BIM 运营系统

智慧工地在建筑竣工以后通过传承设计阶段与施工阶段所生成的 BIM 竣工模型，可以利用 BIM 模型优越的可视化 3D 空间展现能力，将各种零碎、分散、割裂的信息数据及建筑运维阶段所需的各种机电设备参数进行一体化整合，并引入建筑的日常设备运维管理功能，产生基于 BIM 进行健康运维管理的方法。

BIM 健康建筑运营系统通过与物联网、云计算等相关技术的结合，将传感器与控制器连接起来，对建筑物能耗、空气质量、环境温度、湿度等进行诊断和分析。当形成数据统计报告后，可自动管控室内空调系统、空气净化系统、照明系统、消防系统等所有用能系统，它所提供的空气实时监控、净化发布；实时能耗查询、能耗结构分析和远程控制服务，使业主对建筑物达到最健康、最智能化的管理，摆脱传统运营管理下由建筑能耗大引起的成本增加，并为健康建筑管理提供了更便利的手段。

4　结论

我国严格意义上的健康建筑概念从 2017 年年初诞生，真正的健康建筑尚未建成，文章从健康建筑的落地与大规模推广可能面临的问题着手，重点从 RFID 与 BIM 两方面探讨借助前沿的智慧工地技术来促进健康建筑蓬勃发展的方式与技术可行性。健康建筑的推广任重而道远，而借助 RFID 和 BIM 技术的健康建筑技术体系在合肥万锦花园项目中也得到了实践检验，并获得国家首批"健康建筑设计标识"。

参考文献

［1］ 王劼. 健康住宅的发展与技术应用初探——法国住宅建设的启示［D］. 武汉：华中科技大学，2003. DOI：10.

［2］ A. Stadel，J. Eboli，A. Ryberg，J. Mitchell，& S. Spatari. "Intelligent Sustainable Design：Integration of Carbon Accounting and Building Information Modeling". ［J］Source：Prof Iss Eng Ed Pr. 2011；137（2），pp. 51-54.

［3］ A. M. Moncaster，& J. Y. A. Song. "comparative review of existing data and methodologies for calculating embodied energy and carbon of buildings". ［J］
Source：Sustainable Build. Technol. Urban Dev. 2012；3（1），pp. 26-36.

［4］ Athena Impact Estimator for Buildings. ［V］4. 2 Software and Database Overview. Canada：Athena，2013.

［5］ 朱伯忠. 基于物联网技术的智慧工地构建［D］. 四川水泥，2016（03）.

第三篇
特别行政区绿色建筑
评价体系与应用

香港地区建造业环保制度体系浅析

姚泽恒　李易峰

摘　要：合理的环保管理组织结构、健全的环境法律制度、有效的实施和监督体系构成了香港地区建造业先进的环保制度体系。本文以中建香港承建的搬迁沙田污水处理厂—工地开拓与连接隧道工程为出发点，分析香港建造业环保制度的发展与构成，特别是以环境影响评估制度和多方参与为特点的实施与监督体系，从而为内地建设工程环保制度的发展提供参考和建议。

关键词：环保制度；香港地区建造业；环境影响评估；实施与监督

ANALYSIS OF ENVIRONMENTAL PROTECTION SYSTEM OF HONG KONG CONSTRUCTION INDUSTRY

Yao Ze Heng　Li Yi Feng

Abstract：Reasonable management and organization structures，a comprehensive legal system，and an effective implementation and supervision system constitute the advanced environmental protection system of Hong Kong construction industry. Based on 'Relocation of Sha Tin Sewage Treatment Works to Caverns-Site Preparation and Access Tunnel Construction' contracted by China State Construction Engineering（Hong Kong）Ltd.，this article analyzes the development and composition of the environmental protection system of Hong Kong construction industry，especially the implementation and supervision system featured by environmental impact assessment and multi-participation. Valuable references and suggestions may be generated for the development of environmental protection system for construction projects in the Mainland.

Key words：Environmental Protection System；Hong Kong Construction Industry；Environmental Impact Assessment；Implementation and Supervision

1　引言

　　香港地区建造业的环保管理制度有着合理的管理组织结构、健全的环境法律制度和有效的实施及监督体系，总体上处于先进水平，有效指导和规范了建造业的环保管理工作，保护和改善了香港地区环境。本文以中国建筑工程（香港）有限公司承建的搬迁沙田污水处理厂-工地开拓与连接隧道工程为出发点，分析香港建造业环保制度的发展、构成与特点，以总结优秀经验。

2 香港地区环保制度与法律体系

香港地区的环境保护制度和法律体系不是一蹴而就的。20 世纪 70 年代，由于新兴工业的发展，香港地区的环境问题日益突出，迫使香港特别行政区政府先后成立了环境保护咨询委员会和环境保护组，负责研讨环境问题及治理方案，制定环境规划和环境管理法律法规，香港地区的环境保护工作得以逐步开展。经历多个阶段的过渡，香港地区于 1986 年正式设立环境保护署，专职负责制定环境保护与自然保育政策、执行环保法例、检查环境质素、提供废物运输及处置设施、评估城市规划及政策的环境影响等。除此之外，还由立法会、行政会协助决策和批准环保法规及政策，由建筑署、土木工程拓展署、渠务署、水务署等政府部门负责具体环保工作及政策法规执行，从而构成了香港地区环保制度的多重管理组织结构。

自 1980 年起，香港特别行政区政府颁布了一系列环境保护法律条例，主要包括《空气污染控制条例》《噪声管制条例》《废物处置条例》和《水污染管制条例》这四个重点环保问题的单行条例及《保护臭氧层条例》《野生动物保护条例》等其他环保条例，并根据具体环保工作和问题制定了配套规例，如《空气污染管制（石棉）规例》等等。在此基础上，构建了环境质量管制区制度、控制污染排放（空气、噪声、固废、水污染）许可证制度、环境影响评估制度等一系列相互联系、行之有效的环保管理制度。除此之外，香港地区环境法明确规定了环保署及其他主管部门的执法管理权、执法行为与程序，规定了各项条例的上诉制度并设立上诉委员会，设立了环境污染问题咨询委员会，吸收群众意见和要求建议，从而构建了一个多方参与、相对完善公平的环保制度与法律体系。

3 建造业环保制度实施及监督

合理的环保管理组织结构、健全的法律体系、严格公开的执法及上诉程序构成了香港的环境保护制度体系，而这一制度体系在建造业的实施与监督主要是在《环境影响评估条例》的基础上，依托政府、建造业、承建商、项目与公众的各方参与才得以实现的。本节以中建香港承建的搬迁沙田污水处理厂往岩洞-工地开拓及连接隧道工程为出发点，总结香港地区建造业环保制度的实施及监督情况。

3.1 建设项目环境影响评价制度

建设项目环境影响评价制度于 1998 年《环境影响评估条例》颁布后正式实施，基本目的是评估指定工程项目对环境的影响，以在规划、设计、建造和运营阶段采取适当的缓解措施，避免不良影响或将影响减少至可接受水平，现已成为规范香港地区建造业环保管理的重要指导条例。

环评制度的主要程序和文件包括：

（1）申请人提交项目简介，阐明项目各阶段可能产生的环境问题和相关缓解措施；

（2）环保署发出《环境影响评估研究概要》，作为环评研究的大纲和依据，列明课题

范围、技术要求及相关规定;

（3）申请人依据环评概要和《技术备忘录》开展环评研究，主要包括空气质量、噪声、水质、土地污染、生命安全、生态、渔业、景观和视觉、文化遗产、废物管理、健康共11个方面的影响评估，明确影响程度和减轻影响的措施，并编写《环境影响评估报告》和《环境监察及审核手册》，提交公众、环咨委和环保署查阅审核;

（4）环保署批准环评报告，发出《环境许可证》，列明项目建造和运营期间的重要建议和缓解措施，以及其他要求。

工程建造和运营期间，项目申请人必须严格按照经批准的环评报告和环境许可证的条款执行恰当的环境影响缓解措施，并按照《环境监察和审核手册》聘请独立的环保小组执行环境监察和审核工作，定期提交环境监察和审核报告供公众浏览和环保署审查，再加上环保署的项目巡查，构成了环评制度的管理闭环。

得益于清晰明确、操作性强的环评条例和《技术备忘录》、广泛的公众参与、独立专业的环评程序、严厉的违法处罚和公平的上诉制度，环评制度有效确保了香港地区建造业环保工作的落实和完善，对控制和改善城市环境起到了显著的积极作用。

3.2 政府监管

除环评制度外，环保署及其他政府部门往往采用多种监管方式落实建造业环保制度的实施与监督工作，例如:

（1）检查与执法：依据现行环保法律条例等对空气、噪声、废弃物、污水等污染源定期巡视检查，处理公众投诉，发出消灭污染通知书，对发现的违法行为进行处罚;

（2）认可承建商名册与评分制度：香港地区政府各类工程实行"政府认可承建商名册"制度，只有在施工技术、管理能力、安全环保监管等方面符合既定要求的承建商才可获准参与政府公共工程合约;另外，房屋署、建筑署等公共工程发展部门都有相应的项目表现评分制度，其中环保工作即是重要一环，最终评分结果除直接指导项目工作外，还将影响承建商后续工程的投标，因此对项目环保管理工作起到了良好的促进作用;

（3）奖励与支持：包括但不限于公德项目嘉许计划、工地安全及整洁奖励计划、建造业创新科技基金等，激励或支持项目的环保管理工作。

3.3 行业自我管理与规范指引

自1997年以来，环保署便与建造业建立伙伴关系，通过定期沟通、实施联合措施等，共同推进建造业的环保管理。

（1）建造业议会：建造业议会自成立以来，同政府展开亲密合作，提供沟通渠道，反映建造业需求，并获授权制定操守守则、促进采用新标准和良好作业方式、制定表现指标、培训人才，在环保管理制度实施和监管中发挥了重要的规范和指引作用。

（2）合约管理：香港地区工程项目多参考英国标准，其合约文本，特别是专业条款（Particular Specification）中，往往规定了各类事项的规范和指引，包括环保问题。这些条款极尽详细且周密，针对性和操作性极强，从履约角度成了项目环保管理的重要保障，是行业监管的又一体现。

3.4 企业监管

承建商企业在现有环保制度体系和建造业议会的监管下，制定公司内部的环保管理政策，对公司和项目的环保工作进行规范和监管。以中建香港为例，公司制定出台了《环保管理政策》《环保管理手册》《标准工作程序》和多个环保管理指引，全方位指导和规范公司及项目的环保管理工作。

3.5 项目环保管理实践

项目在建造业环保制度体系中扮演了实践者和被监督者的角色，主要职责是贯彻执行香港地区环保法规条例、建造业标准守则、公司环保政策和相关管理办法，设立环保专责部门或小组，编制《环境管理计划》，管理、监察和检讨项目日常环境管理工作，采取恰当环境影响缓解措施，并接受环保署等政府部门及公众的监督。以搬迁沙田污水处理厂项目为例，主要的环保管理实践有：

（1）执行《环境监察和审核手册》要求：聘请富有经验的环境小组，根据环境影响评估报告和环监计划，监测建造期可能引发的环境影响，搬迁沙田污水处理厂项目具体监测项目如表1所示；每周进行一次现场检查，包括环境状况、污染控制和缓解措施，每月、每季度向环保署提交环监报告以供审查。

搬迁沙田污水处理厂项目环监项目 表 1

序号	监测项目	监测内容	监测点	监测频率	监测标准
1	空气	TSP，风速，风向	6 监测点	6 天 3 次	1 小时 TSP$<500\mu g/m^3$
2	噪声	等效连续声压级，L10，L90	5 监测点	每周 1 次	施工期$<$75dB，教学/考试期间$<$70/65dB
3	海水	pH，盐度，DO，浊度，SS，BOD，TIN，NH_3-N，UIA，叶绿素 a，大肠杆菌等	13 监测站	每周 3 次	建设前基线水平
4	河水	pH，盐度，DO，浊度，SS，BOD，NH_3-N，NH_3-N，大肠杆菌	6 监测站	长期监测	建设前长期河水水质

（2）落实环境影响缓解措施：对《环境影响评估报告》中提出的空气、噪声、水质、生态、景观、废物等11个方面的环境影响缓解措施予以落实，包括但不限于每日裸露地表洒水8次、使用可移动隔声屏障、定期检修海水排放管道、设置除沙设施减少地表径流污染、补偿性种植本地林木（0.92hm²）、控制眩光/照明以保护本地物种、废弃建筑材料运送至指定堆填区等；

（3）落实《环境许可证》要求：落实环保署发出环境许可证时提出的一般性和特定性要求，包括设立社区联络组和联络热线、雇用景观设计师和生态学家、提交植被调查报告及保护和移植方案等；

（4）积极探索运用其他环保管理举措，提高项目环境保护和绿色施工水平：

① 回收再利用山坡开拓产生的废木料；

② 利用建筑废料修建便道、铺筑路面；

③ 主动采用坡面喷浆、绿网遮盖、雾炮等措施抑制扬尘；

④ 定期组织项目周边和社区灭蚊工作；

⑤ 采用屋顶绿化设计降低能耗并改善景观；

⑥ 项目外墙采用隔声屏障并用绿植装饰，改善周边街道景观；

⑦ 定期举行社区交流会，沟通并解决噪声、植被、空气等环境问题；

⑧ 应用泥头车信息管理系统、环境监测信息平台、CAVE 沉浸式虚拟实景模型、BIM 等新技术，提高项目环境管理水平。

3.6 公众参与和监督

广泛的公众参与和监督是香港地区环保管理制度的一大特点，也是其有效实施和不断完善的动力之一。现有环保法律制度充分保障公众的知情权和参与权，鼓励公众以多种形式参与和监督环保管理，例如《环境评估报告》需经过 30d 的公众查阅并收集意见、政府进行决策时必须参考公众及环咨委的意见等，充分保障了公众的利益，增加了公众对建设项目的可接受度。

总结下来，香港地区建造业环保制度体系的实施及监督过程如图 1 所示。

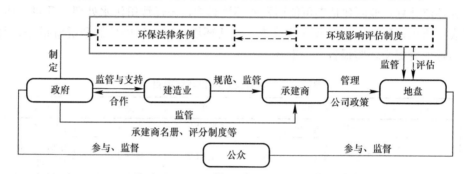

图 1　香港地区建造业环保制度实施与监督过程

4　讨论与总结

与香港地区相对高水平的建造业环保制度相比，内地建设工程项目的环保问题仍然突出，尤其是在市政工程，存在施工环境污染问题频发、环保法规政策落实不严、环保管理制度流于形式、监管不到位、施工企业和劳务队伍环保意识差、环保管理人才紧缺等问题[7]，可以说仍处于粗放式管理状态。根据香港地区建造业环保制度的优势与特点，本文总结出以下两点建议：

（1）探索完善环境保护制度体系建设，加强制度落实与监督

中国内地同样建立了较为完善的环保法律体系，但与香港地区多方参与、多制度保障下的环保制度不同，内地除环境执法外并未建立完善的环保制度实施及监督体系，导致环保管理易流于形式。因此，完善环保制度体系建设迫在眉睫，可参考的探索方向如承建企业管理制度、公共工程招标制度改革、合同模式创新改革、加强建设前报备审批制度等；同时，积极推动行业自治和完善公众参与制度，实现行业自我革新。

（2）提高全民环保意识，加强劳务队伍环保意识教育和环境管理人才培养

公众环保意识是全社会环保工作的基石，提高全民的环保意识才能反逼社会和企业环保工作的进步。相较而言，香港地区环保意识经历几十年的教育已经深入人心，公众环保意识强、参与度高；本地劳务工人也具有较高的受教育水平，同时劳工处对工人的培训和资格亦有强制性的要求。而内地劳务工人大多环保意识淡薄，成了施工环保工作的问题源头；同时，内地环境管理人才缺口大，更加剧了建设工程环保工作的困难。因此，提高全

民环保意识，加强劳务队伍管理和教育，加大环境管理人才培养力度，是解决环保问题的根本之策。

参考文献

[1] 竹显生，申立银. 香港地区建设项目环境影响评价制度分析 [J]. 环境与开发，2001 (02)：42-45.

[2] 杜景浩. 香港环境影响评估制度概览 [J]. 环境影响评价，2016，38 (02)：14-17.

[3] 周勇，姜绍杰，蔡文彬，李朝阳. 香港迪士尼工程施工总承包管理技术 [J]. 施工技术，2005 (11)：1-5.

[4] 曹庆喜，郑磊. 香港地区工程安全及环保管理特点探究 [J]. 绿色科技，2018 (14)：177-178＋181.

[5] 苏睿. 多哈新港项目施工中的环保管理要求与措施 [J]. 中国港湾建设，2016，36 (02)：68-72.

[6] 姜绍杰，蔡文彬，化荣庆. 香港迪士尼工程环境保护措施 [J]. 施工技术，2005 (11)：9-11.

[7] 苏世才. 新时期土木工程施工的环保措施研究 [J]. 绿色科技，2018 (04)：120-122.

基于 BEAM PLUS 的香港儿童医院 EPC 项目绿色建筑实践和探索

张 毅 姜海峰

摘 要：本文主要介绍在香港儿童医院项目设计及建造全过程中，EPC 总承包商如何基于 BEAM Plus 标准秉持可持续发展理念打造绿色医院，从中一窥绿色建筑设计及建造。

关键词：可持续发展；绿色建筑；BEAM Plus；EPC

GREEN BUILDING PRACTICE AND ENDEAVOR THROUGH THE EPC DEVELOPMENT OF HONG KONG CHILDREN'S HOSPITAL BASED ON BEAM PLUS STANDARD

Zhang Yi   Jiang Hai Feng

Abstract：This article aims to delve into green building design and construction through analyzing the erection of an EPC project—Hong Kong Children's Hospital，which development is based on the BEAM Plus New Building Assessment Method.

Key words：Sustainability；Green Building；BEAM Plus；EPC（Engineering Procurement Construction）

1 引言

随着时代的进步，建筑设计新概念及建筑新科技得到广泛应用，而作为体现人与自然可持续发展的绿色环保、节能减排等理念也逐渐被提升到了较高的位置，世界多个国家和地区陆续出台了指导绿色环保建筑的政策、标准和文件，并发布了应其建筑水平、环保条件、气候和地质条件等因素而制定的绿色建筑评价体系。国际社会广泛应用的绿色建筑评价体系有美国 LEED、英国 BREEAM、中国香港 BEAM Plus、日本 CASBEE、澳大利亚 NABERS、加拿大 GBTOOL、法国 HQE、新加坡 CONQUAS 以及内地的绿色建筑评价标准等。

其中，香港地区的绿建环评体系（BEAM，Building Environmental Assessment Method）最早成立于 1996 年；其以英国 BREEAM 的基础，经过多年来逐步修正；2012年推出 BEAM Plus，目前已推出新建筑、既有建筑与建筑内部设计三大评价体系版本。而 2015 年发布的 2.0 版本新建筑评分项目，包括场地考虑（Site Aspects）、用料考虑（Material Aspects）、能源应用（Energy Use）、水资源应用（Water Use）、室内环境质量

（Indoor Environmental Quality）、创新设计（Innovations and Additions）六大项。其中，每大项再详列评价指标。评价项目分值如表1所示。

BEAM Plus 评分项目及分值 表 1

评分大项	分值（%）
场地考虑（SA）	25
用料考虑（MA）	8
能源应用（EU）	35
水资源应用（WU）	12
室内环境质量（IEQ）	20
创新设计（IA）（不超过 5 分）	B
	100+B

BEAM Plus 得到了香港地区政府及开发商的认可，评核结果受香港地区绿色建筑议会认可并发出认证，目前已广泛应用于香港地区、澳门地区、深圳、广州、上海、北京等部分项目也有应用。下面我们以香港儿童医院 EPC（设计-采购-施工总承包）项目为例，简介基于 BEAM Plus 的绿色建筑实践和探索。

2 香港儿童医院 EPC 项目绿建环评阶段性管控重点

香港儿童医院总投资额达 130 亿港元，是香港地区首间儿童专科医院（图 1），为香港地区公营医疗体系内首间集中提供大部分第三层医疗服务的专科医院，主力接收病况复杂、罕见及需要跨专科治理的儿科转介个案，兼顾儿童专科临床服务、研究及培训等，是亚洲最先进的儿童专科治疗中心之一（图 2）。香港儿童医院项目建设形式为设计及建造（国际 EPC 模式的重要表现形式），建筑面积约 20 万 m²（含地下室），共提供床位 468 张。作为 EPC 总承包商的我们着眼未来，在香港儿童医院项目设计、采购、施工方面融入可持续发展理念，致力于打造绿建精品，最终获得 BEAM Plus 最高评级——铂金级认证，荣膺首间获得该认证最高评级的医院，并获得了香港地区环保建筑大奖优异奖，成为香港地区绿色医院建筑的典范（图 3）。

图 1 香港儿童医院外观

图 2　香港儿童医院 B 座大堂

图 3　环保建筑大奖优异奖及 BEAM Plus 铂金级认证

　　取得 BEAM Plus 铂金级认证是一项艰巨的任务，不仅项目评估结果应当达到总分 75 分或以上，而且为了确保能够增强用户舒适度及节能减排措施的有效实施，还要达到场地及施工条件、能源消耗、室内环境三项打分不低于 75% 的最低门槛。为达到可持续发展目标，我们在项目不同阶段执行的重点措施如下：

2.1 规划阶段——提前规划

长远来看，可持续发展方面的投入是性价比最高的投入方式。在项目初期，我们就安排了绿色建筑顾问融入项目团队，尽可能参与每项相关决策，同时增强其他项目成员绿建意识和能力。在规划过程中（图4），我们对每一项设计可能产生的环保影响进行了充分的考虑，让设计团队将可持续发展理念有机地结合到设计当中。

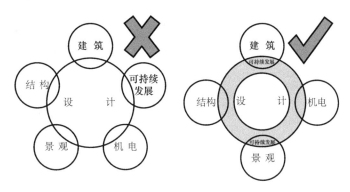

图 4 规划构思示意图

2.2 设计阶段——集成式设计

绿色建筑是整个项目团队共同努力才能实现的目标。我们采用了集成式设计的方式，通过工作坊让包括建筑、景观、机电、结构、室内设计等在内的各专业顾问公司各显神通，充分发挥各自领域的绿色环保优势，共同探究深化方案，而非循规蹈矩地遵守 BEAM Plus 评价标准，在高度集成、协作中完成项目的设计。而 EPC 的建设模式也使设计团队与分包商、供应商沟通更加通畅，确保了设计构想能够尽可能地实现，有效地实现了可持续发展的初衷。

2.3 采购与施工阶段——强有力的采购管理

得益于 EPC 建设模式，我们的设计团队、建造团队可以共同深入参与材料的选择过程。为了更好地筛选、采购及安装绿色建筑材料，我们专门定制了一套采购管理办法。该管理办法涵盖了包括从结构用材、室内饰材到机电设备等的一系列相关建筑材料，保证了可持续发展理念在设计到施工的全过程得到有效贯彻。

3 香港儿童医院 EPC 项目绿色建筑实践要素

绿色建筑的打造需要秉持可持续发展的理念，以设计为核心，施工和采购为载体，因地制宜、一以贯之。在香港儿童医院项目中，绿色建筑实践要素如下。

3.1 空气流动

香港儿童医院坐落于香港地区启德发展区海滨，建筑长度近 300m，而未来其附近区域将是一个城市密集区。为给医院及周围社区带来最佳的自然通风，我们设计时充分优化建筑形式，最终采用了双塔楼、无平台、开放式、最大化海滨长廊的设计（图5）。空气通风评估（AVA）研究发现（图6），该位置从东南风向和南风向的空气流通性能更佳。我们在设计时拓宽了大楼东南面的风道，并将两座塔楼之间的开放式微风道调整到主要风向的 30°以内，不仅减少了建筑物对海风的阻挡，增强了自然通风的渗透性和连通性，还大幅降低中央花园区域的风角效应，有效地促进了医院周围的空气流动，改善了医院及社区的室外空气质量，让建筑融入环境。

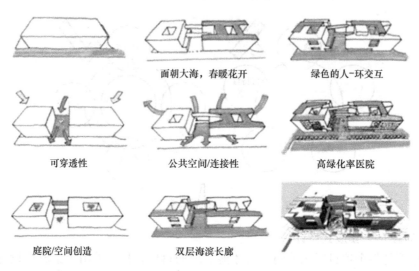

图 5　香港儿童医院设计的演变

图 6　两种设计空气流动情况对比

3.2　自然光照

有研究表明，充足的光照有益于病人的恢复。因此，我们在设计中尽可能地增加了香港儿童医院建筑物的外围面积，以便使病人获得良好的景观及充足的光照。我们研究总结了建筑物外围区域的仿真日光效应，以利用更多的日光、优化建筑节能为目的，优化建筑布局和功能设计（图 7）。最终，我们采用"分体式＋内凹式＋天井"的设计方案，以最大限度地提高建筑物内部视野；在不显著增加日照热量的情况下，最大限度地增加自然光在深层平面中的穿透力，减少了对电气照明能源的依赖。

3.3　绿化与反光材料

香港儿童医院所处区域是原启德机场的一部分，之前并没有任何绿色植被。为尽量提高绿化率，除了底层的绿色区域，我们还利用了多层屋顶空间、建筑立面和围墙提供额外绿色区域，种植本地高适应性植物，采用高效排水系统及自动灌溉系统等，使其具有较高舒适度、功能性、修复性及维护成本低等特点，最终实现了 40％的绿化率（图 8）；而屋顶面积的 50％以上亦覆盖了高反射率（SRI）材料——太阳反射指数高达 78 的涂层，充分将阳光吸收或反射回大气层，以减少阳光直射带来的热量。这些措施有效地减少了热岛效应、雨水径流，改善了空气质量，也为患者及周围居民提供了良好的生活环境。

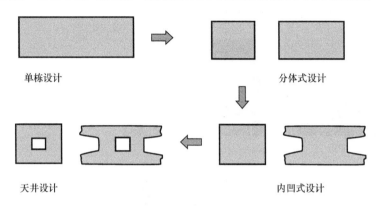

图 7　香港儿童医院体块的设计演变

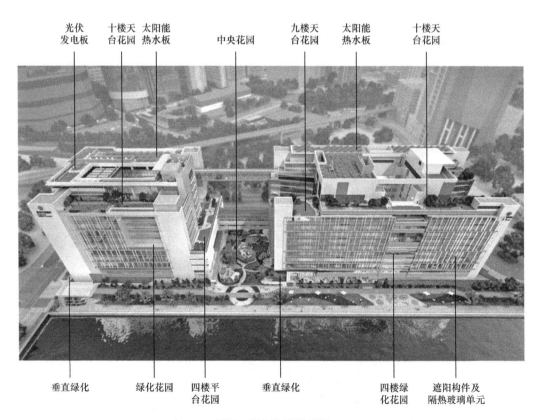

图 8　绿化设计示意图

3.4　玻璃幕墙遮光隔热处理

　　我们通过对光照进行模拟分析（图 9），不断优化遮光设施，减少了进入建筑内部的眩光，使得医院人员能够在舒适的光照环境下工作。香港儿童医院主要采用了两类遮光设备，一是在西南面和东北面两个主要建筑立面的玻璃幕墙使用了大量垂直和水平遮光设备组合，并在朝南的建筑立面使用了单个或多个450mm/900mm水平遮光装置组合。根据热动力学仿真软件的遮光设备节能模型计算显示（图10），此设计能够有效减少日光照射产生的热量并避免光污染。这些措施将香港儿童医院建筑物的平均冷却负荷减少4%，高峰冷却负荷减少7%，总年度能源消耗减少1.70%。

优势：
- 有效遮光，尤其是在下午时分；
- 平均冷却负荷减少4%，高峰冷却负荷减少7%；
- 减少多于2%的眩光；
- 改善建筑内的日照均匀性

高峰冷却负荷(kW)

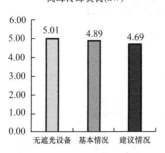

减少眩光区域及强度

优化后的遮光效果
下午4点半良好日照情况下

图 9　玻璃幕墙遮光隔热处理示意图

一般要求(150mm遮光设备)　　　　建议要求(750mm遮光设备)

假设：良好日照，四月份下午4时半

图 10　玻璃幕墙遮光隔热处理模拟

3.5 区域供冷系统（DCS）

香港儿童医院是香港地区第一家使用区域供冷系统（District Cooling System）的医院。良好能源效益的空调系统既可提高室内舒适度，又可减少用电。如图11所示，相比传统空调供冷系统和使用冷却塔的独立水冷空调系统而言，DCS分别能够节省35%和20%的能耗，大大节省了医院运营的成本。除了更好的能源效益，使用DCS系统还减少了用水及碳排放，减少区域内噪声和振动影响，使大楼的设计更加灵活，设备空间得到优化并增强了系统的可靠性（图12）。

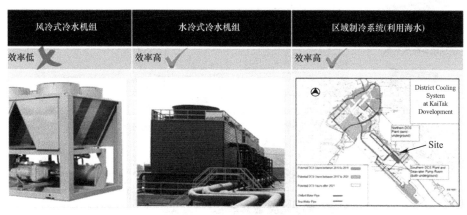

图11　各项空调系统比较图

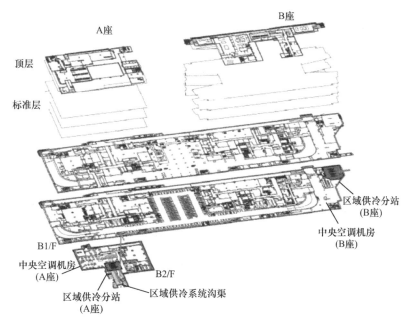

图12　DCS供冷机楼位置图

3.6 太阳能系统

香港儿童医院采用了太阳能热水器系统以及光伏电系统（图13），充分利用清洁再生能源，有效节约用电。其中，太阳能热水器系统包括A座屋顶98块太阳能板及B座屋顶244块太阳能板，通过将太阳能板与中央热水处理系统相连接，每年能够提供583042kW·h的能量；而光伏系统为建筑整体电网供应的一部分，于A、B座屋顶共安装了20块太阳能光伏板，为医院每年提供 6352kW·h 的额外电能，充分利用清洁能源的同时可与电网其他部分同步供电。

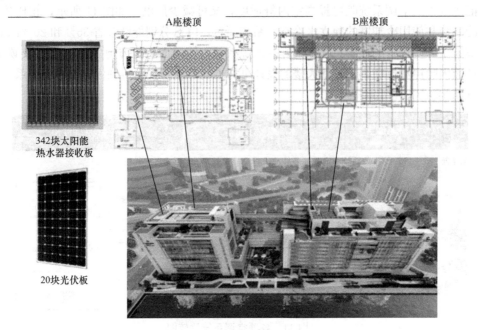

图 13　太阳能系统示意图

3.7　高标准暖通空调系统

我们为香港儿童医院打造了高标准的中央暖通系统（图 14），所有办公室及公共场所皆可达到香港环境保护署室内空气质素检定计划[5]的"卓越级别"，室内新风量超过 ASHRAE、HTM、CDC 等国际标准，并预留了额外 25％整体冷量用作医院未来用量增长等。

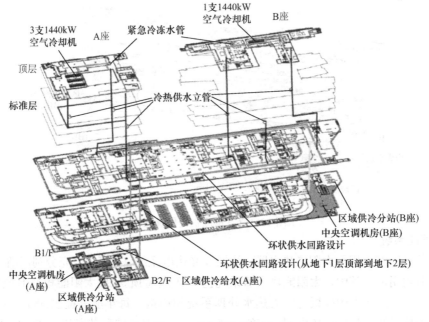

图 14　暖通系统示意图

香港儿童医院同时采用了不同的需求量控制系统，如控制新风量、送风量及停车场排风系统的冷冻水循环系统与风机及变风量系统（VAV）；排风热回收系统，如回转式热交换器及导热管；热回收热泵（4800kW）；自然空气冷却系统；变频（VSD）水泵及其控制系统等，大大提高了暖通空调系统的运行效率及能源效益（图15）。

变风量系统
(传统上运用风机盘管)

新风需求量控制系统
(减少新风量)

自然空气冷却系统
(可行的前提下)

排风导热管热回收系统
(导热管减少污染风险)

热交换热泵
(减少输往区域供冷系统的热量)

变频水泵及其控制系统

图15　暖通空调设备示意图

除了基本功能，香港儿童医院暖通系统还包括防感染控制、烟控、减湿加湿系统及正负气压调压系统。香港儿童医院所有风机均设有初效过滤器、布袋收尘器、紫外光灭菌灯及生物制氧机，以起到净化功能。为满足特殊科室（如手术室、试验室及隔离病房等）的运作要求，更配置了全新风独立风机、高效过滤器（HEPA Filter）等（图16），提升高质量的洁净送风，保证空气质量，避免病人感染并防止病菌外泄。

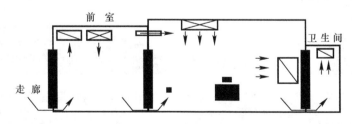

图16　隔离病房气流设计示意图

3.8　高标准照明系统

除满足照明质量要求（依据英国屋宇装备工程师学会规定，包括亮度、眩光指数、统一性和显色指数等参数），还要保证光照系统能耗方面的经济性（满足香港机电工程署的《建筑物能源效益守则》，包括照明功率密度、照明控制系统等），香港儿童医院的照明系统在安装前便已在计算机上进行照明模拟（图17），以达到各种指标的最佳平衡。我们在办公室、会议室、储物室、设备室、备餐间、存档区等区域设置了传感器来作为照明系统的区域控制器，并在大楼窗边位置安装了日光感应器作为分区灯控。

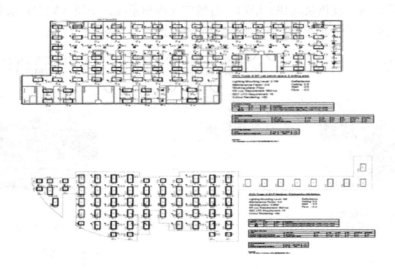

图 17　照明设计模拟示意图

3.9　亮化设计

　　香港儿童医院同样是香港第一家达到 BEAM Plus 光污染设计标准[1]的医院建筑。香港儿童医院的亮化设计（图 18）在不影响建筑整体外观的前提下，准确地寻找到各类要求的平衡点——将外墙照明主要集中在朝向海边的玻璃幕墙，既柔和地突出了建筑在环境中的存在感，又避免使建筑对周围造成光污染。香港儿童医院的照天比率（Sky Glow ULR）、光照进窗户的强度（Light into Window）、光源强度（Source Intensity）、建筑亮度（Building Luminance）等要求，均达到标准色度学系统（CIE）要求。

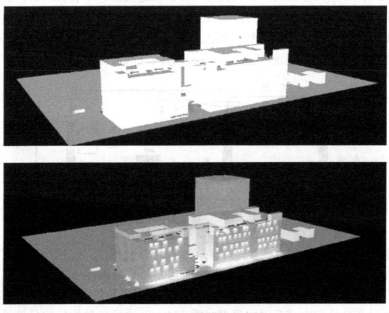

图 18　亮化设计模拟示意图

3.10 用水效率

香港儿童医院采用了香港特有的海水冲厕系统以及双水源冲厕系统，可充分利用香港临海优势，减少淡水使用。为了提高用水效率，香港儿童医院选用了高标准的卫生洁具，整体用水量比传统洁具节省约 30%（图 19）。此外，香港儿童医院采用了雨水及冷凝水回收系统作绿化灌溉，配置了一个 850m³ 的雨水储存缸，储存了足以使用两周的绿化灌溉水量。通过以上措施，香港儿童医院在运营阶段的整体用水节约率最高可以达到 50%。

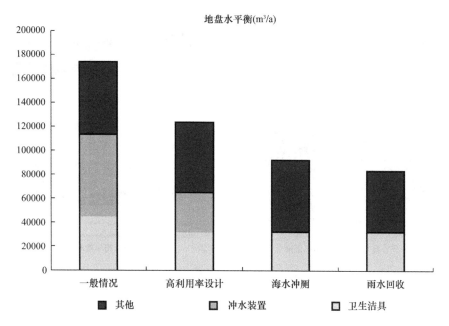

地盘水平衡(m³/a)				
	一般情况	高利用率设计	海水冲厕	雨水回收
卫生洁具	46461	32343	32343	32343
冲水装置	67382	32089	0	
其他	60107	60107	60107	51478
合计	173950	124539	92450	83821
节约		28%	47%	52%

图 19　用水量比较示意图

3.11 能源计量

为了配合未来医院的能源审计工作或改扩建工程，香港儿童医院采用了相应的能源计量系统。该系统结合了各机电系统的能源计量仪器，能够统一收集数据并监控某一系统或某一部门的能源消耗，为医院运营的能源管控提供了精准、有效的数据支持（图 20）。

3.12 厨余垃圾降解系统

香港儿童医院采用了厨余垃圾降解系统（图 21），主要包括一部位于 B 座地下室一层中央厨房的厨余机（处理能力达 300kg）。该系统能够将各类厨余垃圾（包括蔬果、肉类、鱼类、家禽及奶制品）降解至液态，大大减少后期垃圾填埋的压力。

能源记录表

能够准确记录能源使用情况

通过网络系统进行精细化监管

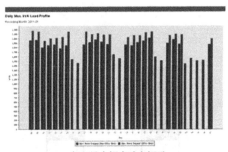

每日最大视在功率记录

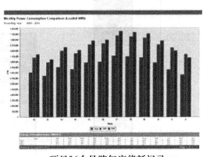

项目36个月跨年度能耗记录

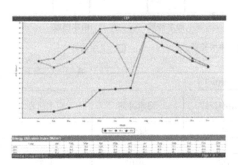

能源利用指数

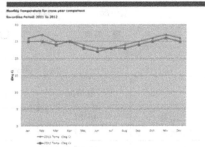

每月平均温度

图 20　能源审核相应报告

图 21　厨余垃圾降解系统

3.13 绿色建材

我们在香港儿童医院内部饰材的选择上进行了充分地考量,尽可能选择绿色环保材料(图22),如低挥发性有机化合物(VOCs)表面材料(油漆、地毯、地板)、无PVC地板、100%森林管理委员会(FSC)认证木材(木门、橱柜等)。FSC产品是可持续森林产品的认可证明,这些认证木材均来自管理良好的森林。

结构材料的选用上,尽可能选择就近生产的混凝土及钢材等来减少运输产生的废气排放,机电系统的选择更是以高环保认证要求为基础。香港儿童医院项目绿色环保建材FSC认证木材产品累计使用比占96.36%,距离项目800km范围内制造的建材产品累计使用百分比占76%,这些举措大大减少了建造过程的碳排放量及对环境的污染。

图22 绿色建材示意图

4 结语

一座高质量的绿色建筑是由可持续发展设计理念与严格执行能力共同造就的。我们在香港儿童医院项目中基于BEAM Plus的绿色建筑实践将于建筑物的全生命周期中充分发挥作用,其设计及建造的可持续发展理念和要素将为未来绿色医院建设方向提供参考。作为EPC总承包商,不仅仅需要承担起建设好医院的责任,还需要肩负可持续性发展的社会使命,为绿色、环保贡献应有的力量。

参考文献

[1] BEAM Society. BEAM Plus 2.0 for new buildings. 中国香港,2014

[2] 绿色建筑评价标准 GB/T 50378—2006 [S]. 北京:中国建筑工业出版社,2006

[3] Anjali Joseph. Impact of Light on Outcomes in Healthcare Settings. The Center for Health Design. 2006

[4] 香港特别行政区政府机电工程署. 启德发展区区域供冷系统. https://www. emsd. gov. hk/tc/energy_efficiency/district_cooling_system_at_kai_tak_development/introduction/index. html. 中国香港,2015

[5] 香港特别行政区政府环境保护署. 环保署办公室及访客中心的室内空气质素. https://www.epd. gov.hk/epd/sc_chi/about_epd/env_policy_mgt/indoor_offices.html. 中国香港，2019

[6] 香港特别行政区政府机电工程署. 建筑物能源效益守则. 中国香港，2018

[7] 胡维生. 颜色物理和 CIE 标准色度系统. 物理，1982

[8] 香港特别行政区政府水务署. 海水冲厕. https://www.wsd.gov.hk/tc/core-businesses/water-re-sources/seawater-for-flushing/index.html. 中国香港，2019

[9] FSC International. https://ic.fsc.org/en. 美国，2019

香港地区绿色建筑环评 BEAM PLUS NB v2.0 在澳门地区应用实践研究

刘继凯　吴伟亮　张玉成　黎嘉敏　郝　宁

摘　要： 随着"可持续发展"理念的发展，绿色建筑已是全球发展的趋势。而澳门地区的绿色建筑发展仍处起步阶段，目前并没有本地开发的绿建评价标准。毗邻澳门的香港地区在高密度城市发展中形成了一套比较完善的绿建评价体系。澳门地区的气候环境与香港地区相似，在澳门地区引入香港地区绿建环评值得作深入研究。本文将介绍香港地区绿建环评最新技术体系，并结合澳门地区新建工程项目进行分析探讨为达到目标级别所采取的技术策略和在应用时遇到的挑战。希望通过探索应用邻近地区的绿建环评的可行性，从而为发展适合澳门地区的绿建认证体系提供参考和借鉴，促进澳门地区可持续的绿色建筑设计与建造。

关键词： 绿色建筑评价体系；BEAM Plus；澳门地区

STUDY ON THE APPLICATION OF HONG KONG GREEN BUILDING ENVIRONMENTAL ASSESSMENT BEAM PLUS NB v2.0 in MACAU

Liu Ji Kai　Wu Wei Liang　Zhang Yu Cheng　Li Jia Min　Hao Ning

Abstract： With the development of the concept of "sustainable development", green buildings have become the global development trend. The development of green buildings in Macau is still in its infancy. There is no local green building assessment system so far. Hong Kong，which is adjacent to Macau，has developed the comprehensive green building assessment system during high-density urban development. The climate of Macau is similar to that of Hong Kong. The introduction of the Hong Kong green building assessment system in Macau deserves further study. This article will introduce the Hong Kong latest green building assessment system，and then analyze and discuss the technical strategies adopted in Macau new building project to achieve the targeted rating and challenges encountered in the application. It is expected to provide the reference for the development of Macau green building assessment system by exploring the feasibility of applying green building assessment system adopted in the immediate area，and to facilitate sustainable green building design and construction in Macau.

Key words： Green Building Assessment System；BEAM Plus；Macau

1　引言

随着"可持续发展"理念的发展，全球建筑界越来越关注绿色建筑。很多国家发展出适合自己的绿色建筑环境评价标准。中国在近几年来也越来越重视绿色建筑发展。在2017年发布的"十三五"规划对绿色建筑无论在数量还是质量上，都提出明确的发展方向和目标。而澳门地区的绿色建筑发展仍处起步阶段，目前并没有本地开发的绿色建筑评价标准，主要采用中国《绿色建筑评价标准（澳门地区版）》和美国 LEED 认证体系。至今获得认证项目数量不多，主要是地标性项目和大型酒店项目。毗邻澳门地区的香港地区，在高密度的城市发展过程中通过政府、发展商、学术机构以及相关从业人员各方面的努力，形成了一套比较完善的绿色建筑评价体系。澳门地区的气候环境与香港地区相似，在澳门地区引入香港地区绿色建筑评估方法值得作深入研究。

2　香港地区建筑环境评估法（BEAM Plus）简介

BEAM（Building Environmental Assessment Method），即香港地区建筑环境评估法，是由 BEAM Society Limited 提出并建立专为香港地区而设的，为建筑物在生命周期（规划、设计、施工、调试、管理、运作及维修）中的可持续性整体表现作中立评估的工具。绿色建筑环评评估工具包括：绿色建筑环评新建建筑、绿色建筑环评既有建筑、绿色建筑环评室内建筑及绿色建筑环评小区。自推出后共计接近有 1300 个注册项目。最近，在2019 年 9 月发布了绿色建筑环评新建建筑（NB）2.0 版本，取代 2012 年发布的 1.2 版本。

3　BEAM Plus NB 2.0 新版简介

BEAM Plus NB 2.0 新版是香港地区绿色建筑议会及建筑环保评估协会通过整合七年间所收集到的业界意见和建议以及政府最新指引而设计。2.0 新版坚持四大原则（高于法定要求、适用性、确定性和实务性），并在技术细则上作了深度优化。在评估绿色建筑的表现时，将更切实可行、清晰和标准化。在技术体系方面，新增了综合设计与建造管理（Integrated Design and Construction Management，简称 IDCM）的评估范畴。该范畴关注建筑物从设计、建造、运营整个开发过程中的集成以及设计团队成员与客户之间紧密沟通，让所有持份者共同制定环保目标以及在整个建筑生命周期都能贯彻可持续发展理念。另外，2.0 新版还扩大 1.2 版本室内环境质量（IEQ）类别的范围，吸收了以人为本的设计元素，更着重使用者的身心健康。

在设定级别得分要求方面，1.2 版本主要考虑场址、能源使用、室内环境质量和创新这四个范畴的重要性，评级时要求这四个范畴的得分需达到最低比例，如表 1 所示。而2.0 新版则希望建筑物在各个范畴都能做到一定程度的环保要求，而与此同时保持设计的弹性。因此，除了满足所有必要项以及总得分百分比的要求外，每个范畴（除创新范畴外）的得分百分比至少需要 20％。如表 2 所示，2.0 新版为推动业界采用较新的环保技术或措施，鼓励项目争取奖分项。奖分将可获得格外 20％的得分并计入相应的范畴内，从而更加容易达到目标级别。另外，为更清楚、直观地了解采用不同系统措施对得分的影响，2.0 新版简化了计分方法，取消按不同类别空间面积的大小比重计分。

BEAM Plus NB 1.2 版本认证评级表　表 1

场址（SA）	能源使用（EU）	室内环境质量（IEQ）	创新（IA）	总得分百分比	级别
≥70%	≥70%	≥70%	≥3 分	≥75%	铂金级
≥60%	≥60%	≥60%	≥2 分	≥65%	金级
≥50%	≥50%	≥50%	≥1 分	≥55%	银级
≥40%	≥40%	≥40%	—	≥40%	铜级

BEAM Plus NB 2.0 版本认证评级表　表 2

综合设计与建造管理（IDCM）	可持续地块发展（SS）	用材及废物管理（MW）	能源使用（EU）	用水（WU）	健康与舒适（HWB）	总得分百分比	级别
≥20%	≥20%	≥20%	≥20%	≥20%	≥20%	≥75%	铂金级
						≥65%	金级
						≥55%	银级
						≥40%	铜级

目前，已注册 2.0 新版的项目有两个，而早前参加绿色建筑环评新建建筑 2.0 试验版测试阶段评审的三个先导项目均获颁暂定铂金级。

4　项目背景

研究项目是位于澳门地区凼仔邻近基马拉斯大马路的澳门大学附属应用学校扩建工程。总层数为地面以上 14 层及 1 层地库，包括地库一层停车场及食堂、地面层露天操场、风雨操场及校外行人道等。项目面积约 4500m²，建筑面积约 22000m²。项目目标是取得 BEAM Plus NB 2.0 新版金级认证，现时还处于建造阶段，正在申请暂定评级。

5　应用实践研究

BEAM Plus NB v2.0 在澳门地区项目应用实践研究将会在技术体系的各个范畴展开论述技术策略。项目的目标得分总览如表 3 所示。

目标得分总览（%）　表 3

范畴	得分百分比（A）	是否不少于 20%	范畴权重（B）	得分权重百分比（C＝A×B）
IDCM	37	是	18	6.6
SS	81	是	15	12.2
MW	23	是	9	2.1
EU	82	是	29	23.9
WU	52	是	7	3.6
HWB	72	是	22	15.9
IA	—	—	—	2
总得分百分比				66.2
级别				金级

5.1　综合设计与建造管理（IDM）

综合设计与建造管理注重集成设计流程，绿色建筑实践，智能设计和技术以及绿色建筑教育。为达到得分要求，项目将采用以下措施：

（1）聘请绿色建筑专业人才参与项目；

（2）制定环境管理计划；

（3）监测和控制项目污染；

（4）严格管理用于临时工程的木材；

（5）研究机电设备生命周期成本；

（6）设置环保设施的教育指示牌；

（7）制定运营保养手册和能源管理手册等。

5.2　可持续地块发展（SS）

可持续地块发展注重邻里融合，增强生物多样性，生物气候设计和气候适应性。项目位置处于高密度住宅区，公共交通便利，附近社区便利设施和康乐设施比较齐全，学校部分设施也会面向公众开放。为达到得分要求，项目将采用以下措施：

（1）学校停车场车位数目不超过最低要求，鼓励使用公共交通工具；

（2）在天井墙面设置垂直绿化，总绿化面积占项目面积至少 20%；

（3）天面将有 50% 以上面积由高阳光反射率（SRI）材料覆盖，可有效削弱项目周边的热岛效应；

（4）经过场地环境噪声实测和计算，确保所采用的空调系统室外设备能符合噪声要求；

（5）通过户外灯光污染模拟，减少对附近住宅的影响。

5.3　用材及废物管理（MW）

用材及废物管理的核心目标包括有效利用材料，选择环保材料以及减少浪费。为达到得分要求，项目将采用以下措施：

（1）采购不含氟氯化碳（CFC）和氯氟烃（HCFC）的保温与防火物料；

（2）在垃圾房设置金属、塑料、纸张及玻璃等垃圾分类回收箱。

5.4　能源使用（EU）

能源使用范畴的核心目标包括减少和控制能源使用，使用节能设备和可再生能源系统。为达到得分要求，项目将采用以下措施：

（1）采用节能的机电系统，例如 LED 灯具、高性能系数（COP）的变制冷剂流量（VRV）冷气系统、热回收处理机等等；

（2）在幕墙和天面分别安装光伏发电玻璃和光伏板，估计平均年发电量约为 8 万 kW·h，将出售所生产的电力给澳门电力公司；

（3）在主要机电系统（如升降机、给水排水系统、照明和小功率、空调系统等）安装独立电表，通过建筑管理系统（BMS）监察能源使用，以便制定管理计划。

5.5　用水（WU）

用水范畴的核心目标是节约用水和回收循环利用。为达到得分要求，项目将采用以下措施：

（1）选用低流速洁具，估计与传统建筑相比每年用水量可减少 40%，约等于 635 万升水量；

（2）采用雨水回收系统，收集的雨水经处理后还会用在鱼菜共生系统中。

5.6 健康与舒适（HWB）

健康与舒适范畴注重绿色生活设计，包容性设计和室内环境质量。为达到得分要求，项目将采用以下措施：

（1）在垃圾房加装臭味传感器；

（2）在停车场安装一氧化碳传感器；

（3）进行室内光环境模拟以确保项目所采用的灯具符合要求；

（4）选用低挥发性有机化合物表面材料（油漆、地毯、地胶等）；

（5）竣工后进行室内空气检测；

（6）采用吸声灯罩，减少教室内回声；

（7）在顶层室内运动场采用光导管引入自然光。

5.7 创新（IA）

创新范畴的核心目标鼓励项目团队利用崭新的方法推动绿色建筑的发展。项目在建造阶段设置环保综合监测仪，对粉尘和噪声进行实时监察，从而更有效地进行环保管理。

6 应用的局限性和冲突

6.1 基于两地不同的法律法规

绿色建造实践得分项要求项目需遵循香港环保法律法规并定期进行项目污染监察。香港地区环保法规规定，在工程前期阶段需要申请环保相关准照，包括建筑噪声许可证、污水排放准照、处置废物牌照、化学废物产生者登记等。而澳门地区在这方面并没有相关要求。澳门地区的环境法律制度构建主要是引入有关环境保护的国际条约、公约和协议书。两地主要环保法律法规的初步对比，如表4所示。

主要环保法律法规条例对比表　　　　　　　　　　　表4

澳门地区	香港地区
《项目污染控制指南》 《建筑工地废料分类指引》	《空气污染管制条例》第311章 《废物处置条例》第354章 《有毒化学品管制条例》第595章
第8/2014号法律《预防和控制环境噪声》	《噪声管制条例》第400章
第46/96/M号法令《澳门地区供排水规章》	《水污染管制条例》第358章

在建筑废物处置方面，香港地区实行运载记录制度。承办商在移运建筑废物之前，须填写标准的运载记录表格，确保货车有秩序地将建筑废物运往适当设施处理。而澳门地区政府虽然在2017年发布《澳门地区建筑废料管理制度》咨询总结报告提出了建筑废料征费等措施，但还没有正式生效落实。目前，澳门地区承建商仍可免费弃置建筑废料于建筑废料堆填区。由于没有恒常弃置记录，因此对于统计BEAM Plus所要求的废物数量及回收率将会相当困难。

6.2 基于两地不同的技术指引

能源使用范畴的必要项要求是空调系统和照明系统这两类主要屋宇装备装置的能效

需要达到《建筑物能源效益守则》最新版的设计标准。该守则是用来配合香港地区法律第 610 章《建筑物能源效益条例》的实施。而澳门地区没有类似条例，但为了推动建筑节能，能源业发展办公室在 2009 年发布《澳门地区建筑物能耗优化技术指引》。但该指引只作参考用途，并无相关强制执行规定，另外也只设立照明系统的能效指标。经过对比两地照明能效的指标，可知香港地区在照明系统上的能效要求比澳门地区高，如表 5 所示。

不同场所的照明功率密度的参考指针对比表   表 5

场所	最高可容许照明功率密度（W/m²）	
	澳门地区	香港地区
大堂	25	13
走廊	12	8
厕所、淋浴间	13	11
机房、配电室	13	10
楼梯	8	7
储物室	11	9
办公室	17	9~11
会议室	17	14
宴会厅	23	17
教室	17	12
图书馆	17	12

健康与舒适范畴的必要项要求是提供鲜风系统满足美国采暖、制冷与空调工程师学会标准（ASHRAE Standard 62.1—2016）设定的最低通风量要求。而根据澳门地区学校运作指南，则是以抽气的方式确保满足学校室内鲜风交换量 $[17m^3/(人 \cdot h)]$ 的要求。

另外，该范畴其中得分项的要求是确保竣工后入驻前的室内空气质量达到香港《办公室及公众场所室内空气质素检定计划指南》良好级。而澳门地区环保局也根据澳门室内空气的现况数据及现存的室内空气问题订立《澳门地区一般公共场所室内空气质素指引》。经过两部指引的参数指标对比，可知两者的要求有所差异，如表 6 所示。

室内空气质量参数指标对比表   表 6

参数	单位	澳门地区	香港地区	
			良好级	卓越级
一氧化碳（CO）	mg/m³	≤10	<7	<2
二氧化碳（CO₂）	—	≤0.1%	<1000ppmv	<800ppmv
二氧化氮（NO₂）	mg/m³	≤0.16	<0.15	<0.04
可吸入悬浮粒子（PM10）	mg/m³	≤0.15	<0.10	<0.02
总挥发性有机化合物（TVOC）	mg/m³	≤0.6	<0.6	<0.2
臭氧（O₃）	mg/m³	≤0.1	<0.12	<0.05
氡气（Rn）	Bq/m³	≤100	<167	<150
甲醛（HCHO）	mg/m³	≤0.08	<0.1	<0.03
细菌	CFU/m³	≤1000	<1000	<500
真菌	CFU/m³	≤1000	说明性清单	说明性清单

6.3 基于两地的不同认可制度

在质量管理方面，BEAM Plus 认可的试验所是需要达到香港地区试验所认可计划（HOKLAS）的能力准则，而澳门地区试验所主要参与中国合格评定国家认可委员会认可计划。另外，BEAM Plus 认可的运行调试机构人员需要具有英国特许工程师/香港地区注册专业工程师/香港地区工程师学会/ASHRAE BCxP 等专业资格，相关专业人才在澳门地区比较稀缺。

7 结语

与 BEAM Plus NB 1.2 旧版相比，2.0 新版虽然在很多范畴都新增和提升要求，但同时也增加设计弹性并简化程序，这将有利于其在澳门地区的应用实践。整体上来看，在澳门地区应用香港地区绿建环评方法评审是切实可行的，但因澳门地区不同的法律法规、较宽松的技术指引以及缺乏认可的人才资源等方面而存在局限性，导致执行上遇到困难和挑战，后续仍需与评级机构进行探讨。针对以上问题，提出如下三点建议：

（1）进一步完善澳门地区环保法律法规，提升技术指引水平；

（2）加强澳门地区与香港地区人才交流，实现人才互认互通；

（3）建立开放、具有弹性的评审新机制，让不同地区可根据自身法律法规和技术指引进行评审，使 BEAM Plus 可被更广泛地应用。

综合上述，相信香港地区环保体系的融合和冲突必然会带动澳门地区绿色建筑走向更完善的方向，也将为我国整个绿色建筑的发展带来新思路和借鉴。

参考文献

[1] 绿色建筑环评新建建筑 2.0 版正式启动. 新闻稿，2019

[2] 陈益明、徐小伟主编. 香港绿色建筑认证体系 BEAM Plus 的综述及启示 [J]. 绿色建筑，2012.

[3] 谢伟. 澳门与内地环境法律制度比较研究 [J]. "一国两制" 研究，2011（04）.

[4] 徐敏. 看粤港澳如何为绿色低碳大湾区注入新动能 [J]. 建筑时报，2019.

[5] 教育暨青年局《学校运作指南》编辑小组. 澳门学校运作指南，2019.